全国高等医药类院校计算机课程体系规划教材

大学计算机应用基础

信伟华　夏　翊　主　编

胡玲静　胡贵祥　吕兴汉　副主编

董建鑫　李　丹　韩文静　参　编

U0310017

中国铁道出版社有限公司
CHINA RAILWAY PUBLISHING HOUSE CO., LTD.

内 容 简 介

本书根据教育部高等学校计算机基础课程教学指导委员会制定的《高等学校计算机基础教学发展战略研究报告暨计算机基础课程教学基本要求》，参考全国计算机等级考试大纲的要求，结合医学院校学生的实际情况由众多具有丰富教学经验的一线教师合作编写完成。本书同时配有《大学计算机应用基础实践教程》（信伟华、胡玲静主编，中国铁道出版社）辅教材。

本书共分 8 章，主要包括：计算机基础知识、Windows 7 操作系统、计算机网络基础、常用工具软件、文字处理软件 Word 2010、电子表格处理软件 Excel 2010、演示文稿制作软件 PowerPoint 2010、图形图像处理软件 Photoshop。本书在详细讲解基础知识及基本操作的同时，也注重应用能力的培养，书中辅以大量的示例以加强学生对基本操作的理解与应用。

本书适合作为医学院校各专业计算机基础课程的教材，也可作为高等院校非计算机专业计算机基础课程的教材，又可作为全国计算机等级考试的参考书。

图书在版编目（CIP）数据

大学计算机应用基础/信伟华，夏翃主编. —北京：
中国铁道出版社，2015.8（2021.2 重印）
全国高等医药类院校计算机课程体系规划教材
ISBN 978-7-113-20487-7

Ⅰ.①大…　Ⅱ.①信…　②夏…　Ⅲ.①电子计算机-
高等学校-教材　Ⅳ.①TP3

中国版本图书馆 CIP 数据核字（2015）第 183429 号

书　　名：大学计算机应用基础
作　　者：信伟华　夏　翃

策划编辑：周　欣　　　　　　　　　　编辑部电话：（010）63549501
责任编辑：周　欣
编辑助理：绳　超　吴　楠
封面设计：付　巍
封面制作：白　雪
责任校对：王　杰
责任印制：樊启鹏

出版发行：中国铁道出版社有限公司（100054，北京市西城区右安门西街 8 号）
网　　址：http://www.tdpress.com/51eds/
印　　刷：北京建宏印刷有限公司
版　　次：2015 年 8 月第 1 版　　　　2021 年 2 月第 4 次印刷
开　　本：787 mm×1 092 mm　1/16　印张：19.75　字数：478 千
书　　号：ISBN 978-7-113-20487-7
定　　价：42.00 元

前　言

随着计算机技术的快速发展，计算机的应用领域已经渗透到人们工作、学习、生活的各个方面，应用计算机技术获取、存储、传输信息，协同工作，解决实际问题等方面的能力已经成为衡量一个人文化素质高低的重要标志之一。因此，当代大学生掌握一定的计算机基础知识和技能，可为今后利用计算机技术解决日常生活中遇到的各种问题打下坚实的基础。

计算机信息技术的飞速发展，硬件和软件的不断更新，新的知识层出不穷，对于计算机基础教材的编写也提出了新的要求。本书是根据教育部高等学校计算机基础课程教学指导委员会制定的《高等学校计算机基础教学发展战略研究报告暨计算机基础课程教学基本要求》，参考全国计算机等级考试大纲的要求，结合医学院校学生的实际情况编写的计算机基础知识及应用教材。

本书内容通俗易懂、重点突出、示例丰富，适合作为医学院校各专业计算机基础课程的教材，也可作为高等院校非计算机专业计算机基础课程的教材，还可作为全国计算机等级考试的参考书。

主要内容如下：

第 1 章介绍了计算机的产生、发展、特点与应用，信息的表示、多媒体技术、计算机安全等基础知识，重点讲述了数据的编码，数制的转换方法，计算机系统的组成及其工作原理，联系实际介绍了微型计算机系统的硬件组成。

第 2 章介绍了操作系统的概念、基本功能、发展和分类，重点讲述了应用范围较广的 Windows 7 操作系统的使用、管理和维护。

第 3 章介绍了计算机网络的功能、分类和组成。重点讲述了 Internet 的基础知识，包括 WWW 服务、电子邮件服务和 Web 信息检索等，并介绍了目前正在蓬勃发展的新技术——云计算和物联网。

第 4 章介绍了四款常用的工具软件，包括 WinRAR 压缩与解压缩软件、Adobe Acrobat 电子文档编辑软件、Snagit 屏幕图像捕获软件以及会声会影视频编辑软件的基础知识和基本操作。

第 5 至 7 章重点讲述了 Microsoft Office 2010 办公软件的三个重要组成部分，文字处理软件 Word 2010、电子表格处理软件 Excel 2010、演示文稿制作软件 PowerPoint 2010 的基础知识及基本操作。

第 8 章介绍了利用图形图像处理软件 Photoshop 创建和处理数字图像的基本方法。

本书源于大学计算机基础教育的教学改革与实践，凝聚着首都医科大学众多一

1

线教师的教学经验与教学改革成果。本书由信伟华、夏翙任主编，胡玲静、胡贵祥、吕兴汉任副主编，参与编写的还有董建鑫、李丹、韩文静。

另外此书在编写的过程中得到了中国铁道出版社提供的全方位支持和帮助，使我们在编写的过程中少走了很多弯路。

由于时间仓促，加之编者水平有限，书中难免存在疏漏和不足之处，敬请广大读者和同行给予批评和指正。

最后，向所有关心、支持和帮助本书编写、出版的领导、老师和朋友们表示衷心的感谢。

编　者

2015 年 5 月

于首都医科大学燕京医学院

目 录

CONTENTS

第1章　计算机基础知识 ············· 1

1.1　计算机概述 ················· 2

1.1.1　计算机的产生 ········· 2

1.1.2　计算机的发展 ········· 4

1.1.3　计算机的分类 ········· 7

1.1.4　计算机的特点和应用 ·· 9

1.2　数据的表示与存储 ········· 11

1.2.1　数制 ··············· 11

1.2.2　数制转换 ··········· 12

1.2.3　数据在计算机中的
存储和表示 ········· 16

1.3　计算机系统的组成 ········· 20

1.3.1　硬件系统 ··········· 20

1.3.2　软件系统 ··········· 22

1.3.3　计算机系统的工作
原理 ··············· 22

1.4　微型计算机系统 ··········· 23

1.4.1　主板 ··············· 24

1.4.2　中央处理器 ········· 27

1.4.3　存储器 ············· 28

1.4.4　输入/输出设备 ······ 32

1.4.5　其他设备 ··········· 36

1.4.6　微型计算机的性能
指标 ··············· 37

1.5　多媒体技术基础 ··········· 38

1.5.1　多媒体技术概述 ····· 38

1.5.2　多媒体技术的主要
内容 ··············· 40

1.5.3　多媒体计算机系统的
组成 ··············· 42

1.6　计算机安全常识 ··········· 43

1.6.1　计算机的硬件安全 ···· 43

1.6.2　计算机的软件安全 ········ 44

1.6.3　计算机安全技术 ········ 47

小结 ··························· 49

思考题 ························· 49

第2章　Windows 7 操作系统 ········· 50

2.1　操作系统基本知识 ········· 51

2.1.1　操作系统概述 ········· 51

2.1.2　常用操作系统简介 ···· 53

2.2　Windows 7 操作系统简介 ··· 57

2.2.1　Windows 7 操作系统的
版本介绍 ············· 57

2.2.2　Windows 7 的新功能 ···· 57

2.2.3　Windows 7 操作系统
的运行环境 ········· 59

2.3　Windows 7 操作系统的基本
概念及操作 ················· 60

2.3.1　Windows 7 操作系统
的启动与退出 ········· 60

2.3.2　鼠标的基本操作 ········ 62

2.3.3　键盘的基本操作 ········ 63

2.3.4　Windows 7 操作系统
桌面 ··············· 63

2.3.5　任务栏的基本操作 ····· 69

2.3.6　"开始"菜单及其操作 ··· 72

2.3.7　Windows 7 操作系统
的窗口及操作 ········· 74

2.3.8　帮助和支持 ··········· 79

2.4　Windows 7 操作系统的文件
管理 ······················· 81

2.4.1　文件（夹）和路径 ······ 81

2.4.2　文件和文件夹的管理 ···· 82

2.4.3　"库"及其使用 ·········· 89

2.5 Windows 7 操作系统的
设置和管理 ……………… 91
2.5.1 控制面板 ……………… 91
2.5.2 鼠标的个性化设置 …… 92
2.5.3 添加/删除程序 ……… 92
2.5.4 添加/删除输入法 …… 94
2.5.5 设备管理 …………… 95
2.5.6 用户账户的管理 …… 97
2.5.7 磁盘管理 …………… 99
2.5.8 任务管理器 ………… 103
2.6 附件中的常用程序 ……… 105
2.6.1 记事本和写字板 …… 105
2.6.2 画图 ………………… 105
2.6.3 计算器 ……………… 106
2.6.4 截图工具 …………… 108
2.7 备份和还原 ……………… 108
2.7.1 文件的备份和还原 … 108
2.7.2 系统的备份和还原 … 110
小结 …………………………… 113
思考题 ………………………… 113

第3章 计算机网络基础 ……… 114
3.1 计算机网络基础知识 …… 115
3.1.1 计算机网络概述 …… 115
3.1.2 计算机网络的功能 … 115
3.1.3 计算机网络的分类 … 115
3.2 计算机网络系统的组成 … 117
3.2.1 网络硬件 …………… 117
3.2.2 网络软件 …………… 118
3.3 Internet 基础 …………… 119
3.3.1 Internet 简介 ……… 119
3.3.2 Internet 编址 ……… 120
3.3.3 Internet 接入方式 … 121
3.4 Internet 服务与应用 …… 122
3.4.1 WWW 服务 ………… 122
3.4.2 电子邮件服务 ……… 126
3.4.3 文件传输服务 ……… 127

3.4.4 Web 信息检索 ……… 129
3.4.5 其他常见服务 ……… 135
3.5 云计算和物联网 ………… 136
3.5.1 云计算 ……………… 136
3.5.2 物联网 ……………… 137
小结 …………………………… 138
思考题 ………………………… 138

第4章 常用工具软件 ………… 139
4.1 压缩与解压缩软件 ……… 140
4.1.1 压缩与解压缩概述 … 140
4.1.2 WinRAR 压缩与解压缩
软件 …………………… 140
4.2 电子文档阅读编辑软件 … 144
4.2.1 Acrobat 简介 ……… 144
4.2.2 Acrobat 的界面组成 … 145
4.2.3 创建 PDF 文档 …… 145
4.2.4 阅读与编辑电子文档 … 146
4.2.5 导出 PDF …………… 147
4.3 屏幕图像捕获工具 ……… 149
4.3.1 屏幕捕获工具 Snagit
简介 …………………… 149
4.3.2 屏幕捕获示例 ……… 150
4.4 视频编辑软件 …………… 151
4.4.1 视频基础知识 ……… 151
4.4.2 会声会影的基本使用 … 152
4.5 医学常用软件介绍 ……… 159
4.5.1 医院信息管理系统 … 159
4.5.2 统计学软件 ………… 160
小结 …………………………… 160
思考题 ………………………… 160

第5章 文字处理软件 Word 2010 ……… 161
5.1 Word 2010 概述 ………… 162
5.1.1 Word 的启动和退出 … 162
5.1.2 Word 窗口的组成 … 162
5.1.3 Word 的基本概念 … 165
5.2 Word 的基本操作 ……… 166

大学计算机应用基础

5.2.1 文档的文件操作 ……… 166
5.2.2 文档的编辑 ………… 168
5.2.3 查找和替换 ………… 170
5.2.4 打印预览和打印 ……… 171
5.3 Word 的格式设置 ………… 172
5.3.1 字符的格式化 ……… 172
5.3.2 段落的格式化 ……… 173
5.3.3 项目符号和编号 …… 175
5.3.4 边框和底纹 ………… 176
5.4 Word 的页面布局 ………… 177
5.4.1 页面设置 …………… 177
5.4.2 分页和分节 ………… 179
5.4.3 页眉和页脚设置 …… 180
5.5 Word 的图文混排 ………… 181
5.5.1 图片和剪贴画 ……… 181
5.5.2 形状和 SmartArt 图形 … 182
5.5.3 公式和对象 ………… 183
5.5.4 文本框和艺术字 …… 184
5.6 Word 的表格操作 ………… 185
5.6.1 创建表格 …………… 185
5.6.2 编辑表格 …………… 187
5.6.3 设置表格格式 ……… 188
5.6.4 表格的计算 ………… 188
5.7 Word 的高级功能 ………… 189
5.7.1 样式 ………………… 189
5.7.2 目录 ………………… 191
5.7.3 审阅与修订 ………… 191
5.7.4 邮件合并 …………… 193
小结 ………………………… 195
思考题 ……………………… 195

第 6 章 电子表格处理软件 Excel
2010 ……………………… 196
6.1 Excel 2010 概述 …………… 197
6.1.1 Excel 的启动和退出 …… 197
6.1.2 Excel 窗口的组成 …… 197
6.1.3 Excel 的基本概念 …… 199

6.2 工作簿的基本操作 ………… 199
6.2.1 工作簿的文件操作 …… 200
6.2.2 工作簿的隐藏与保护 … 202
6.3 工作表的基本操作 ………… 203
6.3.1 工作表的编辑 ……… 203
6.3.2 工作表的保护 ……… 205
6.3.3 多工作表的操作 …… 206
6.4 单元格的编辑 ……………… 207
6.4.1 单元格的选择 ……… 207
6.4.2 数据的输入 ………… 209
6.4.3 数据的有效性 ……… 213
6.4.4 单元格的基本操作 … 214
6.5 工作表的格式化 …………… 216
6.5.1 行高与列宽的调整 …… 216
6.5.2 单元格格式的设置 …… 216
6.5.3 样式的设置 ………… 218
6.6 公式和函数 ………………… 219
6.6.1 单元格的引用 ……… 219
6.6.2 公式 ………………… 220
6.6.3 函数 ………………… 221
6.7 数据的管理与分析 ………… 223
6.7.1 数据清单 …………… 223
6.7.2 数据的排序和筛选 …… 224
6.7.3 分类汇总与合并
计算 ………………… 226
6.7.4 数据的图表化 ……… 228
6.7.5 数据透视表 ………… 230
6.8 页面设置与打印 …………… 231
6.8.1 页面设置 …………… 231
6.8.2 分页预览 …………… 233
6.8.3 打印工作表 ………… 234
小结 ………………………… 234
思考题 ……………………… 234

第 7 章 演示文稿制作软件 PowerPoint
2010 ……………………… 235
7.1 PowerPoint 2010 概述 ……… 235

7.1.1　PowerPoint 窗口的
组成 ·············· 236
7.1.2　PowerPoint 的基本
概念 ·············· 236
7.2　演示文稿的基本操作 ·········· 239
7.2.1　演示文稿的文件
操作 ·············· 239
7.2.2　幻灯片的基本操作 ······ 240
7.3　幻灯片设计 ················· 241
7.3.1　主题与背景 ········ 241
7.3.2　母版视图 ·········· 242
7.3.3　模板 ·············· 243
7.4　幻灯片的编辑 ··············· 244
7.4.1　对象的插入与编辑 ······ 244
7.4.2　动画设计 ·········· 248
7.4.3　插入超链接 ········ 250
7.5　幻灯片的放映 ··············· 251
7.5.1　幻灯片放映的方法 ······ 251
7.5.2　幻灯片放映设置 ········ 252
7.5.3　排练计时及录制
幻灯片演示 ········ 253
7.6　演示文稿的输出 ············· 254
7.6.1　保存演示文稿 ········ 254
7.6.2　演示文稿的打印 ········ 255

小结 ·························· 256

思考题 ························ 256

第 8 章　图形图像处理软件
Photoshop ·········· 257

8.1　Photoshop 和数字图像的基本
概念 ························ 258

8.1.1　数字图像的基本
概念 ·············· 258
8.1.2　数字图像的颜色
模式 ·············· 261
8.1.3　Photoshop 的图像颜色
模式 ·············· 263
8.1.4　常用图像格式 ···· 264
8.2　Photoshop 基本操作 ·········· 266
8.2.1　Photoshop 的工作
界面 ·············· 266
8.2.2　文件操作 ·········· 268
8.2.3　基本图像操作 ······ 270
8.2.4　图像颜色的调整 ···· 273
8.2.5　图像选区的制作 ···· 275
8.2.6　图像的创作和处理 ······ 279
8.3　图层的概念及操作 ·········· 287
8.3.1　图层的概念 ········ 287
8.3.2　图层的基本操作 ···· 288
8.3.3　文字图层 ·········· 290
8.3.4　图层蒙版 ·········· 291
8.3.5　图层的高级应用 ···· 292
8.4　路径、通道和滤镜 ·········· 297
8.4.1　路径 ·············· 297
8.4.2　通道 ·············· 301
8.4.3　滤镜 ·············· 303

小结 ·························· 304

思考题 ························ 305

参考文献 ···················· 306

大学计算机应用基础

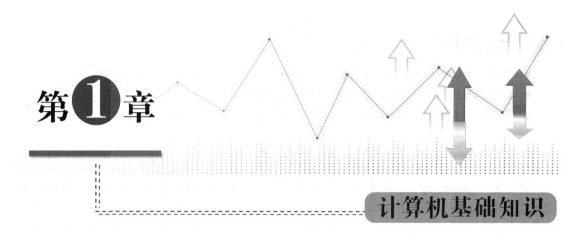

第 1 章

计算机基础知识

导读

　　计算机的发明是人类文明史上一个具有划时代意义的重大事件，计算机的应用已经渗透到人类生活的各个方面，掌握计算机知识和应用技能是培养新型人才的必经之路。

　　本章主要介绍了计算机的产生、发展、特点与应用，信息的表示、多媒体技术、计算机安全等知识，重点讲述了数据的编码，数制转换的方法，计算机系统的组成及其工作原理，联系实际介绍了微型计算机系统的硬件组成。通过本章的学习，读者可对计算机的功能特点有一个总的概念，为学习后续内容打下一个良好的基础。

内容结构图

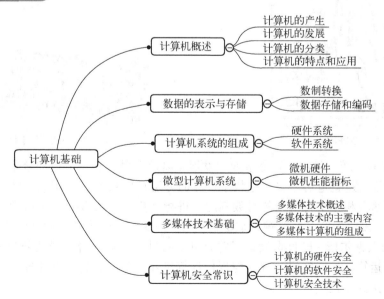

- 掌握：计算机系统的组成及其工作原理；数据在计算机内部的表示与存储。
- 熟悉：微型计算机系统的组成；计算机安全常识。
- 了解：计算机的产生、发展、分类、特点和应用，多媒体技术基础。

1.1 计算机概述

计算机（Computer）俗称电脑，是能够按照程序运行，自动、高速处理海量数据的现代化智能机器。计算机是 20 世纪最重大的科学技术发明之一，对人类的生产活动和社会活动产生了极其重要的影响，并以强大的生命力飞速发展。它的应用领域从最初的军事科研应用扩展到社会的各个领域，已形成了规模巨大的计算机产业，带动了全球范围的技术进步，由此引发了深刻的社会变革。计算机已遍及一般学校、企事业单位，进入寻常百姓家，成为信息社会中必不可少的工具。

1.1.1 计算机的产生

人类计算工具的演化经历了由简单到复杂、从低级到高级的不同阶段。人类最初用手指进行计算。然而当数量巨大时，如何进行计算便成为急需解决的难题。拥有一个先进的计算工具一直是人类文明发展过程中人们梦寐以求的愿望。早期人们用石头、木棒、刻痕或结绳来计算和存储结果，如图 1-1 所示，后来发明了算盘，如图 1-2 所示。

图 1-1 秘鲁的结绳计数邮票

图 1-2 中国的算盘

15 世纪以来，随着经济、贸易事业的发展，以及金融业和航运业的繁荣，需要进行大量、繁重的计算，这就迫切需要改进数字计算的方法。1632 年，英国人奥特雷德发明了计算尺，他利用两根相互平行滑动的对数刻度尺进行计算。1642 年，法国数学家和物理学家布莱斯·帕斯卡发明了第一台机械式加法器（见图 1-3），它解决了自动进位这一关键问题。1822 年，英国人查尔斯·巴贝奇设计了差分机（见图 1-4）。这台机器共分为 3 个部分：堆栈、控制器和运算器，它的设计理念与现代计算机几乎相同，它可以处理 3 个不同的 5 位数，计算精度达到 6 位小数。

图 1-3　帕斯卡的机械式加法器　　　　图 1-4　差分机的仿制品

1931 年，阿兰·图灵（Alan Turing）提出了一个大胆的设想：能否有一台通用机器，可以通过某种一般的机械步骤，一个接一个地解决所有的数学问题？1936 年，图灵根据自己的设想，发表了论文《论可计算数及其在判定问题中的应用》，从理论上证明了现代通用计算机存在的可能性。

一般认为，世界上第一台数字式电子计算机诞生于 1946 年 2 月，它是美国宾夕法尼亚大学物理学家莫克利（J.Mauchly）和工程师埃克特（J.P.Eckert）等人共同开发的电子数字积分计算机（Electronic Numerical Integrator And Calculator，ENIAC）。ENIAC 曾用于弹道计算。

ENIAC 是一个庞然大物，其占地面积为 170 m²，总质量达 30 t。机器中约有 18 800 只电子管、1 500 个继电器、70 000 只电阻器以及其他各种电气元件，每小时耗电约为 140 kW·h。这样一台"巨大"的计算机每秒可以进行 5 000 次加减运算，相当于手工计算的 20 万倍，机电式计算机的 1 000 倍。图 1-5 拍摄于 1946 年，现存于宾夕法尼亚大学档案馆，图 1-5 中前排左方的是埃克特，后面靠在柱子上的是莫克利。

图 1-5　ENIAC

ENIAC 虽是第一台正式投入运行的电子计算机，但它不具备现代计算机"存储程序"

的思想。1946 年 6 月，冯•诺依曼博士发表了《电子计算机装置逻辑结构初探》论文，提出：将计算机要处理的程序和数据先放在存储器中，在计算机运算过程中，由存储器按事先编写好的程序、快速地提供给中央处理器进行处理，在处理过程中不需要用户干涉。这就是"冯•诺依曼原理"，又称"存储程序"原理。他根据这个原理设计出第一台"存储程序"的离散变量自动电子计算机（The Electronic Discrete Variable Automatic Computer，EDVAC），1952 年正式投入运行，其运算速度是 ENIAC 的 240 倍。EDVAC 结构的关键部分是中央控制单元，并且将程序和数据以相同的格式一起储存在存储器中，这使得计算机可以在任意点暂停或继续工作。冯•诺依曼提出的 EDVAC 计算机结构为人们普遍接受，此类结构的计算机又称冯•诺依曼型计算机，他也被誉为"现代计算机之父"。

小知识：第一台计算机之争

1973 年 10 月 19 日，美国一家地方法院经过 135 次开庭，当众宣布一项判决书："埃克特和莫克利不是第一台电子数字积分计算机的发明人，他们的设计来源于阿坦那索夫的发明。"理由是阿坦那索夫早在 1941 年，就把他对电子计算机的初步设想告诉过 ENIAC 的发明人。

阿坦那索夫（J. Atanasoft）是艾奥瓦州立大学（Iowa State University）数学物理教授。他为了求解微分方程，设想把计算尺改造成大型的计算装置。他反复分析比较各种实施方案，并且在 1937 年的一个冬夜，在一个小酒馆里终于做出对数字计算机意义重大的 4 项决定：

① 用电子元件替代机械部件。

② 用二进制替代十进制作为新计算机的运算基础。

③ 用逻辑动作替代计数实现运算。

④ 用能充放电的电容器作为"存储器"（Memory）。

由于他对电子技术不太熟悉，于是从电子工程系物色到一位应届毕业生贝瑞（C.Berry），两人共同在 1939 年 10 月装配出一台试验样机，命名为 ABC（Atanasoff Berry Computer）。但由于卡片机输出的问题，ABC 未能真正在计算上发挥作用。

1941 年 12 月 7 日，珍珠港事件爆发，阿坦那索夫离开艾奥瓦州立大学，ABC 也被拆卸，逐渐被人遗忘。由于艾奥瓦大学没有为 ABC 申请专利，给电子计算机的发明权问题带来了旷日持久的法律纠纷。

1967 年初，拥有 ENIAC 专利权的斯佩里兰德公司（Sperry Rand Corporation）向霍尼韦尔公司（Honeywell Company）收取计算机制造的专利使用费，但遭到拒绝，理由是霍尼韦尔公司认为 ENIAC 的专利有问题。他们请阿坦那索夫出庭作证，证明 ENIAC 的设计原理是源自 ABC。在法庭上，ENIAC 的发明者莫克利承认确实到艾奥瓦大学参观过 ABC 电子计算机，并从阿坦那索夫的思想里受益匪浅，因此法庭最终做出上述判决。

1.1.2 计算机的发展

1. 计算机的发展历程

从第一台数字式电子计算机 ENIAC 诞生到现在，计算机技术经过了近 70 年的迅猛发展。可以根据计算机所采用的物理器件将计算机的发展史划分成 4 个阶段，如表 1-1 所示。

表 1-1　计算机的发展史

年代 特点	第一代计算机 (1946—1959 年)	第二代计算机 (1959—1964 年)	第三代计算机 (1964—1972 年)	第四代计算机 (1972 年至今)
主机电子器件	电子管	晶体管	中小规模集成电路	大规模、超大规模集成电路
内存	汞延时电路	磁心存储器	半导体存储器	半导体存储器
外存储器	穿孔卡片、纸带	磁带	磁带、磁盘	磁盘、光盘等大容量存储器
处理器速度 (每秒指令数)	几千条到几万条	几万至几十万条	几十万至几百万条	上千万至亿亿条
软件的发展	机器语言或者汇编语言	操作系统和算法语言	标准化的程序设计语言	多媒体技术,信息、网络技术
应用	科学计算	数据处理、工业控制	文字处理、图形处理	社会生活各个领域

（1）第一代计算机（1946—1959 年）

这一阶段计算机的主要特征是采用电子管元件作为基本器件,用汞延时电路作存储器,输入/输出主要采用穿孔卡片或纸带,体积大、耗电量大、速度慢、存储容量小、可靠性差、维护困难且价格昂贵。电子管实物图如图 1-6（a）所示,穿孔纸带实物图如图 1-6（b）所示。在软件上,计算机的程序通常使用手工编写的机器语言,后来过渡到用汇编语言,因此这一时代的计算机主要用于科学、军事和财务方面的计算。

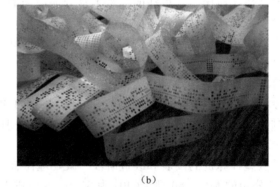

（a）　　　　　　　　　　　　　　　（b）

图 1-6　电子管和穿孔纸带实物图

第一代计算机是计算工具革命性发展的开始,它所采用的二进位制与程序存储等基本技术思想,奠定了现代电子计算机技术的基础。

（2）第二代计算机（1959—1964 年）

20 世纪 50 年代中期,用晶体管代替电子管作为计算机的基本器件,用磁心或磁鼓作存储器。晶体管不仅能实现电子管的功能,又具有尺寸小、质量小、使用寿命长、效率高、发热少、功耗低等优点。在整体性能上,第二代计算机比第一代计算机有了很大的提高。出现了计算机监控程序,提出了操作系统的概念,同时程序设计语言也出现了,如FORTRAN,COBOL,Algo160 等计算机高级语言。第二代计算机被用于科学计算的同时,也开始在数据处理、过程控制方面得到应用。

（3）第三代计算机（1964—1972 年）

20 世纪 60 年代中期，随着半导体工艺的发展，集成电路开始出现。中小规模集成电路成为计算机的主要部件，内存储器也渐渐过渡到半导体存储器，使计算机的体积更小，大大降低了计算机运行时的功耗，计算的可靠性也提高了。在软件方面，有了标准化的程序设计语言和人机会话式的 Basic 语言，其应用领域也进一步扩大。它们不仅用于科学计算，还用于文字处理、企业管理、自动控制和情报检索等领域。

（4）第四代计算机（1972 年至今）

随着大规模、超大规模集成电路的成功制作并用于计算机硬件生产过程，计算机的体积进一步缩小，性能进一步提高。集成度更高的大容量半导体存储器作为内存储器，发展了并行技术和多机系统，出现了精简指令集计算机（RISC），软件系统工程化、理论化，程序设计自动化，多媒体、信息、网络技术飞速发展。尤其是随着集成电路工艺的发展，出现了微处理器和微型计算机，使计算机在社会上的应用范围进一步扩大，几乎所有领域都能看到计算机的"身影"。

2．微型计算机的发展

微型计算机简称微机，出现在 1971 年，属于第四代计算机。它的一个突出特点是将运算器和控制器做在一个集成芯片上，称为微处理器（Micro Processor Unit，MPU），通常又称 CPU。

自 1981 年美国 IBM 公司推出第一代商用微型计算机 IBM-PC 以来，微型计算机以其执行结果精确、处理速度快捷、性价比高、轻便小巧等特点迅速进入社会各个领域，且技术不断更新、产品快速换代，从单纯的计算工具发展成为能够处理数字、符号、文字、语言、图形、图像、音频、视频等多种信息的强大多媒体工具。如今的微型计算机产品无论从运算速度、多媒体功能、软硬件支持还是易用性等方面都比早期产品有了很大飞跃。

微型计算机的发展大致经历了 4 个阶段：

（1）第一阶段（1971—1973 年）

在这个阶段，微处理器有 4004、4040、8008 等。1971 年 Intel 公司研制出 MCS-4 微型计算机（CPU 为 4040，4 位机）。后来又推出以 8 位微处理器 8008 为核心的 MCS-8 型。

（2）第二阶段（1973—1977 年）

这个阶段是微型计算机的发展和改进阶段。微处理器有 8080、8085、M6800、Z80 等。初期产品有 Intel 公司的 MCS-80 型（CPU 为 8080，8 位机）。后期有 TRS-80 型（CPU 为 Z80）和 APPLE-II 型（CPU 为 6502），在 20 世纪 80 年代初期曾一度风靡世界。

（3）第三阶段（1977—1985 年）

这个阶段是 16 位微型计算机的发展阶段，微处理器有 8086、8088、80186、80286、M68000、Z8000 等。微型计算机代表产品是 IBM-PC（CPU 为 8086）。本阶段的顶峰产品是 1984 年推出的两款微型计算机：APPLE 公司的 Macintosh 和 IBM 公司的 PC/AT286。

（4）第四阶段（1985 年至今）

这个阶段是 32 位微型计算机的发展阶段。微处理器相继推出 80386、80486。386、486 微型计算机是初期产品。1993 年，Intel 公司推出了 Pentium 或称 P5（中文译名为"奔腾"）的微处理器，它具有 64 位的内部数据通道。现在主要的两大 CPU 厂家 Intel 和 AMD 生产的微处理器都同时支持 32 位和 64 位数据处理方式。

由此可见，微型计算机的性能主要取决于它的核心器件——微处理器的性能。

3. 计算机的发展趋势

未来计算机将推动新一轮计算技术革命，带动光互联网的快速发展，对人类社会的发展产生深远的影响。新一代计算机将以超大规模集成电路为基础，向巨型化、微型化、网络化与智能化的方向发展。

（1）巨型化

巨型化是指计算机的运算速度更高、存储容量更大、功能更强。目前"天河二号"超级计算机拥有 3 120 000 个计算核心，1.4 PB（拍字节，$1PB=10^{15}B$）内存，运算速度可达每秒 54 拍次（1 拍次=10^{15} 次）。

（2）微型化

微型化的计算机已进入仪器、仪表、家用电器等各类仪器设备中，同时也作为工业控制过程的心脏，使仪器设备实现"智能化"。随着微电子技术的进一步发展，平板电脑、智能手机、智能电视、智能手表等微型、嵌入式计算机必将越来越普及。

（3）网络化

计算机网络是现代通信技术与计算机技术相结合的产物。计算机网络已在现代企业的管理中发挥着越来越重要的作用，如银行系统、商业系统、交通运输系统等。在家用方面，智能家居的概念越来越深入人心，通过家庭网络把各种家用智能设施连接起来，既能协调一致地工作，又便于远程控制，使生活更加便捷与安全。

（4）智能化

计算机人工智能的研究是建立在现代科学基础之上的。智能化是计算机发展的一个重要方向。新一代计算机可以模拟人的感觉行为和思维过程的机理，进行"看""听""说""想""做"，具有逻辑推理、学习与证明的能力。未来计算机将具有感知、思考、判断、学习及一定的自然语言能力，使计算机进入人工智能时代。

1.1.3　计算机的分类

根据计算机的规模和处理能力，国际上通常把计算机分为 6 类，分别是巨型计算机、大中型计算机、小型计算机、工作站、服务器和微型计算机。

1. 巨型计算机

巨型计算机（Super Computer）又称超级计算机。人们通常把最大、最快、最贵的主机称为"巨型计算机"，世界上只有少数几个公司能生产巨型计算机。巨型计算机具有很强的计算和处理数据的能力，主要特点表现为高速度和大容量，配有多种外围设备及丰富的、高功能的软件系统。现有的超级计算机运算速度大多可以达到每秒 1 太（Trillion，10^{12}）次以上。

世界上最有名的巨型计算机排名是 TOP500 计划，它专门针对全球已知最强大的计算机系统进行排名并进行详细介绍。这个计划始于 1993 年，并且一年出版 2 次最新的超级计算机排名列表。此计划主旨在提供一个可靠的基础去追踪与侦测高效能计算的趋势。

2014 年 11 月，位于广州超级计算中心的"天河二号"巨型计算机连续 4 次蝉联 TOP500 计划的第一名。它拥有 3 120 000 个计算核心，1.4 PB 内存，平均运算速度为每秒 33.862 7 拍次浮点运算（Pflop/s），峰值运算速度达到每秒 54 拍次。图 1-7 是"天河二号"巨型计算机。

图 1-7 "天河二号"巨型计算机

2. 大中型计算机

大中型计算机又称大型主机（Mainframe），包括通常所说的大型机和中型机。一般只有大中型企事业单位才有必要配备大型主机，并以这台机器及其外围设备为基础，组成一个计算中心，统一安排对主机资源的使用。

3. 小型计算机

小型计算机（Minicomputer）又称小型电脑，通常能满足部门性的要求，为中小企事业单位所采用。

4. 工作站

工作站（Work Station）都有自己鲜明的特点，它的运算速度通常比微型计算机要快，要配置大屏幕显示器和大容量的存储器，而且要有比较强的网络通信功能，主要用于特殊的专业领域。例如，图像处理、计算机辅助设计等方面。

5. 服务器

服务器是指通过网络提供计算服务的计算机。由于服务器需要响应服务请求并进行处理，因此，一般来说服务器应具备承担服务并且保障服务的能力，在处理能力、稳定性、可靠性、安全性、可扩展性、可管理性等方面要求较高。

目前服务器与工作站、小型计算机乃至大中型计算机的界限越来越模糊，有时这些计算机也承担计算服务、共享服务的任务。

6. 微型计算机

微型计算机（Microcomputer）又称微型电脑或个人计算机，人们通常使用的计算机大多都是微型计算机。这类计算机的用户是个人或普通家庭，在世界范围内已经相当普及。我国高等院校、中小学配置的计算机主要是微型计算机。

微型计算机运算速度一般比较低，它的普及程度代表了一个国家的计算机应用水平。微型计算机也可以按系统来划分，分成单片机、单板机、个人计算机、便携式计算机等。

（1）单片机

把微处理器、一定容量的存储器以及输入/输出接口都集成在一个芯片上，就构成了单片机。这是一个具有计算机功能的集成电路芯片。

（2）单板机

把微处理器、存储器、输入/输出接口都安装在一块电路板上，就称为单板机。一般这块电路板还有简易的键盘、液晶或数码显示器，只要外接电源就可以使用，非常方便。单板机广泛用在工业控制及微型计算机教学和实验中，也可作为计算机控制网络的前端执行机。

（3）个人计算机（PC）

这是现在用得最多的一种微型计算机。个人计算机一般配有显示器、键盘、鼠标、硬盘、光盘驱动器，以及一个紧凑的机箱和某些扩展插槽，如图1-8所示。个人计算机主要用于事务处理，包括财务处理、电子数据表分析、文字处理、数据库管理等。如果将它接入一个公共计算机网络，就能拥有通信能力。

（4）便携式计算机

便携式计算机是为商务旅行或从家庭到办公室之间携带而设计的。它一般由电池供电，具有便携性、灵活性。便携式计算机包括笔记本式计算机、上网本、手提式计算机、平板电脑等。图1-9和图1-10是笔记本式计算机和平板电脑的实物图。

　图1-8　个人计算机　　　图1-9　笔记本式计算机　　　图1-10　平板电脑

1.1.4　计算机的特点和应用

计算机是人类科学技术上一项伟大的成就，如今计算机的应用范围已经从科学计算扩展到人类社会的各个领域。计算机之所以如此普及，是由其自身特点所决定的。

1．计算机的特点

计算机相比其他计算工具具有以下几个主要特点：

（1）运算速度快

目前最快的巨型计算机运行速度已达每秒几亿亿次，这是传统计算工具所无法比拟的。随着科学技术的进步，计算机的运算速度还在迅速提高。

（2）计算精度高

计算机的计算精度取决于机器的字长位数，字长越长，精度越高。由于计算机采用二进制表示数据，故易于扩充机器字长。不同型号计算机的字长有8位、16位、32位、64位等，为了获取更高的精度，还可以进行双倍字长或多倍字长的运算，甚至可达到数百位二进制。

（3）存储容量大

计算机的存储器可以把原始数据、中间结果以及运算指令等存储起来以便使用。存储器不仅可以存储大量的信息，还能够快速而准确地存入或读取这些信息。

（4）判断能力强

计算机除了具有高速度、高精度的计算能力外，还具有对文字、符号、数字等进行逻辑推理和判断的能力。人工智能机的出现将进一步提高其推理、判断、思维、学习、记忆与积累的能力，从而可以代替人脑进行更多的工作。

（5）可靠性高

随着科学技术的不断发展，电子技术也发生着很大的变化，电子器件的可靠性也越来越高。在计算机的设计过程中，通过采用新的结构可以使其具有更高的可靠性。

2．计算机的应用

计算机的诞生及其飞速的发展，正在影响人们的生活。自1946年世界上第一台计算机在美国问世至今不过半个多世纪，计算机已经成为当今社会各行各业不可或缺的工具。当今计算机的应用领域可以概括为以下几个方面：

（1）科学计算

科学计算又称数值计算，是计算机最早的应用领域。高速度、高精度的运算是人工运算所望尘莫及的。现代科学技术中有大量复杂的数值计算，例如，在地震预测、气象预报、工程设计、火箭和卫星发射、核爆炸模拟等尖端科技领域，应用计算机进行科学计算，速度快、精度高，可以大大缩短计算周期，节省人力和物力。

（2）数据处理与管理

数据处理与管理又称非数值计算，是对大量数据进行处理，得到有用的数据信息的过程。它是目前计算机应用中最广泛、最活跃的领域。数据处理被广泛地应用在办公自动化、事务管理、情报分析、企业管理等方面。数据处理已经发展成为一门新的计算机应用分支。例如，银行可用计算机来管理账目，工矿企业可用计算机进行生产情况统计、成本核算、库存管理、物资供应、管理生产调度等，办公自动化系统、管理信息系统、决策支持系统也离不开计算机。这些工作的核心是数据处理，如数据加工、合并分类等。它们采用的计算方法比较简单，但数据处理量大，输入/输出操作频繁。

（3）过程控制

过程控制又称实时控制，是指计算机依据实时采集检测到的数据，采用最佳方法，迅速地对被控制对象进行自动控制或自动调节。计算机过程控制技术对现代化国防和空间技术具有重大意义，导弹、人造卫星、宇宙飞船等都是采用计算机控制的。

（4）辅助工程

辅助工程包括计算机辅助设计（CAD）、计算机辅助教学（CAI）、计算机辅助制造（CAM）、计算机辅助测试（CAT）、计算机辅助软件工程（CASE）等。

（5）人工智能

人工智能（Artificial Intelligence，AI）是指使用计算机模拟人的某些智能，使计算机能像人一样具有识别文字、图像、语音，以及推理和学习等能力。智能计算机能够代替和超越人类某些方面的脑力劳动，它能够给病人诊断疾病，与人下棋，进行文字翻译，查询图书资料等。

（6）计算机网络通信

利用计算机网络（Computer Network）使不同地区的计算机之间实现资源共享，大大促进了地区间、国际间的通信和各种数据的传输及处理。现代计算机的应用已经离不开计算机网络。

（7）电子商务

电子商务指在 Internet 上进行的商务活动。它涉及企业和个人各种形式的基于数字化信息处理和传输的商业交易。其中的数字化信息包括文字、语音和图像。广义上讲，电子商务包括电子邮件（E-mail）、电子数据交换（EDI）、电子资金转账（EFT）、快速响应（QR）、系统电子表单和信用卡交易等，电子商务的一系列应用还包括支持电子商务的信息基础设施。狭义上讲，电子商务仅指企业之间、企业与消费者之间的电子交易。电子商务的主要功能包括网上广告和宣传、订货、付款、货物递交、客户服务等。

（8）系统仿真

系统仿真是利用模型来模仿真实系统的特征，建立数学模型并应用数值计算的方法，把数学模型变换成可以直接在计算机中运行的仿真模型。通过对模型的仿真，了解实际系统或过程在各种内外因素变化的条件下，其性能的变化规律，以获得正确决策所需的各种信息。

对一些难以建立物理模型和数学模型的对象，可通过仿真模型来顺利地解决预测、分析和评价等系统问题。

1.2 数据的表示与存储

数据信息是计算机加工的对象，可分为数值型数据和非数值型数据。计算机中各种数据都是用电子元件的不同状态表示的，也就是以电信号表示的。根据计算机的这一特点，我们需要解决一系列问题，如参与运算的数值有什么特征？非数值型数据在计算机中又是如何表示的？

1.2.1 数制

按进位的原则进行计数，称为进位计数制，简称"数制"。在日常生活中经常用到的数制，通常以十进制进行计数。除了十进制计数外，还有许多非十进制计数的方法。例如 1 小时有 60 分钟，是六十进制计数法；1 星期有 7 天，是七进制计数法；1 年有 12 个月，是十二进制计数法。当然，在生活中还有许多其他各种各样的进制计数法。在计算机中采用二进制计数法，主要原因是使用二进制计数可以使电路设计简单、运算简单、工作可靠和逻辑性强。

不论是哪一种数制，其计数和运算都有共同的特点和规律。

1. 数制的概念

（1）逢 R 进一

R 是数制中所需要的数字字符的总个数，称为基数。例如：十进制用 0、1、2、3、4、5、6、7、8、9 共 10 个符号来表示数值，"10"就是十进制的基数，表示逢十进一；二进制用 0、1 共 2 个符号来表示数值，"2"就是二进制的基数，表示逢二进一。

（2）位权

一个数字符号表示数值的大小与它在数中所处的位置有关。例如：十进制数 123.45，数字 1 在百位上，代表 1×10^2=100；数字 2 在十位上，代表 2×10^1=20；其余类推，3 代表 3×10^0=3，4 代表 4×10^{-1}=0.4，5 代表 5×10^{-2}=0.05，如此等等。

位权是指一个数字在某个固定位置上所代表的值，处在不同位置上的数字符号所代表的值不同。位权是基数的若干次幂。例如，十进制数 309.123 可以表示为

$$309.123=3 \times 10^2+0 \times 10^1+9 \times 10^0+1 \times 10^{-1}+2 \times 10^{-2}+3 \times 10^{-3}$$

其中，10^2、10^1、10^0、10^{-1}、10^{-2}、10^{-3} 分别是对应位置的位权。

2．计算机常用数制

日常生活使用的数制有很多种，在计算机中采用二进制。由于用二进制表达一个具体数字时，位数可能很长，书写烦琐，不易识别。因此在书写时经常用到八进制数、十进制数和十六进制数。常见数制的基数和数字符号如表 1-2 所示。

表 1-2　常见数制的基数和数字符号

数　制	基　数	数　字　符　号	标　识
二进制	2	0、1	B
八进制	8	0、1、2、3、4、5、6、7	O
十进制	10	0、1、2、3、4、5、6、7、8、9	D
十六进制	16	0、1、2、3、4、5、6、7、8、9、A、B、C、D、E、F	H

为了区分不同数制的数，通常采用括号加数字下标的表示方法，或者数码后加上标识的方法。例如：十进制数 3210.4 可以表示成 $(3210.4)_{10}$ 或 3210.4D；十六进制数 2C 可以表示成 $(2C)_{16}$ 或 2CH。

任何数制都可以表示成按位权展开的多项式形式

$$(X)_R=D_{n-1}R^{n-1}+D_{n-2}R^{n-2}+\cdots+D_1R^1+D_0R^0+D_{-1}R^{-1}+D_{-2}R^{-2}+\cdots+D_{-m}R^{-m}$$

请注意位权的幂次，在小数点左侧（整数），幂次从右往左依次为 0、1、2 等；在小数点右侧（小数），幂次从左往右依次为-1、-2、-3 等。

例如，二进制数 $(1011.01)_2$（读作"一零一一点零一"）

二进制数	1	0	1	1	.	0	1
位权	2^3	2^2	2^1	2^0		2^{-1}	2^{-2}

则

$$(1011.01)_2=1 \times 2^3+0 \times 2^2+1 \times 2^1+1 \times 2^0+0 \times 2^{-1}+1 \times 2^{-2}$$

同理八进制数 $(107.25)_8$ 可以表示为

$$(107.25)_8=1 \times 8^2+0 \times 8^1+7 \times 8^0+2 \times 8^{-1}+5 \times 8^{-2}$$

十六进制数 $(3C6.E)_{16}$ 可以表示为

$$(3C6.E)_{16}=3 \times 16^2+12 \times 16^1+6 \times 16^0+14 \times 16^{-1}$$

1.2.2　数制转换

1．将 R 进制数转换成十进制数

将一个 R 进制数转换成十进制数的方法就是按位权展开，然后按十进制运算方法将数值求和。

【例 1-1】　将二进制数 $(1011.01)_2$ 转换成十进制数。

【解】$(1011.01)_2 = 1 \times 2^3 + 0 \times 2^2 + 1 \times 2^1 + 1 \times 2^0 + 0 \times 2^{-1} + 1 \times 2^{-2}$

$\qquad\qquad = 1 \times 8 + 0 \times 4 + 1 \times 2 + 1 \times 1 + 0 \times 0.5 + 1 \times 0.25$

$\qquad\qquad = (11.25)_{10}$

【例 1-2】 将八进制数$(107.25)_8$转换成十进制数。

【解】$(107.25)_8 = 1 \times 8^2 + 0 \times 8^1 + 7 \times 8^0 + 2 \times 8^{-1} + 5 \times 8^{-2}$

$\qquad\qquad = 1 \times 64 + 0 \times 8 + 7 \times 1 + 2 \times 0.125 + 5 \times 0.015625$

$\qquad\qquad = (71.328125)_{10}$

【例 1-3】 将十六进制数$(3C6.E)_{16}$转换成十进制数。

【解】$(3C6.E)_{16} = 3 \times 16^2 + 12 \times 16^1 + 6 \times 16^0 + 14 \times 16^{-1}$

$\qquad\qquad = 3 \times 256 + 12 \times 16 + 6 \times 1 + 14 \times 0.0625$

$\qquad\qquad = (966.875)_{10}$

2. 将十进制数转换成 R 进制数

将十进制数转换成 R 进制数时，应将整数部分和小数部分分别转换，然后再相加起来。整数部分采用"除 R 取余"法，小数部分采用"乘 R 取整"法。

"除 R 取余"法是将十进制数整数部分除以 R，得到一个商和一个余数，再将商除以 R，又得到一个商和一个余数，如此继续下去，直到商为 0 为止。将每次得到的余数按照得到的顺序逆序排列（即最后得到的余数写在最左侧，最先得到的余数写在最右侧），形成 R 进制的整数部分。

"乘 R 取整"法是将十进制数小数部分连续乘以 R，保留每次得到的整数部分，直到小数部分为 0 或达到精度为止。将得到的整数部分按照得到的顺序排列，形成 R 进制的小数部分。

下面分别举例说明如何将十进制数转换成二进制数、八进制数和十六进制数。

【例 1-4】 将十进制数$(41.625)_{10}$转换成二进制数。

【解】计算过程如下：

整数部分　　　　　　　　　　　　　　小数部分

结果为$(41.625)_{10} = (101001.101)_2$

【例 1-5】 将十进制数$(641.325)_{10}$转换成八进制数（小数部分保留 2 位有效数字）。

【解】计算过程如下：

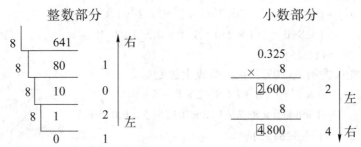

结果为 $(641.325)_{10}=(1201.24)_8$。

【例1-6】 将十进制数 $(2108.7)_{10}$ 转换成十六进制数（小数部分保留 3 位有效数字）。

【解】计算过程如下：

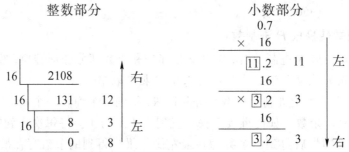

结果为 $(2108.7)_{10}=(83C.B33)_{16}$。

3. 二进制数与八进制数、十六进制数的相互转换

（1）二进制数与八进制数的转换

由于 $2^3=8$，因此 3 位二进制数对应 1 位八进制数。利用这种对应关系可以把二进制数转换成八进制数。从二进制数小数点开始，分别向左和向右，每 3 位作为一个单元，对应 1 位八进制数。两端的单元如果不够 3 位，则在两端补 0，补足 3 位。

【例1-7】 将二进制数 $(1011011.00101011)_2$ 转换成八进制数。

【解】计算过程如下：

$$(001 \quad 011 \quad 011 \cdot 001 \quad 010 \quad 110)_2$$

$$\downarrow \quad \downarrow \quad \downarrow \quad \downarrow \quad \downarrow \quad \downarrow$$

$$(1 \quad 3 \quad 3 \cdot 1 \quad 2 \quad 6)_8$$

即 $(1011011.00101011)_2=(133.126)_8$

将八进制数转换成二进制数，只是上述过程的逆过程。也就是将每位八进制数用等值的 3 位二进制数代替。

【例1-8】 将八进制数 $(167.46)_8$ 转换成二进制数。

【解】计算过程如下：

$$(1 \quad 6 \quad 7 \cdot 4 \quad 6)_8$$

$$\downarrow \quad \downarrow \quad \downarrow \quad \downarrow \quad \downarrow$$

$$(001 \quad 110 \quad 111 \cdot 100 \quad 110)_2$$

转换后，去掉小数末尾的 0 和整数前面的 0，则

$$(167.46)_8=(1110111.10011)_2$$

（2）二进制数与十六进制数的转换

由于 $2^4=16$，因此 4 位二进制数对应 1 位十六进制数。为了把二进制数转换成十六进制数，需要利用这种对应关系，从二进制数小数点开始，分别向左和向右，每 4 位作为一个单元，对应 1 位十六进制数。两端的单元如果不够 4 位，则在两端补 0，补足 4 位。

【例 1-9】 将二进制数 $(1011011.00101101)_2$ 转换成十六进制数。

【解】计算过程如下：

$$（0101 \quad 1011 \cdot 0010 \quad 1101）_2$$
$$\downarrow \qquad\qquad \downarrow \qquad \downarrow \qquad\qquad \downarrow$$
$$（5 \qquad\quad B \;\cdot\; 2 \qquad\quad D）_{16}$$

即 $\qquad\qquad (1011011.00101101)_2=(5B.2D)_{16}$

将十六进制数转换成二进制数，也是将每位十六进制数用等值的 4 位二进制数代替。

【例 1-10】 将十六进制数 $(1F7.4A)_{16}$ 转换成二进制数。

【解】计算过程如下：

$$（1 \qquad F \qquad 7 \;.\; 4 \qquad\qquad A）_{16}$$
$$\downarrow \qquad \downarrow \qquad \downarrow \qquad \downarrow \qquad\qquad \downarrow$$
$$（0001 \quad 1111 \quad 0111 \cdot 0100 \qquad 1010）_2$$

转换后，去掉小数末尾的 0 和整数前面的 0，则

$$(1F7.4A)_{16}=(111110111.0100101)_2$$

4．常用数制的对应关系

常用数制的对应关系如表 1-3 所示。

表 1-3 常用数制的对应关系

十进制数	二进制数	八进制数	十六进制数
0	0	0	0
1	1	1	1
2	10	2	2
3	11	3	3
4	100	4	4
5	101	5	5
6	110	6	6
7	111	7	7
8	1000	10	8
9	1001	11	9
10	1010	12	A
11	1011	13	B
12	1100	14	C
13	1101	15	D
14	1110	16	E
15	1111	17	F
16	10000	20	10
…	…	…	…

1.2.3　数据在计算机中的存储和表示

我们已经知道，不管是数值型数据，还是非数值型数据，在计算机中都必须以二进制形式表示和存储。二进制数既可以表示数值，也可以表示字符、汉字或其他。二进制数代表的数据类型不同，含义也不同。那么，在进行数据处理时，这些数据在计算机的存储设备中是如何组织、存储和表示的？

1. 数据单位

① 位（bit），音译为"比特"，是计算机最小的数据单位，表示二进制数中的 1 位。1 个二进制位只能表示 $2^1=2$ 种状态，只能存放二进制数"0"或"1"。

② 字节（Byte），简写为 B。规定 8 个二进制位组成 1 字节，1 B=8 bit。字节是计算机处理数据基本单位。通常 1 个 ASCII 码占 1 字节，1 个汉字国标码占 2 字节。

计算机以字节为单位来表示存储器的容量。除了用字节外，还用千字节、兆字节、吉字节、太字节等单位。

1 千字节：1 KB=1024 B=2^{10} B。

1 兆字节：1 MB=1024 KB=1024 × 1024 B=2^{20} B。

1 吉字节：1 GB=1024 MB=1024 × 1024 × 1024 B=2^{30} B。

1 太字节：1 TB=1024 GB=1024 × 1024 × 1024 × 1024 B=2^{40} B。

③ 字（Word）。在计算机处理数据时，一次存取、处理和传输的数据长度称为字。字的长度通常是字节的整数倍，如 1、2、4、8 倍等，则字长为 8、16、32、64，也就是通常说的 8 位机、16 位机、32 位机、64 位机。字长是衡量计算机性能的一个重要标志。

2. 数值型数据在计算机中的表示

数值型数据是指数学中的代数值，具有量的含义，且有正负之分。

（1）无符号数和有符号数

计算机中的数有无符号数和有符号数两类。

无符号数也就是不带符号的数，在计算机中直接用二进制数表示。例如，8 位二进制数能表示十进制数 0～255（0～2^8-1）。

有符号数带有正负号，一般用数码中的最高位作为符号位。通常最高位为 0 表示正数，最高位为 1 表示负数。例如，用 8 位二进制数表示十进制数+71 和-71 为 01001111 和 11001111。

（2）原码、反码和补码

在计算机中，数的表示有原码、反码和补码之分。

① 原码：最高位表示符号，0 表示"+"，1 表示"-"。数的绝对值直接用二进制数表示，例如：

十进制数	原码
127	01111111
-127	11111111

② 反码：正数的反码与原码相同；负数的反码是将原码的数值部分逐位取反（0 变 1，1 变 0），符号位不变。

③ 补码：正数的补码和原码相同；负数的补码由其反码加 1 得到，即负数的补码=反码+1。

例如：

二进制数	原码	反码	补码
+1010111	01010111	01010111	01010111
-1010111	11010111	10101000	10101001

利用补码可将减法运算变成加法运算，电路易于实现。

（3）BCD 码

计算机中使用的是二进制数，而人们习惯使用十进制数，因此输入到计算机的十进制数需要转换成二进制数；数据输出时，应将二进制数转换成十进制数。为了方便，大多数通用性较强的计算机需要能直接处理十进制表示的整数。为此在计算机中还设计了一种中间数字编码形式，它把每位十进制数用 4 位二进制数表示，称为二进制编码的十进制表示（Binary Coded Decimal，BCD）码，又称二-十进制数。

4 位二进制数可编码 16 种状态，而十进制数只有 10 个数码，因此选择其中的 10 种二进制状态作为 BCD 码的方案有许多种，如 8421 码、格雷码、余 3 码等，编码方案如表 1-4 所示。

表 1-4　编码方案

十进制数	8421 码	格雷码	余 3 码
0	0000	0000	0011
1	0001	0001	0100
2	0010	0011	0101
3	0011	0010	0110
4	0100	0110	0111
5	0101	1110	1000
6	0110	1010	1001
7	0111	1000	1010
8	1000	1100	1011
9	1001	0100	1100

最常用的 BCD 码是 8421 码，它选取 4 位二进制数的前 10 个代码分别对应表示 10 个十进制数的数码，1010～1111 这 6 个数码未用。

3．计算机中非数值型数据的编码

（1）ASCII 码

ASCII 码是美国标准信息交换码（American Standard Code for Information Interchange）的缩写，由美国的 IBM 公司在 1963 年研制成功，已经被国际标准化组织（ISO）接收为国际标准。ASCII 码是英文、数字及键盘上其他符号（如标点符号"，"、加号"+"等）的代码，它是这些字符的输入、存储和处理以及交换信息使用的编码。ASCII 码是目前使用最多的一种编码，广泛用在各种类型计算机中。

国际上通用的 ASCII 码是 7 位二进制数编码，有 0～127 共 128（2^7）个状态，能表示 128 个常用符号。1 个字符的编码以 1 字节存储，由于 1 字节有 8 位，则 ASCII 码的最高位未使用，通常为 0，低 7 位是编码。表 1-5 是 ASCII 编码表，表中包括大小写字母、数字字符和一些常用字符，都是计算机键盘能输入并且可以显示的字符，称为显示字符，共有 94 个；另外还有 34 个控制字符，键盘输入时不能显示，主要表示执行某种操作，例如 CR 是回车，BS 是退格等。

表 1-5　ASCII 码表

高 3 位 低 4 位	000	001	010	011	100	101	110	111
0000	NUL	DLE	SP	0	@	P	`	p
0001	SOH	DC1	!	1	A	Q	a	q
0010	STX	DC2	"	2	B	R	b	r
0011	ETX	DC3	#	3	C	S	c	s
0100	EOT	DC4	$	4	D	T	d	t
0101	ENQ	NAK	%	5	E	U	e	u
0110	ACK	SYN	&	6	F	V	f	v
0111	BEL	ETB	,	7	G	W	g	w
1000	BS	CAN	(	8	H	X	h	x
1001	HT	EM	)	9	I	Y	i	y
1010	LF	SUB	*	:	J	Z	J	z
1011	VT	Esc	+	;	K	[	k	{
1100	FF	FS	'	<	L	\	l		
1101	CR	GS	-	=	M	]	m	}
1110	SO	RS	.	>	N	^	n	~
1111	SI	US	/	?	O	_	o	DEL

（2）汉字的表示方法

汉字是图形文字，其输入、输出与处理比英文困难得多，无法用一种代码实现汉字的处理，于是出现了汉字的输入码、国标码、机内码、字形码等。

从图 1-11 可以看出，通过键盘输入汉字的输入码，确定所要输入的汉字（国标码），然后转成相应的机内码进行存储和处理。输出汉字时，需要在汉字字库中找到汉字的字形码，最后根据字形数据，在显示器或者打印机上显示或打印输出汉字。

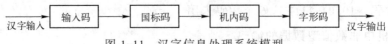

汉字输入 → 输入码 → 国标码 → 机内码 → 字形码 → 汉字输出

图 1-11　汉字信息处理系统模型

① 输入码（外部码）。目前一般使用计算机标准键盘上按键的不同组合来输入汉字。当前汉字输入编码的开发研究种类繁多，常见的输入法类别有：音码、形码、语音输入、手写输入或扫描输入等，其中键盘输入汉字的编码主要是音码和形码。人们希望好的汉字输入编码应该具有以下优点：编码短，可以减少击键次数；重码少，可以实现盲打；好学好记，易于学习和掌握。但是目前还没有一种汉字输入编码方法能全部符合上述要求。不同的用户，采用自己熟悉的输入码输入汉字可能会更方便。例如：专业的打字员一般用比较快的输入方法；而非专业人员，更喜欢采用易学的方法。

② 国标码。无论用何种输入码录入汉字，在计算机进行汉字信息交换时，都必须采用相同的编码。为此我国 1980 年颁布了 GB 2132—1980《信息交换用汉字编码字符集　基本集》，

简称国标码。该标准已经获得国际标准协会承认。

国标码用 2 字节表示 1 个汉字。高字节称为区号，低字节称为位号，因此国标码又称区位码。2 字节都用低 7 位进行编码（与 ASCII 码相同），除去 34 个控制字符，区号和位号各有 94 个编码，所以国标码基本集共有 94×94=8 836 个编码，编码了 6 763 个汉字和 682 个符号。一级常见汉字在 16～55 区，按汉语拼音顺序排列；二级不常见汉字在 56～87 区，按部首笔画顺序排列。

③ 机内码。如果直接将国标码用于计算机内部的汉字处理和存储，则将与 ASCII 码混淆。为此在国标码 2 字节编码基础上，规定每字节最高一位都为"1"（与 ASCII 码规定最高位为"0"区分），这就是汉字机内码。所以计算机内存中的字符编码，最高位是"0"则本字节表示一个 ASCII 码字符；最高位是"1"，向后再取 1 字节，与本字节一起构成双字节汉字机内码，表示 1 个汉字。

④ 汉字字形码。经过计算机处理的汉字信息，如果要显示或打印出来供阅读，则必须将汉字机内码转换成人们可读的方块汉字。汉字字形码控制计算机输出汉字的图形。汉字字形码通常有 2 种表示方式：点阵方式和矢量方式。

用点阵方式表示字形时，汉字字形码指的就是这个汉字字形点阵的代码。根据输出汉字清晰程度和大小的要求不同，点阵的多少也不同。简易型汉字为 16×16 点阵，普通型汉字为 24×24 点阵，还有 32×32 点阵、48×48 点阵等。图 1-12 显示了汉字"次"的 16×16 字形点阵代码。

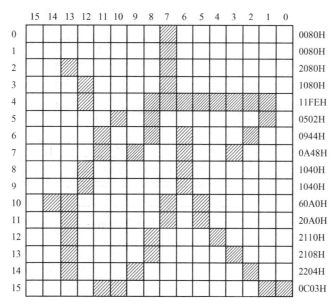

图 1-12　汉字字形点阵及编码

在一个 16×16 的网格中描出一个汉字，如"次"字，每个小格用 1 位二进制数表示，有笔画的小格用"1"表示，无笔画的小格用"0"表示。这样每一行需要 16 个二进制位，占 2 字节，如第一行点阵编码是十六进制数 0080H。描述整个汉字需要 32 字节的存储空间，即 1 个字形码占 32 字节。

计算机中所有的汉字字形码集合起来组成汉字字库。一个计算机汉字处理系统常配备不同字体（如宋体、楷体、黑体），也就有不同的字库。同一个汉字在不同的字库的字形编码是不同的。字形码只用于构成"字库"，不能用于机内存储。输出汉字时，先根据汉字机内码从字库中提取汉字字形信息，然后根据字形码显示和打印汉字。

点阵规模越大，字形越清晰美观，所占存储空间也越大。点阵方式表示的缺点是字形放大后边缘会出现锯齿效果，不够美观。

矢量汉字字形码存储有汉字字形的轮廓特征，用这种方式输出的汉字可以随意放大或缩小，边缘依旧清晰美观。

1.3　计算机系统的组成

一个完整的计算机系统包括硬件系统和软件系统两部分。计算机硬件系统是组成计算机的物理设备的总称，是客观存在的物体，是计算机工作的物质基础；计算机软件系统是计算机运行的各种程序、数据和相关文档的总称，是计算机的灵魂，是控制和操作计算机工作的核心。计算机硬件系统和软件系统共同构成了一个完整的系统，相辅相成，缺一不可。计算机系统的组成如图 1-13 所示。

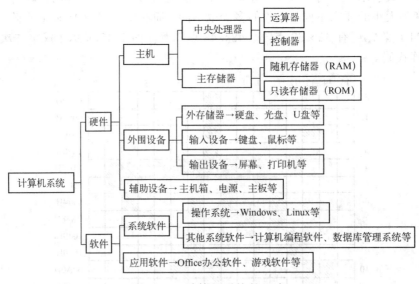

图 1-13　计算机系统的组成

1.3.1　硬件系统

计算机硬件是指计算机系统所包含的各种机械的、电子的、磁电的装置和设备，如运算器、磁盘、显示器、打印机等。硬件是组成计算机系统的物质基础，不同的计算机，其硬件组成是不一样的。从计算机的产生到今天，各种类型的计算机都是基于冯·诺依曼的思想设计的，因此称为冯·诺依曼型计算机。

冯·诺依曼型计算机依据"存储程序"的原理进行工作，它的硬件系统结构从原理上来说主要由存储器、运算器、控制器、输入设备和输出设备五大部分组成，如图 1-14 所示。

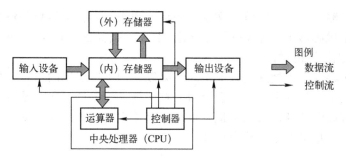

图 1-14　计算机硬件系统结构

1．存储器

存储器是用来存储数据和程序的部件。计算机中的信息都是以二进制代码形式表示的，必须使用具有 2 种稳定状态的物理器件来存储信息。这些物理器件包括磁心、半导体器件等。

存储器按功能可分为内存储器和外存储器。内存储器是相对存取速度快而容量小的一类存储器；外存储器则是相对存取速度慢而容量很大的一类存储器。

（1）内存储器

内存储器（简称内存），又称主存储器（简称主存）。内存储器用来存放正在运行的程序和数据，可直接与 CPU 相连接进行数据交换。

内存储器由许多存储单元组成。全部存储单元按一定的顺序编号，称为存储器地址。存储器采用按地址存（写）取（读）的工作方式，每个存储单元存放一个单位长度的信息。

（2）外存储器

外存储器（简称外存），又称辅助存储器（简称辅存）。计算机内要长期保存的大量的程序和数据需要存放在辅助存储器中。存放在外存的信息，计算机不能直接使用，需要先读取后送入主存才能使用。也就是说计算机通过外存与内存不断交换数据的方式使用外存中的信息。

目前广泛使用的外存储器主要有硬盘、光盘、U 盘。

一个存储器中可以存放信息的字节数称为存储容量，通常用 KB、MB、GB 表示，其中 B 表示字节（Byte）。

2．运算器

运算器是计算机系统的计算中心，用以实现各种算术运算和逻辑运算。运算器主要由执行算术运算和逻辑运算的算术单元组成，还包括存放操作数和中间结果的寄存器，用以完成各种算术运算和逻辑运算。

3．控制器

控制器是整个计算机系统的指挥中心，在系统运行过程中不断生成指令地址、取出指令、分析指令、向计算机各个部件发送操作和控制指令，指挥各个部件高速协调的工作。

计算机的运算器和控制器通常集成在一个半导体芯片上，合称为中央处理器（Central Processing Unit，CPU），是计算机的核心部件。CPU 和内存储器是信息加工的主要部件，通常将这 2 个部分合称为主机。

4．输入/输出设备

输入/输出设备（简称 I/O 设备）又称外围设备，是与计算机进行信息交换，实现人机交互的硬件环境。

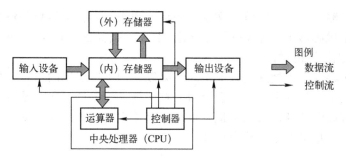

输入设备用于输入数据、字符、文字、图形、图像、声音等信息并将它们转换成计算机能接受的二进制代码形式。输入设备有键盘、鼠标、扫描仪、手写板、传声器（俗称"麦克风"，下用"麦克风"的说法）等。

输出设备用于将计算机处理结果或中间结果以人们可以识别的形式（如显示、打印、发声）表达出来。常见的输出设备有显示器、打印机、绘图仪、音响设备等。

外存储器既可以将信息输入到主机，也可以存储主机处理后的数据，因此外存储器既可以作为输入设备，也可以作为输出设备。

1.3.2　软件系统

计算机的软件内容丰富、种类繁多，通常可以按用途分为 2 类：系统软件和应用软件。

1．系统软件

系统软件又称系统程序，是完成对整个计算机系统进行调试、管理、监控及服务等功能的软件。系统软件包括操作系统、编程语言处理系统、数据库管理系统、系统服务（如诊断系统程序）等。其中最核心、最重要的系统软件是操作系统。

2．应用软件

应用软件又称应用程序，是专业软件公司针对应用领域需要，为解决某些实际问题而研制开发的程序，或由用户根据需要编制的各种实用程序。应用软件通常需要操作系统的支持才能在计算机硬件上有效地运行。例如，各种 Office 办公软件、图像处理软件 Photoshop、音视频编辑软件、游戏软件等都属于应用软件。

现代计算机是由硬件和软件结合而成的一个十分复杂的整体。计算机硬件是软件工作的基础，没有足够的硬件支持，软件便无法正常工作。但是计算机系统不能没有软件，没有任何软件的计算机称为"裸机"，它不能完成任何有意义的工作。

计算机系统的层次关系如图 1-15 所示。硬件处于最底层位置，由操作系统控制硬件发挥各种功能。应用软件在操作系统支持下工作，用户通过应用软件生成用户程序或各种文档，达到最终目的。

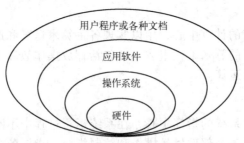

图 1-15　计算机系统的层次关系

1.3.3　计算机系统的工作原理

计算机是按照"存储程序"的原理工作运行的，程序和数据都存放在内存储器中，控制器依次取出程序指令并执行。具体来说，一个程序在计算机中运行可以分为下面的几个步骤：

第一步：将程序和数据通过输入设备送入内存。

第二步：启动运行后，取出第一条程序指令地址送到指令计数器。

第三步：控制器根据指令计数器地址从内存中取出指令。

第四步：控制器分析指令，根据指令的含义发出相应的命令。

① 如果是运算命令，则将存储单元中存放的操作数据取出送往运算器进行运算，再把运算结果送回存储器指定的单元中。

② 如果是输入/输出命令，则向输入/输出设备发送输入/输出指令。

③ 如果是跳转命令，则按要求将跳转的指令地址送到指令计数器，跳转至第三步。

第五步：指令计数器数据加1，跳转至第三步，顺序执行下一条指令。

第六步：当所有指令都执行完成，或者遇到停止指令，则程序执行完成。

程序执行流程图如图1-16所示。

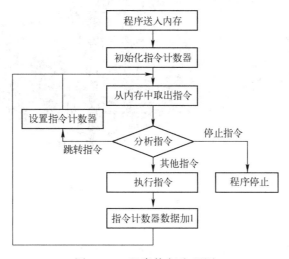

图 1-16 程序执行流程图

1.4 微型计算机系统

微型计算机简称微机，有时又称个人计算机（Personal Computer，PC），属于第四代计算机。微机利用了超大规模集成电路技术，具有体积小、功耗小、可靠性高、对使用环境要求低、价格便宜、易于批量生产等特点，现在已经深入到社会生活的各个领域，是计算机发展史上又一个里程碑。

微机中主机主要由主板、CPU、内存、硬盘、光盘驱动器、电源、各种接口卡组成，通常被封装在主机箱内，是微机系统的核心。微机中与主机箱连接的其他部件，如显示器、键盘、鼠标等，都属于外围设备。常见的外围设备还有耳机、音箱、打印机、扫描仪等。典型的微机系统外观如图1-17所示。

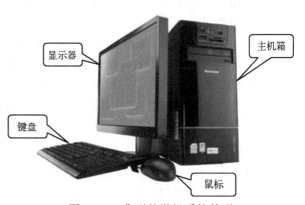

图 1-17 典型的微机系统外观

1.4.1 主板

主板（Main Board）安装在主机箱内，是微机最基本的也是最重要的部件之一。主板一般为矩形电路板，上面安装了组成计算机的主要电路系统，一般有 CPU 插槽、内存插槽、BIOS 芯片、I/O 控制芯片、扩充插槽等元件。图 1-18 所示为一块计算机主板。

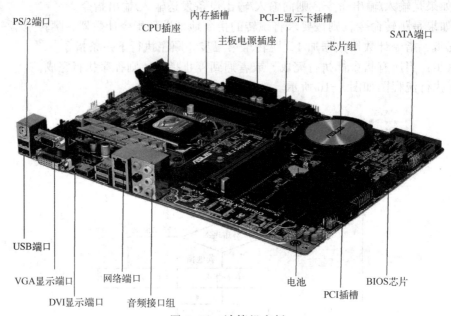

图 1-18　计算机主板

主板采用了开放式结构。主板上的扩展插槽供微机外围设备的接口卡（适配器）插接。通过更换这些接口卡，可以对微机的相应子系统进行局部升级，使厂家和用户在配置机型方面有更大的灵活性。总之，主板在整个微机系统中扮演着举足轻重的角色。可以说，主板的类型和档次决定着整个微机系统的类型和档次，主板的性能影响着整个微机系统的性能。

1. 芯片组

芯片组（Chipset）又称逻辑芯片组，是主板的核心控制电路，几乎决定了这块主板的功能，进而影响到整个计算机系统性能的发挥。芯片组被固定在主板上，不能像 CPU、内存一样进行简单的升级。

芯片组的作用是在 BIOS 和操作系统的控制下，为 CPU、内存、显示卡等部件建立可靠的安装、运行环境，为各种接口的外围设备提供可靠的连接。按照在主板上排列位置和功能的不同，通常分为北桥芯片和南桥芯片。北桥芯片提供对 CPU、内存、显示卡等的支持；南桥芯片则提供对输入/输出设备的支持。随着芯片集成技术的发展，现在单一芯片也可以实现这些控制功能。

2. BIOS 芯片

BIOS 芯片是一块只读存储器（ROM）芯片，不需要供电就可保持数据不丢失，该芯片内保存的指令是控制计算机运行最基本的指令，包括各种设备的检测和初始化、控制读取外存储器中的启动信息并启动操作系统。

CMOS 是南桥芯片内的 RAM，用来保存 BIOS 的硬件配置信息和用户对某些参数的设定，需要主板电池不间断供电才能保持其数据不丢失。

3．CPU 插座

CPU 插座用于固定连接 CPU，主要有针脚式和触点式。目前 CPU 种类很多，接口类型也各不相同，主板上的 CPU 插座的形状、安装方式、固定方式都有变化，所以不能互相混插。

4．内存插槽

随着内存扩展板的标准化，主板上预留了专用的内存插槽，只需要购买型号匹配的内存条，插入插槽后就可以实现扩充内存的目的。

5．总线和扩展插槽

总线（Bus）是计算机各种功能部件之间传送信息的公共通信干线，它由物理导线组成。按照所传输的信息种类，计算机的总线可以划分为数据总线、地址总线和控制总线，分别用来传输数据、数据地址和控制信号。总线是 CPU、内存、外存、输入设备、输出设备传递信息的公用通道。主机的各个部件通过总线相连接，外围设备通过相应的接口电路再与总线相连接，从而形成了计算机硬件系统。微机是以总线结构来连接各个功能部件的。

微机硬件系统是一个由复杂的电子元器件构成的组合设备，由于技术发展迅速，器件工艺、造价等多方面因素制约，多数元器件无法与 CPU 以同样的时钟频率工作。在实际的微机系统中，为了兼顾不同器件的特点，充分提高整机性能，采用了多种类型的总线。

① 片内总线是 CPU 内部各单元（部件）之间的连线，延伸到 CPU 外，又称 CPU 总线。

② 前端总线（Front Side Bus，FSB）是 CPU 连接到芯片组的总线。

③ 系统总线是芯片组与 I/O 扩展插槽之间的连线。扩展插槽是主板上用于固定扩展卡并将其连接到系统总线上的插槽。根据不同的标准，目前扩展插槽的种类主要有 ISA、PCI、AGP、PCI-Express 等。

a．ISA（Industrial Standard Architecture，工业标准体系）插槽是 IBM 公司 1984 年为推出 PC/AT 机而建立的系统总线标准，所以又称 AT 总线，目前已逐渐消失了。

b．PCI（Peripheral Component Interconnect，周边元件互联接口）插槽是基于局部总线的扩展插槽。其位宽为 32 位或 64 位，工作频率为 33 MHz，可插接显示卡、声卡、网卡、内置 Modem、内置 ADSL Modem、IEEE1394 卡、RAID 卡、电视卡、视频采集卡等种类繁多的扩展卡。PCI 插槽是主板的主要扩展插槽，通过插接不同的扩展卡可以获得目前计算机能实现的几乎所有功能，是名副其实的"万用"扩展插槽。

c．AGP（Accelerated Graphics Port，加速图形接口）插槽是在 PCI 插槽基础上发展起来的，主要针对图形显示方面进行优化，专门用于连接图形显示卡。

d．PCI-Express 插槽。PCI-Express 是新一代的总线和接口标准，它采用了点对点串行连接，每个设备都有自己的专用连接，可以把数据传输速率提高到一个很高的频率，达到 PCI 插槽所不能提供的高带宽。PCI-Express 插槽有多种规格，从 PCI-Express 1X 到 PCI-Express 16X。这个新标准有希望全面取代现行的 PCI 和 AGP，最终实现总线标准的统一。目前主板上的 PCI-Express 插槽专门用于连接图形显示卡。

6．端口

端口（Port）是系统单元和外围设备的接口。部分端口专门用于连接特定的设备，如连接鼠标、键盘的 PS/2 端口和连接显示器的 VGA 端口等。也有不少端口具有通用性，可以连接多种外围设备。

① 串行端口（Serial Port）简称串口，主要用于连接鼠标、键盘、调制解调器等设备。串行端口采用按二进制位排列进行传输的方式，数据传输速率慢，但传输距离相对较远。

② 并行端口（Parallel Port）简称并口，主要用于连接打印机等传输距离短、数据传输速率要求高的设备。并行端口使用多条数据线同时传输多个二进制位的传输方式，数据传输速率相对要快些，但传输距离不能太远。

③ 通用串行总线（Universal Serial Bus，USB）端口是替代串口和并口的最新替代技术。它能同时将多个设备高速地连接到计算机。这种连接端口的信号数据传输速率快、兼容性好，可连接多个设备，还有一个优点是支持带电插拔技术，所以使用十分方便。USB端口早期规范是 USB 1.0、USB 2.0 标准，数据传输速率为 12 Mbit/s 和 480 Mbit/s；现在很多设备支持 USB 3.0 标准，理论数据传输速率达到 5 Gbit/s。（bit/s，bit per second，每秒传输的比特，是数据传输速率的单位）。

④ 视频图形阵列（Video Graphics Array，VGA）是使用模拟信号的计算机显示标准。大多数计算机与外部显示器之间都是通过模拟 VGA 端口连接的。计算机内部以数字方式生成的显示图像信息，被显示卡中的数字/模拟转换器转变为模拟信号通过电缆传输到显示设备中。VGA 插头和端口如图 1-19（a）所示。

⑤ 数字视频端口（Digital Visual Interface，DVI）可直接将数字信号传输给显示器，由于不用将计算机的数字信号转换成模拟信号，所以数据传输速率比 VGA 端口快。DVI插头和端口如图 1-19（b）所示。

⑥ 高清晰度多媒体端口（High Definition Multimedia Interface，HDMI）是一种数字化视频/音频接口技术，是适合影像传输的专用型数字化接口，可同时传送音频和影像信号。HDMI 2.0 最高数据传输速率为 18 Gbit/s。HDMI 插头和端口如图 1-19（c）所示。

图 1-19　VGA、DVI、HDMI 的插头和端口

⑦ PS/2 端口依据双向同步串行通信协议进行连接，仅用于连接传统的键盘和鼠标。现在键盘和鼠标大部分已经使用 USB 连接了，所以 PS/2 端口必将逐渐淡出人们视线。

1.4.2 中央处理器

中央处理器（简称 CPU）是计算机系统必备的核心部件，在微机系统中特指微处理芯片。在一个 CPU 芯片内除了集成了控制器、运算器，一般还集成了寄存器、高速缓存等部件。目前 CPU 一般由 Intel 和 AMD 两个厂家生产，尽管设计技术、工艺标准和参数指标都存在差异，但是都能满足微机的运行需求。图 1-20 是 Intel 和 AMD 公司的 CPU 实物图。

图 1-20　Intel 和 AMD 公司的 CPU 实物图

CPU 的品质高低直接决定了一台计算机系统的档次。反映 CPU 品质的最重要参数是数据传输位数、主频、核心数量。

① CPU 数据传输位数指计算机的字长，是能同时并行传送的二进制信息的位数，也就是常说的 16 位机、32 位机和 64 位机。早期的 8086、80286 是 16 位机，80386、80486 是 32 位机，现在的 CPU 都支持 64 位数据存取，都是 64 位的。

② CPU 主频说明了 CPU 运算速度，主频越高，CPU 运算速度越快。常见的主频有 1.5 GHz、2.4 GHz、4.0 GHz 等。

③ CPU 核心数量是指一块 CPU 芯片内整合的完整计算内核数量。通过在各内核之间划分任务，多核处理器可在特定的时钟周期内执行更多任务，而处理器发热却能得较好地控制。常见的 CPU 核心数量有 1、2、3、4、8 等。

为缓解微机的 CPU 速度与内存速度之间不匹配问题，在 CPU 内部还集成了临时存储单元，称为高速缓存（Cache Memory），它是介于 CPU 和内存之间的高速小容量存储器。高速缓存分为一级缓存（L1 Cache）、二级缓存（L2 Cache），有些 CPU 还有三级缓存（L3 Cache）。

集成电路技术存在一个所谓的"摩尔定律"。1965 年 4 月 19 日，时任仙童半导体公司工程师的摩尔发表了《让集成电路填满更多的组件》一文，文中预言当价格不变时，芯片上集成的晶体管数量，约每 1 年便会增加 1 倍，性能也将提升 1 倍，后来修正为每 18 个月增加 1 倍，这就是著名的"摩尔定律"。尽管这种趋势已经持续了超过半个世纪，摩尔定律被认为依然有效，只是增长速率可能会放缓。图 1-21 所示为有关微处理器发展的摩尔定律。

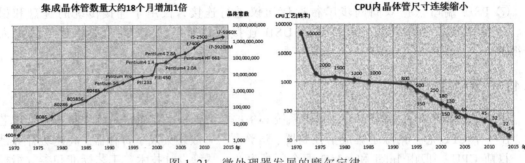

图 1-21　微处理器发展的摩尔定律

芯片的集成度还在继续提升，每个晶体管的尺寸还在缩小，2014 年 Intel 最新微架构 Broadwell 进入 14 纳米时代，10 纳米工艺已在开发中，Intel 在 IDF（英特尔信息技术峰会）上透露，即便到了 7 纳米工艺节点，摩尔定律依然有效。

得益于芯片集成度越来越高，每个晶体管尺寸越来越小，当今设备可以在体积保持不变或者更加微小的情况下，使得计算能力不断增强。所以尽管设备越来越小，计算能力却越来越强。现在出现所谓"迷你计算"的设备，就是一个 U 盘大小的计算棒，它拥有平板电脑的计算能力。

图 1-22　Intel 的计算棒

第 48 届国际消费电子展（Consumer Electronics Show, CES）于 2015 年 1 月 6 日至 9 日在美国拉斯维加斯举行，Intel 公司在此次大会上发布了全球最小个人计算机计算棒（Compute Stick），如图 1-22 所示。此计算棒有 2 种型号：搭载 Linux 操作系统的计算棒内存为 1 GB，Flash 存储器为 8 GB；搭载 Windows 8.1 操作系统的计算棒内存为 2 GB，Flash 存储器为 32 GB。根据在线电商网站的上架信息，该设备出货时间是 2015 年 4 月 24 日。

PC 时代，计算器和存储器属于主机，显示器负责输出，键盘和鼠标负责输入。笔记本式计算机、一体机、平板电脑、智能手机将计算、存储、输出、输入整合到一起，使设备越来越小。尤其是手机，通过触摸屏将屏幕和键盘合二为一，大幅度降低了设备的尺寸。不过要进一步降低设备尺寸，计算机还需要回到分离状态：Intel 的计算棒只负责计算，显示则要借助电视，输入则要通过遥控板或手机来完成。

1.4.3　存储器

存储器（Memory）是计算机"记忆"的部件。存储器有内存储器和外存储器两类。

微机内信息存储的部件有 CPU 内的寄存器、CPU 一级缓存 L1 Cache、CPU 二级缓存 L2 Cache、内存储器、辅助存储器等。微机的内存储器一般使用半导体存储器，而外存储器主要是磁盘、光盘、U 盘等。对于某些存储服务器或高级计算机来说，可能还有大容量辅助存储器，例如存储磁带。微机存储系统的层次关系形成一个如图 1-23 所示的金字塔结构，越往上，CPU 访问频次越高，存取速度越快，容量越小，同时每单位存储容量的成本也越高。

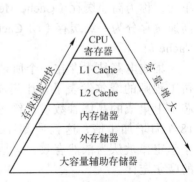

图 1-23　微机存储系统的层次结构

1．内存储器

由于半导体存储器具有存取速度快、集成度高、体积小、功耗低、应用方便等特点，已被广泛用于微机的内存中。

按照存取方式，内存储器又可分为随机存储器和只读存储器两类。

（1）随机存储器

随机存储器（Random Access Memory，RAM）存储的信息可以根据需要读取或改写，在计算机断电后信息将自动丢失。随机存储器存放正在运行的程序及所需的数据，其存储的程序和数据通常从外部存储器中读取。

计算机内存的扩充主要是扩充 RAM。只需要购买与主板内存插槽相匹配的内存条，就可以增大计算机内存。内存条实物图如图 1-24（a）所示。

起初，计算机所使用的内存是焊接到主板上的集成芯片，一旦某一块内存芯片坏了，必须焊下来才能更换，非常麻烦。后来，计算机设计人员发明了模块化的条装内存，每一条上集成了多块内存芯片。相应地，在主板上设计了内存插槽，内存条就可随意拆卸了，从此内存的维修和扩充都变得非常方便。

内存条的发展经过了许多型号：

① 1991 年开始使用 EDO DRAM（Extended Date Out Dynamic Random Access Memory，外扩充数据模式存储器）内存，工作频率在 25 MHz 以下。

② SDRAM（Synchronous Dynamic RAM，同步动态随机存储器），工作频率有 66 MHz、100 MHz、133 MHz 等，内存的带宽可提高到 1064 MB/s（内存带宽=总线宽度位数×工作频率×一个时钟周期内传输数据的次数÷8=64×133×1÷8）。

③ DDR SDRAM（Double Date Rate SDRAM），简称 DDR。SDRAM 在 1 个时钟周期内只传输 1 次数据，而 DDR 在 1 个时钟周期内可以传输 2 次数据，实现了 SDRAM 的 2 倍数据传输速率。因此 DDR-266、DDR-333、DDR-400 的数据传输频率为 266 MHz、333 MHz、400 Hz，工作频率分别为 133 MHz、166 MHz、200 MHz，其中 DDR-400 内存的带宽可提高到 3 200 MB/s（=64×200×2÷8）。

④ DDR2（Double Data Rate 2）是 DDR 的升级版本，数据传输频率有 400 MHz、533 MHz、666 MHz、800 MHz 等。

⑤ DDR3 的工作频率更高，工作电压更低，功耗更小，数据传输频率有 800 MHz、1 066 MHz、1 333 MHz、1 600 MHz 等。

⑥ 现在最新推出的 DDR4 内存条数据传输频率有 2 133 MHz、2 666 MHz、3 333 MHz，甚至到了 4 266 MHz。

（2）只读存储器

只读存储器（Read Only Memory，ROM），在正常情况下只能读取其中的指令和数据，不能改写其中的信息。存储在只读存储器的信息在计算机关机之后依然完整地保存，不丢失，在计算机开机后仍然可以正常读取。通常只读存储器存放的是引导程序等计算机正常启动时必不可少的、固定不变的程序和数据。只读存储器芯片实物图如图 1-24（b）所示。

(a)

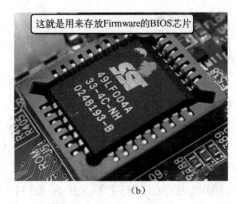
这就是用来存放Firmware的BIOS芯片
(b)

图 1-24　内存条和只读存储器芯片

2．外存储器

微机常用的外存储器有硬磁盘（简称硬盘）、光盘和 U 盘。过去微机还用软磁盘（简称软盘），由于其容量小、速度慢，现在已经逐渐淡出人们的视线。

（1）硬盘

硬盘是微机主要的存储媒介之一，由一个或者多个铝制或者玻璃制的圆形碟片组成，碟片两个面都覆盖有铁磁性材料，都能记录数据，如图 1-25（a）所示。硬盘的磁头是可以移动的。配合硬盘碟片的旋转，磁头可以读取或者修改盘片上磁性物质的状态。一般说来，每个磁盘碟面都会有一个磁头。碟片在转轴电动机的带动下以很高的速度旋转，其每分钟转数达 3 600、4 500、5 400、7 200，甚至更高。这些磁盘碟片被划分为若干个同心圆，每个同心圆就是一条磁道。每条磁道又分为若干扇区，每个扇区上记录一定数量的信息，如图 1-25（b）所示。

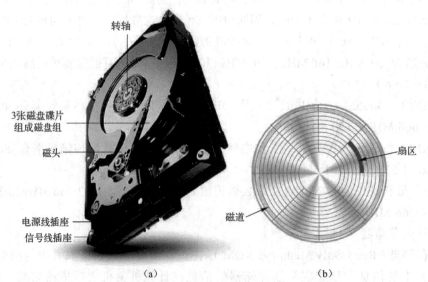

转轴

3张磁盘碟片组成磁盘组

磁头

电源线插座

信号线插座

扇区

磁道

（a）　　　　　　　（b）

图 1-25　硬盘的结构、磁道与扇区

硬盘接口有 IDE、SCSI、SATA 等。IDE 接口的硬盘多用于家用产品中，也有部分应用于服务器。IDE 的英文全称为 Integrated Drive Electronics，即电子集成驱动器，是指把"硬盘控制器"与"盘体"集成在一起的硬盘驱动器。现在 IDE 接口的硬盘由于数据传输速率较慢，已逐渐被淘汰。SCSI 的英文全称为 Small Computer System Interface（小型计算机系统接口），是一种广泛应用于小型机上的高速数据传输技术。SCSI 接口的硬盘具有应用范围广、多任务、带宽大、CPU 占用率低，以及支持热插拔等优点，但较高的价格使得它很难在微机中普及，因此 SCSI 接口的硬盘主要应用于中、高端服务器和高档工作站中。使用 SATA（Serial ATA）口的硬盘又称串口硬盘，数据传输速率比 IDE 接口的硬盘快。串行 ATA 总线使用嵌入式时钟信号，具备了更强的纠错能力，提高了数据传输的可靠性。SATA 主要应用于家用市场，是现在的主流。

硬盘的容量在历史上变化很大，它的容量早期为 5 MB、40 MB 等，现在已经达到 2 TB，甚至更大。硬盘通常安装在计算机主机箱中，但是现在已经出现移动硬盘。移动硬盘通过 USB 端口和计算机相连，方便用户携带大容量的数据。

（2）光盘

光盘是利用光学方式进行信息读写的存储器，需要光盘驱动器中的激光头发射激光进行读写。光盘和光盘驱动器实物图如图 1-26 所示。光盘最早用于激光唱机和影碟机，后来由于多媒体计算机的迅速发展，光盘便在微型计算机系统中获得广泛的应用。

图 1-26　光盘和光盘驱动器实物图

按光盘存储介质的结构特点可将光盘分成 CD（Compact Disc）、DVD（Digital Versatile Disc）、BD（Blue-ray Disc，蓝光）等；按读写特点可将光盘分成只读（ROM）光盘、可写（只写一次，写后信息永久存在盘上不可修改）光盘、可重复擦写（用过后需要先擦除数据，再重新写入）光盘等。其中 DVD 可写和可重复擦写光盘由于生产公司不同还有许多型号。例如 CD ROM、DVD ROM、BD-ROM 是只读的，CD-R、DVD-R、DVD+R 是可写的，CD-RW、DVD+RW、DVD-RW、DVD-RAM 是可重复擦写的。

光盘的主要优点是存储容量大、可靠性高。一张 CD 容量大约 700 MB，一张单面单层 DVD 容量大约 4.7 GB。只要存储介质不发生问题，光盘上的信息就永远存在。

常见光盘格式如表 1-6 所示。

表 1-6　常见光盘格式

格　式	说　明
CD-Audio	激光数字音乐光盘
CD-ROM	只读型数字 CD，容量约 700 MB
CD-R	只可写一次的 CD，容量约 700 MB
CD-RW	可重写的 CD，容量约 700 MB
DVD-ROM	只读型 DVD，容量约 4.7 GB
DVD-R	只可写一次的 DVD，该格式由先锋主推并得到了东芝、日立、NEC、三星的支持

格　　式	说　　明
DVD+R	只可写一次的 DVD，该格式由飞利浦制订并得到索尼、理光和惠普为代表的 DVD 联盟支持
DVD+R DL	只可写一次的双层刻录 DVD，是 DVD+R 的派生格式，容量约 8.5 GB
DVD-RAM	可重写的 DVD，该格式由松下、日立与东芝联合开发
DVD-RW	可重写的 DVD，该格式由先锋主推并得到了东芝、日立、NEC、三星的支持
DVD+RW	可重写的 DVD，由飞利浦、索尼、惠普共同开发的格式
BD-ROM	只读型蓝光光盘，容量约 25 GB
BD-R	只可写一次的蓝光光盘
BD-RW	可重写的蓝光光盘

（3）U 盘

U 盘又称优盘或闪盘，采用半导体闪速存储器存储数据信息。它是一种使用 USB 端口的无需物理驱动器的微型高容量移动存储产品，通过 USB 端口与计算机连接，实现即插即用。U 盘外观如图 1-27 所示。

图 1-27　U 盘外观

自 1998 年至 2000 年，有很多公司声称自己是 USB 闪存盘的发明者，但只有中国朗科公司获得了 USB 闪存盘基础性发明专利，称这种闪存盘为"优盘"。由于朗科已进行专利注册，之后生产的类似技术的设备便不能再称之为"优盘"，而改称谐音的"U 盘"。

U 盘最大的优点就是小巧、便于携带、存储容量大、价格便宜、性能可靠，而且可以带电插拔。U 盘体积很小，仅大拇指般大小，质量极小，一般在 15 g 左右，特别适合随身携带，我们可以把它挂在胸前、吊在钥匙串上，甚至放进钱包里。U 盘的容量有 64 MB、256 MB、1 GB、16 GB 等。

由于 USB 端口协议类型有 USB 1.0、USB 2.0、USB 3.0 等，U 盘读写速率也有 1.5 MB/s、48 MB/s 和 500 MB/s 等。

1.4.4　输入/输出设备

输入/输出（Input/Output，I/O）设备是与计算机进行信息交换，实现人机交互的硬件基础，包括输入设备和输出设备。

1. 显示器

显示器又称监视器（Monitor），是微机最常用的输出设备。根据显像方式不同，微机常见的显示器可分为阴极射线管（CRT）显示器和液晶（LCD）显示器 2 种。由于阴极射线管显示器笨重、能耗高，而且图像有闪烁，故目前一般微机使用的显示器都是液晶显示器。

衡量显示器好坏主要有 3 个指标：显示尺寸大小、分辨率、像素点距。

显示器的尺寸也就是显示面积的大小，指显像屏幕的对角线长度，以英寸（in）为单位（1in=2.54 cm），常见的有 15 in、17 in、19 in、20 in、24 in 等。原来显示屏幕的长和宽的比例都是 4：3，现在液晶显示器还经常出现 16：9 和 16：10 等所谓"宽屏"显示器。

显示器分辨率就是屏幕图像的密度。我们可以把显示器想象成一个大棋盘，分辨率表示方式就是每条水平线分割的列数乘以水平线的条数，例如 640×480、1 027×768、1 680×1 050 等。每个小格就是一个显示单位，称为像素，通常由红、绿、蓝 3 个显色单元共同决定这个像素的颜色和亮度。分辨率越高，屏幕上所呈现的图像就越精细。

显示器点距指屏幕上相邻两个同色显色单元之间的距离，即两个红色（或绿、蓝）显色单元之间的距离。点距越小，显示出来的图像越细腻。点距的单位为毫米（mm）。目前显示器点距在 0.30～0.19 mm 之间。

计算机的数据要在显示器上显示出来，还要经过显示卡的处理。显示卡（Video Card，Graphics Card）全称为显示接口卡，又称显示适配器，是计算机最重要的配件之一。显示卡接在计算机主板上，具有图像处理能力，可协助 CPU 工作，提高整体的运行速度。它将计算机的数字信号转换成模拟信号让显示器显示出来或者直接将数字信号输出到显示器进行显示。

根据显示芯片的位置可将显示卡分成核芯显示卡、集成显示卡和独立显示卡。核芯显示卡是将图形核心与处理核心整合在同一块基板上，构成一个完整的处理器，也就是说将显示卡的功能整合到 CPU 内。集成显示卡是将显示芯片、显存及其相关电路都集成在主板上。独立显示卡是指将显示芯片、显存及其相关电路单独做在一块电路板上，自成一体而作为一块独立的板卡存在，它需要插入主板的扩展插槽（ISA、PCI、AGP 或 PCI-E）内。

显示器和独立显示卡外观如图 1-28 所示。其中图 1-28（a）所示为阴极射线管显示器，图 1-28（b）所示为液晶显示器，图 1-28（c）所示为独立显示卡。

（a）　　　　　　　　　　　（b）　　　　　　　　　　　（c）

图 1-28　显示器和独立显示卡外观

2．键盘

键盘是微机主要的输入设备，是实现人机对话的重要工具。通过键盘可以将英文字母、数字、标点符号等输入到计算机中，从而向计算机发出命令、输入数据等。

键盘内有专门的控制电路，当用户按下一个键时，键盘内部控制电路产生一个对应二进制代码送入计算机内部，系统就知道用户按了哪个键。

键盘与主机相连的端口有 PS/2 端口和 USB 端口。现在还有无线键盘，不需要接口和连线。使用无线键盘一般需要专门的接收装置，该装置插在主机的一个 USB 端口上，能接收键盘的操作命令。

不管键盘形式如何变化，其按键排列都保持基本不变，主要可以分为主键盘区、数字键区、功能键区、控制键区、状态指示区。以标准的 104 键盘为例，其布局如图 1-29 所示。

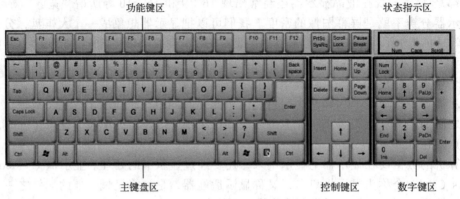

图 1-29　标准 104 键盘布局

3．鼠标

鼠标（Mouse）也是常用的输入设备，其主要功能是移动显示器上的光标并通过菜单或按钮向主机发出各种命令，因其外形像一只老鼠而得名。

鼠标按其工作原理的不同分为机械鼠标和光电鼠标。机械鼠标主要由滚球、辊柱和光栅信号传感器组成。鼠标拖动时，带动滚球转动，滚球又带动辊柱转动，装在辊柱端部的光栅信号传感器采集光栅信号。光栅信号传感器产生的光电脉冲信号反映出鼠标在垂直和水平方向的位移变化，再通过计算机程序的处理和转换来控制屏幕上光标箭头的移动。光电鼠标通过检测鼠标的位移，将位移信号转换为电脉冲信号，再通过计算机程序的处理和转换来控制屏幕上的光标箭头的移动。

鼠标通常有 2～3 个按钮，其中左键一般用作确定操作，右键用作特殊功能，中间通常是一个滚轴，在浏览网页或者编辑状态中可以上下滚动页面。更多按钮的鼠标则需要特殊的驱动程序才能使用。

鼠标安装要注意端口类型。鼠标端口类型有串行端口、PS/2 端口和 USB 端口，现在多数鼠标用 USB 端口。还有一种无线鼠标，它没有接口连线，一般需要专门的接收装置，插在主机的一个 USB 端口上，能接收鼠标操作命令。

鼠标的正常使用一般需要一个合适的鼠标垫，防止因为反射与折射影响鼠标的感光定位。许多人使用布质鼠标垫，普通的布质鼠标垫大都是由极为细密的布料附着在一块橡胶上制成的，背面采用天然橡胶，起防滑的作用。

4．打印机

打印机也是计算机常用的输出设备，能够将信息输出到打印纸上。打印机可分为针式打印机[见图 1-30（a）]、喷墨打印机[见图 1-30（b）]和激光打印机[见图 1-30（c）]3 种。

（1）针式打印机

针式打印机是通过打印头中的打印针击打色带，从而形成文字和图形的。在使用中，用户可以根据需求来选择连续纸打印。针式打印机在需要复写单据的打印领域具有不可替代的作用。但是由于针式打印机打印质量低、工作噪声大，无法适应高质量、高速度的商用打印需要，所以只有在银行、超市等少数地方用于打印票据。

（2）喷墨打印机

喷墨打印机工作原理是带电的喷墨雾点经过电极偏转后，直接在纸上形成所需字形。其优点是组成字符和图像的印点比针式打印机小得多，因而字符点的分辨率高，印字质量高且清晰，可灵活方便地改变字符尺寸和字体。

（3）激光打印机

激光打印机工作原理是用从接口电路送来的二进制点阵信息调制激光束，照射扫描带静电的硒鼓（感光体）上形成潜像，硒鼓再吸引墨粉，将墨粉转印到打印纸上，最后加热固定打印纸上的图像。硒鼓再经过清除墨粉、消除静电后，便可以进行下一页内容的打印。

（a） （b） （c）

图 1-30 打印机

5. 音响设备

音响设备是计算机输入/输出声音的设备，包括输入设备麦克风或话筒、输出设备耳机、音箱等。音响设备需要插入主机箱的 3.5 mm 同轴音频插孔内，注意麦克风插孔与耳机（或音箱）插孔要区分开（见图 1-31）。一般主机箱前面板也有一组麦克风插孔、耳机插孔，可以方便接插耳机和麦克风（合称耳麦）。

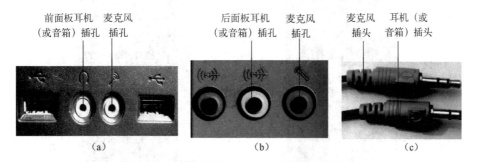

前面板耳机　麦克风　　　　后面板耳机　麦克风　　　麦克风　耳机（或
（或音箱）插孔　插孔　　　（或音箱）插孔　插孔　　　插头　音箱）插头

（a） （b） （c）

图 1-31 计算机的 3.5 mm 音频插孔和插头

计算机的声音处理功能是通过音频卡或者声音处理芯片完成的，音响设备通过音频卡或声音处理芯片与主机相连接。过去计算机一般都有一块音频卡插在主板插槽内，现在只有专门进行声音处理的计算机还有音频卡，称为独立声卡。一般计算机的声音处理功能完全由主板的一块声音处理芯片来完成，称为集成声卡。

6. 网卡

计算机与外界局域网的连接是通过主机箱内的一块网络接口板来实现的，它就是网络适配器（Network Adapter），简称"网卡"。现在很多主板已经集成了网络通信芯片，也就是有了"集成网卡"，可以不需要独立网卡了。

网卡和外部网络之间的通信是通过电缆或双绞线以串行传输方式进行的。而网卡和计算机之间的通信则是通过计算机主板上的 I/O 总线以并行传输方式进行的。因此网卡的一个重要功能就是要在这 2 种传输方式之间进行协调和转换。

现在许多计算机使用无线网卡连接网络。无线网卡就是不通过有线连接，采用无线信号连接无线局域网的网卡。无线网卡的作用、功能与普通计算机网卡一样，用来连接局域网。它只是一个信号收发的设备，只有在找到允许连接的无线 Wi-Fi 信号时才能实现与互联网的连接，所有无线网卡只能局限在已布有无线局域网的范围内。无线网卡可以根据不同的接口类型来区分，最常见的是 USB 无线网卡。

Wi-Fi（Wireless Fidelity，无线保真）技术属于短距离无线技术，是当前应用最为广泛的无线局域网标准。它是使用无线路由器把有线网络信号与无线信号进行转换，供具有无线功能的相关计算机、手机、平板电脑等终端设备以无线方式相连接的技术。

1.4.5 其他设备

计算机的正常工作还需要一些辅助设备，例如，主机箱和电源转换器等。

1. 主机箱

主机箱是计算机的外壳，它提供空间给电源、主板、光盘驱动器、硬盘驱动器等存储设备，并通过主机箱内部的支撑、支架、各种螺钉或卡子、夹子等连接件将这些零配件牢固固定在主机箱内部，形成一个集约型的整体。主机箱的面板还提供许多便于使用的面板开关指示灯等，让操作者更方便地操作微机或观察微机的运行情况。图 1-32 是主机箱前后面板图。

图 1-32 主机箱前后面板图

主机箱正面或上面有电源开关（Power）按钮，有些主机箱还有重新启动（Reset）按钮，还提供音频插孔和 USB 端口。主机箱正面一般有 1～2 个光盘驱动器插口。

机箱的背面有电源插座，用来给主机和各种外围设备供电。一般还有由主板或者各种板卡提供的各种端口，如 PS/2 端口、RJ-45 网络接口、显示器端口、USB 端口、音频插孔等。

2. 电源转换器

电源转换器（简称"电源"）是计算机各部件供电的枢纽，通常安装在计算机主机箱内，是计算机的重要组成部分。它把 220 V 交流电，转换成直流电，分别输送到各个元件。电源必须为所有的设备不间断地提供稳定的、连续的电压和电流。如果电压过高或不足，所连接的设备就有可能不能正常运作。

目前计算机电源标准已经经历了 ATX1.1、ATX1.3、ATX2.0、ATX2.2 以及 ATX2.3 等多个版本。

① ATX1.1 标准只提供了 20Pin（20 个针孔）以及 4Pin 电源接口，该标准已经被淘汰。

② ATX1.3 标准则在 ATX1.1 基础上增加了 1 个 SATA 电源接口，同时增加了+12 V 输出能力，如果要使用 SATA 硬盘，至少需要 1 个 ATX1.3 电源。

③ ATX2.0 标准提供了 1 个 24Pin 电源接口，提供了双路+12 V 输出能力，为了确保 PCI-Express 显示卡带来的 75 W 高功耗要求，增加了 1 个 6 Pin 电源接口。

④ ATX2.2 标准沿用了 ATX 2.0 的双路 12 V 输出设计，增强了 3.3 V 与 5 V 的输出能力，并对 450 W 范围内的产品，都明确制定了输出标准。

⑤ ATX2.3 标准开始更新、拓展，细化了 180～450 W 功率范围的输出要求，重新修订了各功率级别交叉负载的指标，增加了启动阶段交叉负载的指标，调整了各路 12 V 的峰值输出，对额定功率在 300 W 以下的电源去掉了要求双路 12 V 的输出能力要求。

1.4.6 微型计算机的性能指标

一个完整的微型计算机系统由硬件系统和软件系统 2 部分组成，两者相互独立又缺一不可。衡量一台微型计算机性能好坏的技术指标繁多，涉及面广，需要考虑多种因素，其中主要有如下几个方面：

1. 字长

字长是计算机内部一次可以处理的二进制数码的位数。一台计算机的字长通常取决于它的通用寄存器的位数和数据总线的宽度。字长越长，一个字所能表示的二进制数据数位越多，数据处理的速度也越快。通常字长是 8 位的整数倍，如 8 位、16 位、32 位、64 位等。现代微机一般都是 64 位的。

2. 主频

主频是微机中 CPU 的时钟频率，也是 CPU 运算时的工作频率。一般来说，主频越高，单位时间内完成的指令数越多，当然 CPU 的运算速度也就越快。当前微处理器制造技术发展迅速，CPU 主频不断提高，两大微处理器芯片制造商 Intel 和 AMD 的许多 CPU 主频已经在 4 GHz 以上了。

3. 运算速度

计算机的运算速度一般用每秒所能执行的指令的条数来表示，常用百万[条]指令每秒（Millions of Instruction Per Second，MIPS）作为单位。这个指标更能反映计算机的运算速度。

4．存储容量

计算机的存储容量包括内存容量和外存容量。内存容量是指计算机系统配置的内部存储器 RAM 的字节数。目前微机内存容量有 1 GB、2 GB、4 GB、8 GB，甚至更大。内存越大，可运行的应用程序就越丰富。例如，Windows 7 的 32 位操作系统需要 1 GB 以上的内存才能运行，而 64 位操作系统则需要 2 GB 以上的内存才能运行。

计算机外部存储器多以硬盘为主。随着硬盘制造技术的升级，硬盘单位容量的价格越来越低，人们购买的硬盘容量也越来越大，以满足微机软件日益庞大的需求。一般计算机硬盘容量在 100 GB 以上，配置有 2 000 GB（2 TB）甚至更大容量硬盘的微机也很常见。

5．外围设备的配置及扩展能力

外围设备的配置及扩展能力主要指计算机系统配接各种外围设备的可能性、灵活性和适应性。一台计算机允许配接外围设备的多少，对于系统接口和软件研制都有重大影响。在微型计算机系统中，经常还需要考虑配置打印机的型号、显示器的分辨率、USB 端口类型和数量等问题。

6．软件配置

软件是计算机系统必不可少的重要组成部分，其配置是否齐全，直接关系到计算机性能好坏和效率的高低。例如，是否有功能强、操作简单又能满足应用要求的操作系统；是否有满足工作和生活需求的应用软件等，这些都是在购置计算机时需要考虑的。

1.5　多媒体技术基础

随着微电子、计算机和数字化声像技术的飞速发展，多媒体技术应运而生，众多的多媒体计算机产品令人目不暇接。多媒体技术开始于 20 世纪 80 年代，成熟于 20 世纪 90 年代，在 21 世纪渗透扩展到各个领域，尤其在教育训练、信息服务、数据通信、娱乐、大众媒体传播、广告等方面已显示出强劲的势头。

1.5.1　多媒体技术概述

在计算机行业里，媒体（Medium）有 2 层含义：其一是指传播信息的载体，如语言、文字、图像、视频、音频等；其二是指存储信息的载体，如 ROM、RAM、磁带、磁盘、光盘、网页等。多媒体技术中的媒体指的是前者。

1．多媒体技术的概念

多媒体技术（Multimedia Technology）是一门跨学科的综合技术，是利用计算机对文本、图形、图像、声音、动画、视频等多种信息综合处理、建立逻辑关系，并将其整合展示在一定的交互式界面上的技术。它极大地改变了人们获取信息的传统方法，符合人们在信息时代的阅读方式。

多媒体技术的发展改变了计算机的使用领域，使计算机由办公室、实验室中的专用品变成了信息社会的普通工具，广泛应用于工业生产管理、学校教育、家庭生活与娱乐、商业广告、军事指挥与训练等领域。

2．多媒体技术的特征

多媒体技术具有交互性、集成性、多样性、实时性等特点，这也是它区别于传统计算机系统的显著特征。

（1）交互性

人们日常通过看电视、读报纸等形式单向地、被动地接收信息，而不能够双向地、主动地编辑处理这些媒体的信息。在多媒体系统中，用户可以主动地编辑处理各种信息，具有人机交互功能。交互性是多媒体技术的关键特征，没有交互性的系统就不是多媒体系统。交互性是指多媒体系统向用户提供交互式使用、加工和控制信息的手段，从而为应用开辟了更加广阔的领域，也为用户提供了更加自然的信息获取手段。交互性可以增加用户对信息的注意力和理解力，延长信息的保留时间。

（2）集成性

多媒体技术中集成了许多单一的技术，如图像处理技术、音视频处理技术等。多媒体能够同时表示和处理多种信息，但对用户而言，它们是集成一体的。这种集成包括信息的统一获取、存储、组织和合成等方面。

（3）多样性

多样性是指多媒体信息是多样化的，同时也是指媒体输入、传播、再现和展示手段的多样化。多媒体能够同时使人们的思维不再局限于顺序、单调和狭小的范围。这些信息媒体包括文字、声音、视频、图像、动画等，它扩大了计算机所能处理的信息空间，使计算机不再局限于处理数值、文本等，使人们能得心应手地处理更多种信息。

（4）实时性

实时性是指多媒体系统中声音及活动的视频图像是实时的。多媒体系统提供了对这些媒体实时处理和控制的能力。多媒体系统除了像一般计算机一样能够处理文本、图像信息，它的一个基本特征就是能够综合处理带有时间关系的媒体，如音频、视频和动画，甚至是实况信息媒体。这就意味着多媒体系统在处理信息时有着严格的时序要求和很高的速度要求。当系统应用扩大到网络范围后，这个问题将会更加突出，会对系统结构、媒体同步、多媒体操作系统以及应用服务提出相应的实时化要求。在许多方面，实时性确实已经成为多媒体系统的关键技术。

3．应用领域

多媒体技术的应用领域十分广泛，它不仅覆盖了计算机的绝大部分应用领域，还以意想不到的方式进入了人们生活的各个方面。目前多媒体技术的主要应用领域有：

（1）办公自动化

多媒体技术为办公人员增加了控制信息的能力和充分表达思想的机会。为提高办公人员的工作效率，一些软件公司开发了新型的办公自动化系统。由于采用了先进的数字影像和多媒体计算机技术，可以把文件扫描、图文传真机、文件资源微缩系统和通信网络等现代化设备综合管理起来，构成全新的办公自动化系统。

（2）游戏和娱乐

游戏和娱乐是多媒体技术应用极为成功的一个领域。人们用计算机既能听音乐、看影视节目，又能参与游戏，从而使家庭文化生活进入到一个更加美妙的境地。

（3）教育与培训

多媒体技术为教学增添了一种新的手段，它可以将课文、图表、声音、动画和视频等组合在一起构成辅助教学的产品。这种图、文、声、像并茂的产品将大大提高学生的学习兴趣和接受能力，并且可以方便地进行交互式的指导和因材施教。

用于军事、体育、医学和驾驶等各方面培训的多媒体计算机，不仅可以使受训人员在生动直观、逼真的场景中完成训练过程，而且能够设置各种复杂环境，以提高受训人员对困难和突发事件的应对能力，还能极大地节约成本。

（4）商业应用

多媒体技术在商业领域的应用十分广泛，例如，利用多媒体技术的商品广告、产品展示和商业演讲等会使人有一种身临其境的感觉。

（5）信息传播

利用现代高速宽带网络，以及 CD-ROM 和 DVD 等大容量的存储空间，与多媒体声像功能结合，可以提供大量的信息产品。例如，百科全书、地理系统、旅游指南等电子工具，还有电子出版物、多媒体电子邮件、多媒体会议、信息点播、计算机协同工作等都是多媒体技术在信息传播领域中的应用。

（6）工程模拟

利用多媒体技术可以模拟机器的装配过程、建筑物的室内外效果等，这样借助于多媒体技术，人们就可以在计算机上观察到预期设想的工程效果。

（7）个性化服务

多媒体计算机可以为家庭提供多方位的服务，例如，家庭教师、家庭医生和个人理财咨询等。

1.5.2 多媒体技术的主要内容

多媒体技术是指通过计算机对多种媒体信息进行综合处理和管理，使用户可以通过多种感官与计算机进行实时信息交互的技术。

1. 音频技术

音频技术发展较早，一些技术已经成熟并产品化，并且进入了家庭，如数字音响。音频技术主要包括 3 个方面：音频数字化、语音合成及语音识别。

① 音频数字化是较为成熟的技术。将模拟的声音信息转变成数字化信息，需要进行声音采样。声音采样包括 2 个重要的参数，即采样频率和采样数据位数。采样频率也就是对声音每秒采样的次数。采样频率越高音质越好，存储数据量越大。常用的采样频率有 11 kHz、22 kHz 和 44 kHz 等几种。采样数据位数即每个采样点的数据表示范围，常用的有 8 位、12 位和 16 位 3 种。不同的采样数据位数决定了不同的音质，采样位数越高，存储数据量越大，音质也越好。

② 语音合成是指将文本合成为语言进行播放。国外一些语音合成技术已到实用阶段，汉语语音合成技术近几年来也有突飞猛进的发展，已经有许多实验系统正在运行。

③ 语音识别是在音频技术中难度最大、最吸引人的技术，虽然现阶段还有许多问题需要解决，但是广阔的应用前景使之一直是人们研究和关注的热点之一。

2. 视频技术

虽然视频技术发展的时间较短，但是产品应用范围已经很广，与 MPEG 压缩技术结合的产品已进入家庭。视频技术包括视频数字化和视频编码技术 2 个方面。

① 视频数字化是将模拟视频信号经模数转换和彩色空间变换转为计算机可处理的数字信号，使得计算机可以显示和处理视频信号。

② 视频编码技术是将数字化的视频信号经过编码成为电视信号，从而可以录制到录像带中或在电视机上播放。

对于不同的应用环境，有不同的视频技术可以采用，从低档的游戏机到电视台广播级的编码技术都已成熟。

3．数据压缩技术

在多媒体系统中，由于媒体信息量非常大，为了充分利用有限的数据存储空间和传输带宽，需要对多媒体信息进行压缩。数据压缩技术主要有音频压缩技术和图像压缩技术 2 个方面。

① 音频压缩是通过压缩技术缩减声音的数据量，使音频数据在存储和传输时速率更快，同时保证语音的质量。音频压缩可以分成有损压缩和无损压缩 2 种。

有损压缩是利用了人类对声波中的某些频率成分不敏感的特性，允许压缩过程中损失一定的信息；虽然不能完全恢复原始数据，但是所损失的部分对理解原始声音的影响缩小，并且换来了大得多的压缩比。常见的 MP3、WMA 等格式都是有损压缩格式，相比于作为源的 WAV 格式，它们能达到 10∶1 的压缩比。

无损压缩是对文件本身的压缩，和其他数据文件的压缩一样，是对文件的数据存储方式进行优化，采用某种算法表示重复的数据信息，文件可以完全还原，不会影响文件内容。比较常见的无损压缩格式有 APE、FLAC、TAK、WavPack、TTA 等。

② 图像压缩是指以较少的数据量表示原来的像素矩阵的技术，又称图像编码。图像压缩可以是有损压缩也可以是无损压缩。对于如绘制的技术图、图表或者漫画，优先使用无损压缩，这是因为有损压缩方法，尤其是在低的位速条件下将会带来压缩失真。对于医疗图像或者用于存档的扫描图像等这些有价值的内容的压缩也尽量选择无损压缩。有损压缩非常适用于自然的图像，例如，一些应用中图像的微小损失是可以接受的（有时是无法感知的），这样就可以大幅度地减小数据量。

图像压缩技术一直是技术热点之一，它的潜在价值相当大，是计算机处理图像和视频以及网络传输的重要基础，目前 ISO 制定了 2 个压缩标准，即 JPEG 和 MPEG。

JPEG 是静态图像的压缩标准，适用于连续色调彩色或灰度图像。它包括 2 部分：一是基于 DPCM（空间线性预测）技术的无失真算法，另一是基于 DCT（离散余弦变换）和霍夫曼编码的有失真算法。前者图像压缩无失真，但是压缩比很小，目前主要应用的是后一种算法，图像有损失但压缩比很大，压缩 20 倍左右时基本看不出失真。

MPEG 是 1988 年专门针对运动图像和语音压缩制定的国际标准。MPEG 格式有 5 个标准，包括 MPEG-1、MPEG-2、MPEG-4、MPEG-7 及 MPEG-21。MPEG 算法是适用于动态视频的压缩算法，它除了对单幅图像进行编码以外，还利用图像序列中的相关原则，将帧间的冗余去掉，这样大大提高了图像的压缩比。通常保持较高的图像质量而压缩比高达 100 倍。

4．多媒体信息的展现与交互

在传统的计算机应用中，大多数应用都是文本媒体，信息表达仅限于"显示"。在多媒体环境下，各种媒体并存，视觉、听觉、触觉、味觉和嗅觉媒体信息综合与合成，就不仅仅用"显示"来完成信息表达了。各种媒体的时空安排和效应，相互同步和合成效果，相互作用的解释和描述等都是表达信息时所必须考虑的问题。有关信息的表达统称"展现"。尽管影视声响等技术已经有广泛的应用，但多媒体的时空合成、同步效果、可视化、可听化，以及灵活的交互方法仍是多媒体领域需要研究和解决的棘手问题。

5．虚拟现实技术

虚拟现实（Virtual Reality）是利用计算机模拟产生一个三维空间的虚拟世界，提供使用者关于视觉、听觉、触觉等感官的模拟，让使用者如同身临其境一般，可以及时、没有限制地观察三维空间内的事物。虚拟现实技术在医学、娱乐、旅游、室内设计、房产开发、工业设计、军事航天、应急推演等领域都有许多应用。

虚拟现实技术是多种技术的综合，包括实时三维计算机图形技术，广角（宽视野）立体显示技术，对观察者头、眼和手的跟踪技术，以及触觉、力觉反馈，立体声，网络传输，语音输入/输出技术等。虚拟现实技术是一种多技术、多学科相互渗透和集成的技术，应用前景十分看好，是多媒体技术研究中一个十分活跃的领域。

虚拟现实头盔（见图1-33）利用头盔显示器将人对外界的视觉、听觉封闭起来，引导使用者产生一种身临其境的感觉。头盔显示器作为虚拟现实的显示设备，具有小巧和封闭性强的特点，在军事训练、虚拟驾驶、虚拟城市等项目中具有广泛的应用。

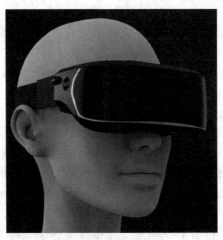

图1-33　虚拟现实头盔

1.5.3　多媒体计算机系统的组成

多媒体计算机系统就是可以交互式处理多媒体信息的计算机系统。与一般计算机系统类似，多媒体计算机系统由多媒体硬件系统和多媒体软件系统构成。

1．多媒体硬件系统

多媒体硬件系统由主机、多媒体外围设备接口卡和多媒体外围设备构成。

① 多媒体主机可以是大中型计算机、工作站，也可以是微型计算机。

② 多媒体外围设备接口卡需要插在计算机上，与多媒体外围设备相连。例如，声卡、视频压缩卡、VGA/TV转换卡、视频捕捉卡等。

③ 多媒体外围设备十分丰富，按功能分为音视频输入设备、音视频输出设备、人机交

互设备、数据存储设备等 4 类。

音视频输入设备包括摄像机、录像机、影碟机、扫描仪、麦克风、录音机、激光唱盘机、MIDI 合成器等；音视频输出设备包括显示器、电视机、投影机、扬声器、立体声耳机等；人机交互设备包括键盘、鼠标、触摸屏、扫码机等；数据存储设备包括硬盘、光盘、U 盘等。

2．多媒体软件系统

多媒体软件系统包括多媒体操作系统，支持多媒体数据开发的应用工具软件。

① 多媒体操作系统是多媒体软件系统的核心，它不仅具有综合使用各种媒体、灵活调度多媒体数据进行媒体传输和处理的能力，还具有控制各种媒体硬件设备协调工作的能力。

② 多媒体数据开发的应用工具软件包括：

a．编辑软件，是用于采集、整理和编辑各种媒体数据的软件。例如，文字处理软件、声像处理软件等。

b．创作软件，是用于集成多媒体素材、设置交互控制的程序。它包括语言型创作软件如 Visual Basic；工具型开发软件如 3ds Max、Authorware 等。

c．多媒体应用软件，是指应用上述软件编制出来的多媒体产品。用于教学的多媒体产品称为多媒体教学教材或多媒体课件。

1.6　计算机安全常识

随着现代化科技的发展，个人计算机已经走进千家万户，越来越多的人们喜欢在个人计算机上进行工作、娱乐、交流、购物。这些应用在带来方便生活的同时也带来了一个最最重要的问题，那就是"安全"。众所周知，安全向来都是各个活动的基础保障，例如人身安全、财产安全、个人信息安全、信息通信安全等。如果将个人真实信息、账户密码等信息不经意间泄露出去，可能会造成诸多不便和带来巨大的损失。

中国公安部计算机管理监察司对计算机安全的定义是"计算机安全是指计算机资产安全，即计算机信息系统资源和信息资源不受自然和人为有害因素的威胁和危害。"

计算机安全包括硬件安全和软件安全。

1.6.1　计算机的硬件安全

计算机的硬件安全是指系统设备及相关设施受到物理保护，免于破坏、丢失等。

安装好一台计算机后，难免会出现这样或那样的故障，这些故障可能是硬件故障或软件故障。例如，硬件接触不良、参数设置错误、硬件损坏等。通过学习计算机组成的知识，不断学习诊断和排除计算机故障的手段和方法，才能够更好地利用计算机完成工作。

1．接触不良的故障

接触不良一般反映在各种插卡、内存、CPU 等与主板的接触不良，或者电源线、数据线、音频线等的连接不良。其中各种适配卡、内存与主板接触不良现象比较常见，通常只需要更换相应的插槽位置或擦拭一下板卡触点，就可以排除故障。

2．未能正确设置参数

CMOS 参数的设置主要有硬盘、内存的类型，以及口令、机器启动顺序、病毒警告开

43

关等。由于参数没有设置或未能正确设置，系统都会提示出错。

3．硬件本身故障

硬件出现故障，除了本身质量问题外，也可能是负荷太大或其他原因引起，如电源功率不足或 CPU 超频使用等，都可能引起硬件的故障。

硬盘、光盘、U 盘和磁带机等存储设备也应妥善保管，避免碰撞、跌落，应注意防水、防尘。给计算机配置一个好一点的电源也是必须的。

计算机周围环境（如温度和湿度）要适合其工作。应避免热源，并给予计算机充分的空气流通，绝不能把计算机安置在有潜在水、烟、灰尘或火患的地方。

计算机硬件安全的另外一项技术就是加固技术，经过加固技术生产的计算机防震、防水、防化学腐蚀，可以使计算机全天运行。

1.6.2　计算机的软件安全

目前，随着计算机应用的进一步扩展，影响计算机安全的主要因素是计算机的软件安全，其中尤其是计算机病毒（Computer Virus）的传播成为计算机安全的最大隐患。

1．计算机病毒

计算机病毒是指破坏计算机功能或数据的一种隐蔽的计算机程序。它能通过网络以及 U 盘、光盘等移动存储设备非法传入计算机系统，不断自我复制并传染给其他文件。这种复制能力与生物病毒相似，所以被称为计算机病毒。

在《中华人民共和国计算机信息系统安全保护条例》中，计算机病毒被明确定义为"计算机病毒，是指编制者在计算机程序中插入的破坏计算机功能或者破坏数据，影响计算机使用，并能自我复制的一组计算机指令或者程序代码。"

计算机病毒一般具有传染性、潜伏性、破坏性、隐蔽性的特征。

（1）传染性

传染性是计算机病毒的基本特征。计算机病毒的传染性是指计算机病毒通过修改其他程序，将自身的复制品或其变体传染到无毒的对象上，这些对象可以是一个程序也可以是系统中的某一个部件。判断一个程序是不是计算机病毒的最重要因素就是其是否具有传染性。

（2）潜伏性

有些计算机病毒像定时炸弹一样，它什么时间发作是预先设计好的。例如，黑色星期五病毒，不到预定时间根本觉察不出来，等到条件具备时一下子就"爆炸"开来，对系统进行破坏，这是潜伏性的表现之一。潜伏性的另一种表现是，计算机病毒的内部往往有一种触发机制，不满足触发条件时，计算机病毒除了传染外不做什么破坏。触发条件一旦得到满足，有的在屏幕上显示信息、图形或特殊标识，有的则执行破坏系统的操作，如格式化磁盘、删除磁盘文件、对数据文件加密、封锁键盘以及使系统死锁等。

（3）破坏性

计算机中毒后，可能会导致正常的程序无法运行；把计算机内的文件删除或使其受到不同程度的损坏；破坏引导扇区、BIOS 或者计算机硬件。

（4）隐蔽性

计算机病毒是一段寄生在其他程序中的可执行程序，因此具有很强的隐蔽性。少数隐蔽性强的计算机病毒时隐时现、变化无常，这类病毒处理起来非常困难。

2．计算机感染病毒常见的症状

怎样才能知道计算机感染病毒了呢？其实计算机感染病毒跟人生病一样，总会有一些明显的症状表现出来。例如：

① 经常无故死机，随机地发生重新启动或无法正常启动，运行速度明显下降，内存空间变小，磁盘驱动器以及其他设备无缘无故地变成无效设备等。

② 磁盘标号被自动改写，出现异常文件，出现扇区损坏，磁盘空间变小，文件无故变大、失踪或被改乱，可执行文件（.exe）无法运行等。

③ 收到来历不明的电子邮件，自动链接到陌生的网站，自动发送电子邮件等。

3．计算机病毒的传播途径

计算机病毒的主要传播途径有 U 盘、光盘、可移动存储设备、网络等渠道，其中网络是当今病毒传播最主要的形式，且有日益扩大的趋势。当前病毒传播途径介绍如下：

（1）通过网页浏览传播

网页病毒是一些非法网站网页中嵌入的恶意代码。这些代码一般是利用浏览器的漏洞，在用户的计算机上自动执行病毒程序。一些包含木马病毒的网站通过提供一些社会热点（例如坠机、地震、战争、体育等）事件，诱使用户点击，感染用户计算机。许多正规网站被入侵后，网页中也可能被植入木马病毒或恶意代码。

（2）通过 U 盘等可移动存储设备传播

U 盘、移动硬盘等存储设备也是病毒传播的重要媒介。通过 U 盘传播的病毒，是利用操作系统的自动播放功能进行的。当计算机插入 U 盘时，系统可以自动播放 U 盘中 autorun.inf 文件指定的程序或视频文件。病毒就是利用这个功能，执行 U 盘的病毒程序，从而感染计算机。

（3）通过网络主动传播

通过网络主动传播的病毒主要有蠕虫病毒和 ARP 地址欺骗病毒。蠕虫病毒会向网络发出大量的数据包，对同一网络上的主机进行扫描，然后通过 Windows 操作系统漏洞、共享访问、弱口令猜解等方式获取网络内其他计算机的访问权限后，将病毒传播至其他计算机。ARP 地址欺骗病毒一般属于木马类病毒。染毒的主机会向局域网内所有主机发送欺骗的 ARP 数据包，将自己伪装成网关，让所有上网的流量必须经过感染了病毒的计算机。这样局域网中的其他计算机浏览网页时，会被链接到含有病毒的恶意网站，下载木马病毒。不论是蠕虫病毒还是 ARP 地址欺骗病毒，在传播过程中都会发出大量的数据包，消耗网络资源，造成网络拥塞，甚至导致网络系统瘫痪。

（4）通过电子邮件传播

电子邮件一直是病毒传播的重要途径之一。病毒一般夹带在邮件的附件中，当用户打开附件时，病毒就会被激活。一些新的邮件病毒甚至能通过 Outlook 的地址簿自动发送病毒邮件。

（5）通过 QQ、MSN 等即时通信软件传播

使用 QQ 软件聊天时，常常会收到类似的消息："这个网站不错，请看看！"或者"看看最近照的照片，……"，后面带有一个网址链接。如果用户随便打开该网址，很可能就会中毒。感染病毒的计算机又会自动给 QQ 上的其他用户发送带有病毒的网址，从而使病毒迅速扩散。

（6）与网络钓鱼相结合

在电子邮件、QQ、微信或搜索结果中插入欺骗性链接，诱使用户点击进入。网络钓鱼是利用伪造的 Web 站点来进行网络诈骗活动，以获取用户身份、账号、密码等个人敏感信息。如一些非法网站通过伪装成银行及电子商务网站，窃取用户的银行账号和密码等信息，使用户遭受损失。

（7）与黑客技术相结合

随着计算机病毒技术与黑客技术的发展，病毒编写者将把这 2 种技术融合。例如，病毒通过电子邮件传入计算机后，立即以用户邮箱内的邮件地址为目标大量发送携带病毒的欺骗性邮件，同时在用户主机上留下可以上传并执行任意代码的后门程序。

（8）通过手机等移动通信设备传播

手机病毒最早出现在 2000 年，目前已知的手机病毒有上千种。随着智能手机的普及和 4G 时代的到来，利用手机就可以轻松上网，针对手机的病毒也将大量出现，无线通信网络将成为病毒传播的新的平台。

4．计算机病毒的分类

按照计算机病毒的特点，计算机病毒的分类方法有许多种。同时，同一种病毒可能属于多种类别。

（1）按照计算机病毒的链接方式分类

按照计算机病毒的链接方式可以将病毒分为如下 5 类：

① 源码型病毒。这种病毒主要攻击某种高级语言编写的源程序。该病毒在高级语言编写的程序编译之前插入到源程序中，经编译成功后成为合法程序的一部分。一旦该病毒运行，计算机内所有用该高级语言编写的源程序都可能感染病毒。

② 嵌入型病毒。这种病毒是将自身嵌入到现有程序中，把计算机病毒主体程序插入被攻击的对象。这种计算机病毒比较难以编写，一旦侵入程序后也较难清除。

③ 外壳型病毒。这种病毒常附着在主程序的首尾，对原来的程序不做修改，在文件执行时先行执行此病毒程序，从而不断地复制。这种病毒最为常见，易于编写，也容易被发现，一般测试文件大小即可得知。

④ 入侵型病毒。这类病毒可用自身代替正常程序中的部分模块。因此这类病毒只攻击某些特定程序，针对性强。一般情况下也难以被发现，清除起来也较困难。

⑤ 操作系统型病毒。这类病毒会用它自己的程序或程序片段取代操作系统的合法程序模块，以病毒操作取代操作系统的对应功能，具有很强的破坏力。同时，这种病毒对系统文件的传染性也很强。

（2）按计算机病毒的破坏情况分类

按计算机病毒的破坏情况可以将病毒分为如下 2 类：

① 良性计算机病毒。良性计算机病毒是指不包含立即对计算机系统产生直接破坏作用的代码。这类计算机病毒为了表现其存在，只是不停地扩散，占用计算机资源，使系统运行变慢。

② 恶性计算机病毒。恶性计算机病毒是指在其代码中包含损伤和破坏计算机系统的操作，在其发作时除了不停扩散外，还会对系统产生直接的破坏作用，使系统出现软硬件故障。因此这类病毒是最危险的。

（3）按计算机病毒的传染方式分类

按计算机病毒的传染方式可以将病毒分为如下 4 类：

① 系统引导病毒。系统引导病毒又称引导区型病毒。直到 20 世纪 90 年代中期，引导区型病毒都是最流行的病毒类型，主要通过软盘在 DOS 操作系统里传播。引导区型病毒感染软盘中的引导区，并能感染到用户硬盘中的"主引导记录"，再试图感染每一个插入计算机的软盘的引导区。

② 文件型病毒。文件型病毒是文件侵染者，又称寄生病毒。它通常感染扩展名为.COM、.EXE、.DRV、.BIN、.OVL、.SYS 等可执行文件或系统文件。每一次激活它们时，感染文件把自身复制到其他文件中，病毒也就进一步传染扩散。

③ 复合型病毒。复合型病毒有引导区型病毒和文件型病毒两者的特征。因此扩大了传染途径。

④ 宏病毒。宏病毒一般是寄存在 Microsoft Office 文档上的宏代码。它影响对文档的各种操作，如打开、存储、关闭或清除等。当打开 Office 文档时，宏病毒程序就会被执行，即宏病毒处于活动状态，当触发条件满足时，宏病毒才开始传染、表现和破坏。

5．计算机病毒的防范方法

计算机病毒防范的常用方法有：

（1）安装杀毒软件

对于一般用户而言，首先要做的就是安装一套杀毒软件，并定期升级所安装的杀毒软件，打开杀毒软件的实时监控程序。

（2）堵住操作系统漏洞

现在很多病毒都利用操作系统漏洞进行传播，因此需要特别注意相关网站发布的系统补丁，及时安装这些补丁程序，堵住系统漏洞。

（3）不下载来历不明的软件及程序

应选择信誉较好的下载网站下载软件，将下载的软件及程序集中放在非引导分区的某个目录下，在使用前最好用杀毒软件查杀病毒。同样也不要接收和打开来历不明的 QQ、微信等发过来的文件。

（4）留心电子邮件及其附件

对电子邮件附件要尽可能小心，在打开邮件之前应先用杀毒软件对附件进行预扫描。注意，尤其不要打开陌生人的邮件附件，例如有些病毒邮件会带有类似"不可不看"等噱头的标题，如果下载或运行了它的附件，就可能感染病毒。

（5）防范流氓软件

对将要在计算机上安装的共享软件进行甄别，在安装共享软件时，应该仔细阅读各个步骤出现的协议条款，特别留意那些有关安装其他软件行为的语句。

（6）仅在必要时共享

一般情况下不要设置文件共享，如果共享文件则应该设置密码，一旦不需要共享时应立即关闭。共享时，访问类型一般应该设为只读，不要将整个分区设定为共享。

1.6.3 计算机安全技术

计算机应用系统迅猛发展的同时，也面临着各种各样的威胁。计算机系统的安全技术涉及的范围很广，主要包括操作系统安全、数据安全和网络安全 3 部分。

1．操作系统安全

为了维护计算机的安全，操作系统层面的安全是首当其冲的。安装杀毒软件并及时升级，为操作系统安装补丁程序，都是常用的维护操作系统安全的手段。

2．数据安全

数据安全是指计算机存储的重要数据不会在未经授权情况下修改、复制。主要有以下几个方面的维护措施：

（1）硬盘数据备份与恢复

可以将硬盘分区，然后使用 Ghost 或类似功能的软件来备份重要硬盘分区的数据，在遇到数据损坏时可以对整个分区数据进行恢复。

（2）数据备份与恢复

在日常操作中，对于个人重要文件数据，需要经常备份保存，以备紧急情况时能够恢复，避免造成重大损失。经常用于备份保存的位置可以是移动存储设备、网络硬盘、个人电子邮箱等。

（3）数据加密

现在网络上的活动日益增多，如聊天、网上支付、网上炒股等，这些活动经常和用户的账号、密码相关。如果这些信息被盗取，将会造成不可估量的损失。为此可以采用数据加密技术进行保护。

所谓数据加密技术，是指将一个信息（或称明文）经过加密钥匙及加密函数转换，变成无意义的密文，而接收方则将此密文经过解密函数、解密钥匙还原成明文。数据加密技术是网络安全技术的基石。

数据加密技术按加密算法分为专用密钥和公开密钥 2 种。

① 专用密钥。专用密钥又称对称密钥或单密钥，加密和解密时使用同一个密钥，即同一个算法。单密钥是最简单的方式，通信双方必须交换彼此的加密密钥，当需要给对方发信息时，用自己的加密密钥进行加密，而在接收方收到数据后，需要用对方所给的密钥进行解密。在专用密钥中，密钥的管理极为重要，一旦密钥丢失，密文将无密可保。这种方式在与多方通信时因为需要保存很多密钥而变得很复杂，而且密钥本身的安全就是一个问题。

② 公开密钥。公开密钥又称非对称密钥，加密和解密时使用不同的密钥，即不同的算法，虽然两者之间存在一定的关系，但不可能轻易地从一个推导出另一个。

数字签名是常见的公开密钥方式，它提供了一种鉴别方法，以解决伪造、抵赖、冒充和篡改等问题。

数字签名指通过对整个明文进行某种变换，得到一个值，作为核实签名。接收者使用发送者的公开密钥对签名进行解密运算，如其结果为明文，则签名有效，证明对方的身份是真实的。数字签名普遍用于银行、电子贸易等。

密码技术是网络安全最有效的技术之一。一个加密网络不但可以防止非授权用户的窃听和入网，而且也是对付恶意软件的有效方法之一。重要的加密网站是用 HTTPS（Hyper Text Transfer Protocol over Secure Socket Layer，基于安全套接字的超文本传输协议）来访问的，而不用 HTTP（Hyper Text Transfer Protocol，超文本传输协议）访问。

3．网络安全

网络安全是指网络系统的硬件、软件及其系统中的数据受到保护，不因偶然的或者恶意的原因而受到破坏、更改、泄露，系统连续、可靠、正常地运行，网络服务不中断。防火墙技术是实现网络安全最重要的手段。常见的防火墙有如下 3 种类型：

（1）包过滤型

包过滤型防火墙技术依据的是网络中的分包传输技术。网络中的数据都是以"包"为单位进行传输的，数据被分割成为一定大小的数据包，每一个数据包中都会包含一些特定信息，如数据的源地址，目标地址，TCP/UDP 源端口和目标端口等。防火墙通过读取数据包中的地址信息来判断这些"包"是否来自可信任的安全站点，一旦发现来自危险站点的数据包，防火墙便会将这些数据拒之门外。系统管理员也可以根据实际情况灵活制订判断规则。

（2）代理型

代理型防火墙也可以称为代理服务器。代理服务器位于客户机与服务器之间，完全阻挡了二者间的数据交流。只有合法的访问请求，才可以通过代理型防火墙到达服务器。由于外部系统与内部服务器之间没有直接的数据通道，外部的非法访问和恶意侵害也就很难伤害到企业内部网络系统。

（3）监测型

监测型防火墙是新一代的产品，它能够对各层的数据进行主动的、实时的监测。在对这些数据加以分析的基础上，监测型防火墙能够有效地判断出各层中的非法侵入。同时，这种监测型防火墙产品一般还带有分布式探测器，这些探测器安置在各种应用服务器和其他网络的结点之中，不仅能够监测来自网络外部的攻击，同时对来自网络内部的恶意破坏也有极强的防范作用。

小　结

计算机是依照"存储程序"的原理，自动、高速地进行大量数值计算和各种信息处理的现代化智能电子设备。

本章介绍的计算机基础知识，是学习后续各章的基础。其中数制的概念，二进制数与十进制数、八进制数、十六进制数之间的相互转换方法，信息的表示方法等内容是计算机工作的数学基础，需要重点学习。

思考题

1．计算机的发展阶段和微型计算机的发展阶段有什么联系？
2．请将十进制数$(107)_{10}$转换成二进制数，然后再将此二进制数转换成十六进制数。
3．自己组装一台微型计算机，需要考虑什么因素？需要购买哪些配件？

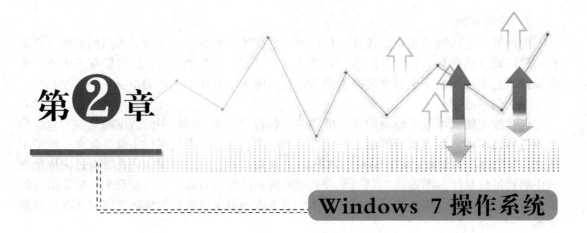

第2章

Windows 7 操作系统

导读

本章共分为7小节：第1小节从操作系统的基本知识开始，介绍了操作系统的定义、基本功能、发展和分类，然后简单介绍了常见的几种操作系统。第2小节到第7小节重点讲述了应用范围较广的 Windows 7 操作系统的管理和维护，按照由浅到深的规律，从 Windows 7 家族的组成开始，到桌面、任务栏、菜单以及窗口的基本概念和基本操作，对文件和文件夹的管理，接着介绍利用控制面板等对系统进行设置、维护和管理以及附件中包含的记事本、写字板、画图程序、计算器和截图工具的简单应用；最后介绍为保证系统稳定的运行，对系统进行备份和还原的方法。

内容结构图

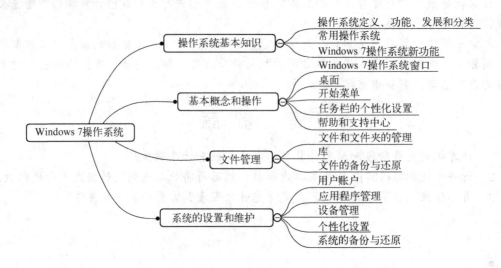

- 掌握：Windows 7 操作系统中桌面、任务栏、菜单、窗口的基本操作；文件和文件夹的管理操作。
- 熟悉：Windows 7 操作系统的界面组成和基本设置。
- 了解：Windows 7 操作系统的功能、分类以及常见的操作系统。

2.1 操作系统基本知识

一个完整的计算机系统是由硬件系统和软件系统两部分构成的。硬件是计算机运行的物质基础，软件是计算机的灵魂。操作系统是系统软件的重要组成部分，是人机交互的桥梁和纽带。

2.1.1 操作系统概述

1. 操作系统的定义

操作系统（Operating System，OS）是程序的集合，管理和控制着计算机的所有硬件和软件资源，合理组织计算机的工作流程以便有效地利用这些资源为用户提供功能强大、使用方便以及可扩展的工作环境，为用户使用计算机提供友好的用户界面和接口。

操作系统是最靠近计算机硬件的系统软件，它把"裸机"改造成为一台功能完善的计算机，使得计算机系统的使用和管理更加方便，计算机资源的利用效率更高，上层的应用程序可以获得比硬件提供的功能更多的支持。

2. 操作系统的基本功能

操作系统位于计算机硬件设备与用户之间，起着连接用户与计算机硬件之间桥梁和纽带的作用。

从用户的角度来看，操作系统具有屏蔽硬件物理特性和操作细节，为用户提供一个易于交互的人机界面，方便用户使用和管理计算机的功能。

从资源管理的角度来看，操作系统具有合理分配、有效管理系统资源，提高系统资源使用效率的作用，其主要功能包括：

① 进程管理。进程管理又称处理器管理，是对处理器执行"时间"的管理，即如何将CPU 合理地分配给每一个任务，保证所有任务都有条不紊地、快速地执行。

② 存储管理。存储管理就是对计算机系统内存的管理，包括存储分配、存储共享、存储保护及存储扩充，目的是使各应用程序合理分配和使用内存单元。

③ 设备管理。设备管理是指对构成计算机的所有硬件设备的管理，如打印机、键盘、鼠标等，方便用户灵活地使用各种设备。

④ 作业管理。作业管理是用户在一次计算或事务处理中要求计算机系统所做工作的总和，是用户向计算机系统提交一项工作的基本单位。作业管理的主要任务是作业调度和作业控制。

⑤ 文件管理。文件管理是指对系统的信息资源的管理。系统中的程序、数据等信息资源通常是以文件的形式存储在外存储器上，按名存储。文件管理主要就是对用户文件和系统

文件进行管理，包括文件存储空间的管理、目录管理、文件的快速读/写管理和保护等功能。

3．操作系统的发展

操作系统并不是与计算机硬件系统一起诞生的。随着计算机技术的发展，在使用计算机的过程中，对提高系统资源的利用率以及增强计算机系统的性能的需求越来越强，在这种需求的指引下，操作系统逐步地形成和完善。操作系统的发展经历了以下发展阶段：

（1）手工操作（无操作系统）

1946 年世界上第一台电子计算机 ENIAC 诞生，此时没有操作系统，计算机采用手工操作的工作方式，即程序员将记录有程序和数据的卡片（或打孔纸带）装入输入机，由输入机把程序和数据输入计算机内存，计算机按照程序的流程工作，直至程序结束。

（2）批处理系统

批处理系统是将作业的建立、作业的调度以及运行等序列化，然后在它的控制下，能够自动地、一个接一个地批量完成相同要求的作业。

批处理系统克服了手工操作的缺点，实现了计算机作业的自动运行，但其移植性差，为某一台计算机所写的程序只能在该计算机上运行，不能在其他计算机上运行，即使是同型号的计算机也无法运行。

（3）多道程序系统

多道程序系统是指计算机的内存中同时存放几个相互独立的程序，它们都处于运行状态，在管理程序的控制下，彼此之间共享各种硬件资源，交替在 CPU 中运行。

多道程序系统的主要特点是可以多个程序同时运行，克服了批处理系统中只能运行单一程序的缺点。此处的"同时运行"是指宏观上看好像多个程序都在运行，是并行处理的，而实际在微观上是串行处理的，各程序轮流使用 CPU，交替运行的。

（4）分时系统

分时系统是使一台计算机同时为几个、几十个甚至几百个用户服务的一种操作系统。它将处理机时间按一定的时间间隔轮流地切换给各用户程序使用，由于时间间隔很短，每个用户感觉就像独占使用计算机一样。

（5）实时系统

实时系统是指当外界事件或数据产生时，能够接受并以足够快的速度予以处理，处理结果又能在规定的时间内控制生产过程或对处理系统做出快速响应，并控制所有实时任务协调一致运行的操作系统。

（6）通用操作系统

批处理系统、分时系统、实时系统是构成通用操作系统的三种基本类型，具有两种以上功能的操作系统称为通用操作系统。例如，实时批处理系统是将实时系统和批处理系统结合起来，使其既具有实时系统的功能，又具有批处理系统的功能的通用操作系统。

（7）个人操作系统

个人操作系统又称桌面操作系统，一般指安装在个人计算机上的图形界面的操作系统，如 Windows 操作系统，是目前应用最广泛的桌面操作系统。

（8）网络操作系统

网络操作系统是指在计算机网络环境中，管理一台或多台主机的软硬件资源，支持网

大学计算机应用基础

络通信，提供网络服务的软件集合。网络操作系统通常运行于称为服务器的计算机上，并由联网的计算机用户共享。

（9）分布式操作系统

分布式操作系统是指通过通信网络，将地理上分散的具有自治功能的数据处理系统或计算机系统互联起来，实现信息交换和资源共享，协同完成任务的操作系统。

分布式操作系统是网络操作系统的高级形式，它保持了网络操作系统的全部功能，而且还具有透明性、灵活性、可靠性和高性能等特点。它们之间的最大差别是网络操作系统需要指明资源的位置，而分布式操作系统不必关心资源的存储；分布式操作系统负责整个资源分配，能很好地隐藏系统内部的实现细节。

4．操作系统的分类

目前在各行业、各个领域所使用的操作系统很多，很难用单一标准统一分类，常见的操作系统分类方法有以下几种：

（1）按结构和功能分类

一般分为批处理操作系统、分时操作系统、实时操作系统、网络操作系统和分布式操作系统 5 类。

（2）按应用领域分类

一般分为桌面操作系统，服务器操作系统和嵌入式操作系统。

桌面操作系统一般指安装到个人计算机上的图形界面的操作系统，用于个人用户管理、使用和维护计算机，其追求的目标是界面友好、使用方便、支持丰富的应用软件。

服务器操作系统一般指安装在大型计算机上的操作系统，其除具有桌面操作系统的基本功能外，通常在一个具体的网络中，还要承担着如 Web 服务、文件服务、维护网络安全等功能。

嵌入式操作系统是一种实时的，支持嵌入式系统应用的操作系统软件。嵌入式系统是以应用为中心，软硬件可裁剪的，适应应用系统对功能、可靠性、成本、体积等综合性严格要求的专用计算机系统。如 Android 操作系统。

（3）按用户数量分类

一般分为单用户操作系统和多用户操作系统。

单用户操作系统是指一台计算机在同一时间只能由一个用户使用，该用户独享计算机系统的全部硬件和软件资源。

多用户操作系统是指一台计算机在同一时间允许多个用户通过各自的终端同时使用，计算机的软硬件资源由访问该计算机的所有用户共享。

（4）按人机交互的界面分类

一般分为字符界面操作系统和图形用户界面操作系统。用户在使用字符界面的操作系统时，通常是通过输入命令的方式来执行程序；图形用户界面操作系统，用户可以利用键盘或鼠标完成系统的使用与管理。

2.1.2 常用操作系统简介

随着计算机硬件技术的不断发展，计算机中的操作系统也在不断地发展变化，功能越来越强，界面越来越美观。以下简单介绍目前比较常见的操作系统。

1. Windows 操作系统

Windows 操作系统是由美国的微软（Microsoft）公司开发的一种图形用户界面的操作系统，友好的操作界面，便捷的操作方式以及丰富的功能等使其成为目前操作系统领域应用最为普遍的桌面操作系统。

微软公司于 1985 年推出 Windows 1.0 版，即第一个正式发行的 Windows 操作系统，这是一个基于 DOS 操作系统的图形化操作系统。随着计算机硬件和软件的不断升级，微软公司的 Windows 也在不断地升级和完善，先后推出了 Windows 2.0、Windows 3.0。1995年推出的 Windows 95 操作系统是微软公司的第一个独立的视窗操作系统，以后又相继推出了 Windows 98、Windows Me、Windows 2000、Windows XP、Windows Vista、Windows 7、Windows 8 以及即将推出的 Windows10 等版本的桌面操作系统，Windows 操作系统还包括应用于服务器的 Windows NT、Windows Server 等服务器操作系统。

图 2-1 所示为 2015 年 1 月 24 日，微软发布的最新版操作系统 Windows 10（技术预览版）的系统界面。

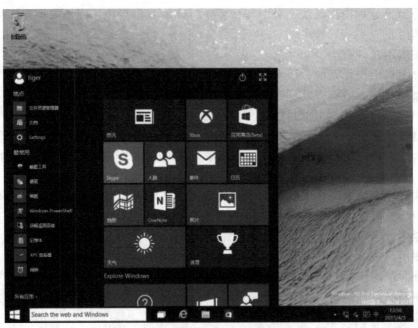

图 2-1　Windows 10 技术预览版

2. UNIX 操作系统

UNIX 是 1969 年在美国电话电报公司（AT&T）的贝尔实验室开发的一款支持多种处理器架构的，多用户、多任务的分时操作系统。它被广泛应用在小型机、超级计算机、大型机甚至巨型机上。

UNIX 操作系统结构可分为 3 部分：操作系统内核（Shell），是 UNIX 操作系统核心管理和控制中心，随系统启动并常驻内存；系统调用，是程序开发者在开发应用程序时调用的系统组件，包括进程管理、文件管理、设备状态等；应用程序，是由各种开发工具、编译器、网络通信处理程序等组成，所有应用程序都在操作系统内核的管理和控制下为用户服务。

目前 UNIX 的商标权由国际开放标准组织（The Open Group，TOG）所拥有，只有符合单一 UNIX 规范的系统才能使用 UNIX 这个名称，否则只能称为类 UNIX（UNIX-like）。通过 UNIX 认证的最为流行的 3 个 UNIX 版本分别是 SUN 公司开发的 Solaris，IBM 公司开发的 AIX 和惠普公司开发的 HP-UX 操作系统。

图 2-2 所示为比较流行的 OpenSolaris UNIX 操作系统的界面。

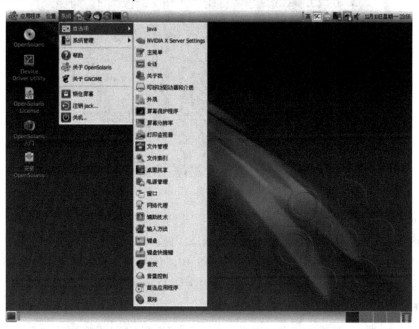

图 2-2　OpenSolaris UNIX 操作系统的界面

3．Linux 操作系统

Linux 操作系统是一套任何人都可以免费使用和自由传播的类 UNIX 操作系统，其内核由芬兰人林纳斯·托瓦兹在 1991 年 10 月 5 日首次发布，加上用户空间的应用程序之后构成 Linux 操作系统。Linux 操作系统继承了 UNIX 操作系统以网络为核心的设计思想，支持多用户、多任务、多线程和多 CPU 的特性，是一个性能稳定的多用户网络操作系统。

Linux 操作系统的开放性以及 Internet 网络的快速发展，使其已发展成为世界上使用最多的类 UNIX 操作系统。据统计，世界上 500 个最快的超级计算机 90%以上运行 Linux 操作系统。Linux 操作系统也广泛应用在嵌入式系统上，如手机、平板电脑等，目前比较流行的 Android（安卓）操作系统就是基于 Linux 内核之上的。

在个人计算机领域，Linux 操作系统也有多个公开发行版比较流行，如 Mint，Ubuntu（译为乌班图），Debian，Fedora，CentOS，Redhat，国内有红旗 Linux 桌面版等。对于 Linux 操作系统初学者，可以选择 Mint 或 Ubuntu 系统开始 Linux 的学习。Linux Mint 是一个为 PC 和 X86 计算机设计的操作系统，可以安装在已安装了 Windows 操作系统的计算机上，在不破坏原系统的情况下自动检测并构建双系统启动。Ubuntu 系统的易用性、更新及时、应用多以及安全稳定等特点在个人桌面操作系统中也比较受欢迎，图 2-3 所示为 Ubuntu 桌面版 Linux 操作系统。

图 2-3 Ubuntu 桌面版 Linux 操作系统

4．Mac OS 操作系统

Mac OS 是由苹果公司自主开发的基于 UNIX 内核的图形用户界面操作系统,通常用于苹果计算机。目前,苹果操作系统的版本为 OS 10,代号为 Mac OS X（X 为 10 的罗马数字的写法）,2007 年 7 月苹果公司正式把 Mac OS X 改名为 OS X,图 2-4 所示为 OS X 操作系统的界面。

图 2-4 OS X 操作系统的界面

苹果操作系统最大的特点是界面美观、操作简单、安全性强。但是苹果系统只能用于苹果公司自主开发的计算机中,不能用于 PC；苹果系统与 Windows 系统的兼容性差,很多基于 Windows 系统开发的软件在苹果系统中不能使用；Mac OS 系统与 Windows 系统在操作方式上也大相径庭等妨碍了苹果操作系统的快速发展。

5．其他操作系统

除上述介绍的计算机中使用的桌面操作系统以外，日常生活中的智能手机、平板电脑等也需要操作系统，目前市场占有率比较高的有苹果的 IOS 操作系统以及谷歌（Google）的安卓操作系统，除此以外还有 Windows Phone 操作系统、Black Berry（黑莓）操作系统等。

2.2 Windows 7 操作系统简介

2.2.1 Windows 7 操作系统的版本介绍

Windows 7 操作系统是微软公司用于替代 XP 操作系统而开发的新版个人桌面操作系统，核心版本号为 Windows NT 6.1。Windows 7 于 2009 年 10 月 22 日和 10 月 23 日分别在美国和中国正式发布。

Windows 7 操作系统针对不同的用户群体，包含有以下几个不同的版本：

（1）Windows 7 Starter（入门版）

该版本是 Windows 系统中功能最少的一个版本。该版本缺少 Aero 特效功能，不能更改桌面的背景或主题；没有 64 位版本；可以加入家庭组网络，但不能创建家庭组；可以播放各种格式的音频和视频。该版本通常用于上网本操作系统，用于收发电子邮件，创建、编辑文档等基本操作。

（2）Windows 7 Home Basic（家庭普通版）

该版本是简化的家庭版，包含全新的任务栏，增强的视觉体验，可以连接家庭组但不能创建家庭组等功能，仍缺少 Aero 桌面主题，半透明玻璃窗口，截图工具，Windows 媒体中心等功能。

（3）Windows 7 Home Premium（家庭高级版）

该版本具有 Aero Glass 高级界面、高级窗口导航、改进的媒体格式支持、媒体中心和媒体流增强（包括 Play To）、多点触控，更好的手写识别等功能。不支持组策略和域，不支持备份到网络和组策略的高级备份功能等。

（4）Windows 7 Professional（专业版）

该版本具有家庭高级版的所有功能，还具有网络管理、高级网络备份、加密文件系统（EFS）、远程桌面等功能。

（5）Windows 7 Enterprise（企业版）

该版本面向企业市场的高级用户，提供一系列企业级增强功能，满足企业数据共享、管理、安全等需求。具有 Bit Locker 驱动器加密，分支缓存（Branch Cache）等功能，还包含多语言包和 UNIX 应用支持。

（6）Windows 7 Ultimate（旗舰版）

该版本具有 Windows 7 操作系统的所有功能，与企业版基本是相同的产品，仅仅在授权方式及其相关应用及服务上有区别，面向高端用户和软件爱好者。

2.2.2 Windows 7 的新功能

Windows 7 操作系统与早期的 Windows 产品相比，充分吸取用户的意见和需求，在易用性、安全性、兼容性以及提升系统性能等多方面进行改进，以下是 Windows 7 系统具有的一些新功能。

1. 全新的桌面体验

Windows 7 操作系统增加了 Aero 效果，Aero 即 Authentic（真实）、Energetic（动感）、Reflective（反射）及 Open（开阔）首字母的缩写，是一种具有令人震撼的立体感和透视感的新型用户界面。Aero 效果由 Aero Shake、Aero Snap 以及 Aero Peek 这 3 种功能组成。

Aero Shake 功能。当用户打开多个窗口时，利用 Aero Shake 功能可以快速最小化除选定窗口外的所有窗口。用户只需拖动选定窗口的标题栏并快速晃动窗口，其他所有窗口都会被最小化到任务栏。若继续晃动窗口，将还原被最小化的其他窗口。

Aero Snap 功能。通过鼠标拖动窗口完成桌面窗口的排列并调整窗口的大小。拖动窗口到屏幕的上部可以最大化窗口；拖动窗口到屏幕一侧可以半屏显示窗口；从屏幕边缘拉出窗口可以还原窗口。

Aero Peek 功能。当用户打开多个窗口时，Aero Peek 功能能够使用户快速找到想要的窗口。Aero Peek 提供了 2 个基本功能，桌面预览和窗口预览。桌面预览是指将鼠标移动到任务栏的最右侧透明区域，所有打开窗口都变成透明的，只剩下一个框架，可以轻松查看桌面的内容；窗口预览是将鼠标移动到任务栏窗口预览的缩略图上，其他窗口都被淡化为框架，仅显示选择窗口。

2. 全新的任务栏

Windows 7 操作系统的任务栏融合了快速启动栏的特点，每个窗口对应按钮图标都能够根据用户需要随意排序；能够将同一个程序的多个窗口合并成一个按钮显示；当鼠标停留在按钮上时，能够以缩略图的形式预览窗口（见图 2-5）；当鼠标停留在缩略图上时，桌面能够突出显示缩略图窗口的内容（见图 2-6）；能够方便地自定义通知区域的图标的显示或者隐藏。

图 2-5　任务栏缩略图预览

图 2-6　桌面预览功能

以上功能并不是所有的 Windows 7 版本都具有，各版本具有的用户界面功能如表 2-1 所示。

表 2-1　Windows 7 各版本具有的用户界面功能

项　　目	入门版	家庭普通版	家庭高级版	专业版	企业版	旗舰版
Aero Peek	没有	没有	有	有	有	有
Aero Snap	有	有	有	有	有	有
Aero Shake	没有	没有	有	有	有	有
动态桌面背景	没有	没有	有	有	有	有
Flip 3D	没有	没有	有	有	有	有
动态预览	没有	没有	有	有	有	有
跳转菜单	有	有	有	有	有	有
Windows 搜索	有	有	有	有	有	有

3．Jump List（跳转列表）

Jump List 以用户最近使用的程序和文档的频率为依据，能帮助用户快速访问常用的及最近使用的程序或文档。在开始菜单和任务栏中，每个程序都有一个 Jump List。在开始菜单中，只需将鼠标移动到最近使用的应用程序上，即以级联菜单的形式弹出 Jump List 列表。对于任务栏中的程序，右击该程序即可弹出列表。

4．库

库是 Windows 7 操作系统推出的一个新的文件管理模式。它可以将本地磁盘不同位置保存的多个文件夹添加的对应的"库"中，也可将非本地的文件夹映射到库中。操作系统对于库的管理更加接近于快捷方式，用户可以不用关心文件或文件夹的具体存储位置，利用库可以快速地实现不同位置文件的操作，提升文件管理效率。

5．自我诊断与修复系统功能（疑难解答）

操作系统自安装完后，在后期的使用过程中会遇到各种各样的错误，而找出错误原因并修正错误不是任何用户都可以胜任的，就算是经验丰富的专业人员也不见得能够"手到病除"。Windows 7 的疑难解答功能能够自动分析、修复并验证客户使用计算机遇到的问题，涵盖从视频、音频、网络、打印任务到性能优化等十多个最常见的问题领域，用户只需按照提示，利用鼠标和键盘就可以解决很多以前专业人员才能解决的问题。用户还可以联网接收最新的疑难解答方案。

2.2.3　Windows 7 操作系统的运行环境

一台计算机是否能够运行 Windows 7 操作系统，其必须达到以下最低硬件配置要求：
① 处理器：1.0 GHz 以上的 32 位或 64 位处理器。
② 内存：1 GB 内存（基于 32 位）或者 2 GB 内存（基于 64 位）。
③ 外存储器：16 GB 可用硬盘空间（基于 32 位）或 20 GB 可用硬盘空间（基于 64 位）。
④ 显卡：带有 WDDM 1.0 或更高版本驱动程序的 DirectX 9 图形设备。
目前流行的计算机硬件配置均高于 Windows 7 操作系统的最低配置要求，能够流畅运行 Windows 7 操作系统。

对于 32 位操作系统和 64 位操作系统，它们主要有两方面的区别：其一，数据处理的能力。64 位操作系统可以支持更大范围的数值计算，对处理器而言，指一次可以处理的二进制数的位数是 32 位还是 64 位，理论上 64 位处理器的性能比 32 位处理器的性能快 1 倍。其二，内存地址空间的寻址能力。32 位操作系统最大可以访问 2^{32} 个内存单元，即 4GB 的内存空间，由于输入/输出设备又占用了 0.75 GB 的存储空间，因此装有 32 位系统的计算机中若安装了 4 GB 内存，在系统中实际只能看到 3.25 GB 的可用空间。若需要系统能够支持更大的内存，需要使用 64 位操作系统。

对于 32 位的处理器只能使用 32 位的操作系统，而 64 位的处理器既可以使用 64 位的操作系统也可以使用 32 位的操作系统。

2.3　Windows 7 操作系统的基本概念及操作

2.3.1　Windows 7 操作系统的启动与退出

1. 启动

Windows 7 操作系统启动的一般步骤如下：

① 打开显示器、打印机等外围设备的电源开关。

② 按下计算机主机电源开关，系统开始通电，准备启动。

③ 系统在 BIOS（Basic Input and Output System，基本输入/输出系统）的引导下，完成如内存、外存、显卡、输入/输出等硬件设备的检测，通过检测后开始系统引导，直至出现欢迎界面。

④ 在欢迎界面（又称用户登录界面）上，选择用户账户并输入正确的密码，出现用户设置的个性化系统界面，完成整个系统的启动。

2. 退出

计算机使用完毕，出于安全的考虑，必须正确退出操作系统，而不能在操作系统仍在运行时直接关闭计算机的电源。不正确的操作方法轻则可能造成程序数据或处理信息的丢失，重则可能造成系统的崩溃甚至计算机硬件的损坏。正确关闭计算机的方法如下：

（1）关机

计算机长时间不用，需要将其正确关闭，常用的操作方法有 2 种：

① 单击"开始"按钮，在弹出的"开始"菜单中，单击"关机"按钮。

② 按下计算机的电源按钮，然后操作系统会关闭所有打开的程序以及 Windows 本身，最后切断计算机的电源，完全关闭计算机。

系统的默认设置是当按电源按钮时执行关机操作，如果设置被修改，可以依次单击"开始"→"控制面板"→"系统和安全"→"电源选项"中的"更改电源按钮的功能"，将"按电源按钮时"对应的下拉列表框设置为"关机"，如图 2-7 所示。

计算机在正常使用的过程中，有时也会由于这样或那样的原因，出现不正常的情况，导致无法正常关机，如计算机不响应用户操作，即俗称的"死机"；虽然仍有反应，但反应很慢；出现一个带有文字的蓝色屏幕，俗称"蓝屏"等，此时只能强制关闭计算机，其操作方法为用户按下主机的电源开关不要松开，一般应超过 4 s（秒）以上，直至计算机断电为止。

图 2-7　更改电源按钮的功能

（2）注销和切换用户

Windows 操作系统属于多用户操作系统，允许设置多个用户账户，每个用户可以设置自己的工作环境，而且系统允许多个账户同时登录。当需要另外一个用户登录操作系统时，就可以通过"注销"或"切换用户"的方式实现。

注销和切换用户有以下 2 种常用的操作方法：

① 单击"开始"按钮，在弹出的"开始"菜单中单击"关机"按钮旁的箭头按钮，选择"注销"或"切换用户"命令，如图 2-8 所示。

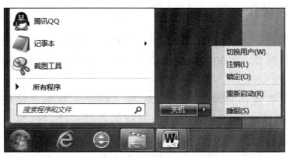

图 2-8　关机按钮的其他选项

② 按【Ctrl+Alt+Delete】组合键，选择"注销"或"切换用户"命令。

操作完成后，在欢迎界面中选择其他用户账户并输入密码，完成用户切换。

小知识

"注销"和"切换用户"二者的区别："注销"是结束当前用户的所有操作，退出该用户环境；"切换用户"是继续保持当前用户的运行状态，更换另一个用户登录计算机，此时可以有一个或多个用户在使用计算机。

（3）锁定

当用户有事需要暂时离开，但计算机仍要继续进行某些操作不能停止，同时又不希望其他人查看或使用该计算机时，可以通过锁定功能来实现。锁定后的计算机，程序继续在后台运行，界面返回到"用户登录"界面，等待用户登录。

操作步骤：单击"开始"按钮 ，在弹出的"开始"菜单中单击"关机"按钮旁边的箭头按钮 ，如图 2-8 所示，选择"锁定"命令，系统界面变为"用户登录"界面，完成操作。

（4）重新启动

当用户更改系统设置、更新硬件驱动程序、安装某些软件或者系统出现不明错误时，为保证系统能够正常运行并使用新软件或设备，系统需要保存当前设置并重新启动计算机。

操作步骤：单击"开始"按钮 ，在弹出的"开始"菜单中单击"关机"按钮旁边的箭头按钮 ，如图 2-8 所示，选择"重新启动"命令，系统自动保存相关设置并重新启动计算机。

（5）睡眠

当用户长时间不使用计算机，为节约能源，但又不希望关闭计算机系统，同时希望在开始工作时计算机又能快速恢复全功率工作（通常在几秒之内），此时可以使用睡眠模式。睡眠是 Windows 7 操作系统提供的一种节能模式。进入睡眠状态的计算机，关闭除内存外所有设备的供电，只提供少许电量维持内存中的数据，达到节能的目的。同时由于数据保存在内存中，当用户需要再次使用计算机时，系统能够快速恢复到进入睡眠前的状态。

操作步骤：单击"开始"按钮 ，在弹出的"开始"菜单中单击"关机"按钮旁边的箭头按钮 ，如图 2-8 所示，选择"睡眠"命令，系统进入睡眠状态。

当需要使用计算机时，可以按下计算机电源按钮或按下键盘上的任意键或单击鼠标按键都可使计算机恢复到工作状态。

2.3.2　鼠标的基本操作

鼠标是 Windows 操作系统中普遍使用的一种输入设备，用于移动和定位指针在屏幕中的位置，并执行相关的操作。Windows 操作系统中使用的鼠标通常由左、右两个按键和一个滚轮组成。

鼠标的基本操作主要包括移动、指向、单击、双击、右击、拖动、右拖、滚动 8 种。

① 移动。握住鼠标，在任意方向上滑动鼠标的过程，此时屏幕上鼠标的指针沿鼠标滑动的相同方向移动。移动操作用于改变鼠标指针在屏幕中的位置。

② 指向。移动鼠标，将鼠标指针移动到屏幕上某一个对象上，使指针看起来与对象相接触。指向操作用于将鼠标指针快速移动到指定位置。

③ 单击。快速按下并释放鼠标左键的过程。单击操作一般用于选中对象、选择选项或命令按钮。

④ 双击。快速地连续两次单击鼠标的过程。双击操作通常表示选中对象并执行该对象。

⑤ 右击。快速按下并释放鼠标右键的过程。右击操作通常会打开一个菜单，菜单中是与选定对象相关的常用命令选项，简称为"快捷菜单"。

⑥ 拖动。按住鼠标左键不放，把鼠标指针移动到新位置后，松开鼠标左键的过程。拖动操作通常与【Shift】键或【Ctrl】键组合使用，完成对象的移动或复制操作。

⑦ 右拖。按住鼠标右键不放，把鼠标指针移动到新位置后，松开鼠标的过程。右拖操作与右击相似，也是弹出快捷菜单，选择相应的选项即可。

⑧ 滚动。将鼠标的滚轮向上或向下滚动的过程。滚动操作主要针对网页和文档，可以方便地浏览没有在屏幕中显示的内容。

2.3.3　键盘的基本操作

键盘作为基本的输入设备，除用于数据的输入外，还可以辅助鼠标操作以及通过键盘的按键组合（常称为组合键或快捷键）完成一些操作功能。熟练使用快捷键，可以提高工作效率。表 2-2 中列出了 Windows 7 操作系统中常用的快捷键。

表 2-2　Windows 7 操作系统中常用的快捷键

快捷键	功　　能	快捷键	功　　能
F1	打开帮助	Alt+Tab	在打开的窗口之间选择切换
F2	重命名文件（夹）	Alt+Esc	以窗口打开的顺序循环切换
F3	打开搜索结果窗口	Win+Tab	Flip 3D 切换窗口
F5	刷新当前窗口	Win+D	显示桌面
Delete	删除文件（夹）	Win+SpaceBar	预览桌面
Shift+Delete	永久删除	Win+(Shift)+M	最小化（还原）所有窗口
Alt+F4	关闭或退出当前窗口	Win+F	同 F3，打开搜索结果窗口
Ctrl+Alt+Esc	打开 Windows 任务管理器	Win+R	打开运行对话框
Ctrl+C	复制	Win+P	设置计算机的输出
Ctrl+X	剪切	Win+E	打开计算机窗口
Ctrl+V	粘贴	Win+↑	最大化当前窗口
Ctrl+Z	撤销	Win+←	左半屏当前窗口
Ctrl+A	全部选定	Win+→	右半屏当前窗口
Ctrl+Esc	打开"开始"菜单	Win+↓	还原（最小化）当前窗口

2.3.4　Windows 7 操作系统桌面

桌面是用户登录系统后首先看到的屏幕区域，是主要的工作区域。用户打开的程序或文件夹等，都会出现在桌面上。桌面上还包括一些常用应用程序的快捷方式，可以方便用户快速运行程序，提高工作效率。

1. 桌面的组成

Windows 7 桌面的整体风格与早期的 Windows 版本相似，但在界面的视觉效果以及操作便捷性上有了很大的改善，其组成如图 2-9 所示。

（1）桌面图标

图标是指具有标识性质的图形，用不同的图形标识不同的文件、程序和文件夹，图标从视觉上更直观，更便于用户快速找到所需的文件。

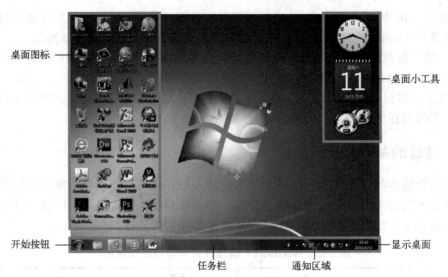

桌面图标 ——

桌面小工具

开始按钮 ——

显示桌面

任务栏　　　　　通知区域

图 2-9　Windows 7 操作系统桌面的组成

　　桌面图标通常由三大类组成：系统图标、快捷方式图标以及用户的文件和文件夹图标。系统图标包括计算机、网上邻居、回收站、用户的文件和控制面板等；快捷方式图标是用户经常使用的应用程序的快捷方式，方便用户快速启动应用程序，快捷方式图标通常在图形的左下角带有一个箭头形状 ；用户为了使用上的方便，经常将文件和文件夹放在桌面上，此时显示的是用户的文件或文件夹的图标。

　　（2）任务栏

　　位于屏幕最下方的一个水平长条称为任务栏。任务栏有 3 个主要的组成部分：

　　①"开始"按钮 。位于任务栏的最左侧，单击该按钮，即可弹出"开始"菜单。"开始"菜单是用户运行计算机程序、打开文件夹以及对系统设置等操作的起始点。

　　② 中间部分，用于显示已打开的程序和文件。又细分为两部分：一部分是已经打开的各窗口对应的最小化按钮，当鼠标移动到按钮上时，以缩略图的形式显示窗口的内容，便于窗口之间的快速切换；另一部分是被锁定到任务栏中的常用的应用程序，用户可以单击该按钮启动对应的程序，如果程序没有运行，此部分内容并不能显示缩略图。

　　③ 通知区域。位于任务栏的右侧，包括时钟以及运行的程序和一些服务、通知信息等。

　　除以上 3 个主要的组成部分外，在通知区域的右侧还有一个小的矩形区域，即"显示桌面"按钮。单击该按钮，用户可以快速地显示或还原桌面。

　　（3）桌面小工具

　　桌面的右侧是一些小工具软件，供用户随时使用。如 CPU 仪表盘工具可以帮助用户了解 CPU 的使用情况；源标题工具可以在工作时跟踪发生的新闻事件，掌握新闻动态。

　　2．桌面的基本操作

　　操作系统的使用是从桌面开始的，桌面的基本操作包括：

　　（1）运行应用程序或打开文件夹

　　桌面图标包括系统自带的图标、应用程序的快捷方式图标以及文件和文件夹图标等，通常情况下双击即可打开对应的项目。

（2）创建快捷方式

【例 2-1】在桌面创建系统自带计算器的快捷方式，计算器的位置为 C：\windows\system32\calc.exe。

【解】有以下几种方法：

① 在桌面空白处右击，在弹出的快捷菜单中选择"新建"→"快捷方式"命令，打开"创建快捷方式"窗口，如图 2-10 所示。在文本框中输入计算器的路径 C：\windows\system32\calc.exe，或单击"浏览"按钮，根据计算器的路径找到计算器对应的文件，单击"下一步"按钮，在"键入该快捷方式的名称"文本框中输入"计算器"，单击"完成"按钮，完成快捷方式的创建。

② 双击打开桌面上的"计算机"，打开 C:\windows\system32 文件夹，右击 calc.exe 文件，在弹出的快捷菜单中依次选择"发送到"→"桌面快捷方式"，完成快捷方式的创建。

③ 双击打开桌面上的"计算机"，打开 C:\windows\system32 文件夹，还原文件夹窗口，鼠标右键拖动 calc.exe 文件到桌面上，弹出如图 2-11 所示的快捷菜单，选择"在当前位置创建快捷方式"命令，完成快捷方式的创建。

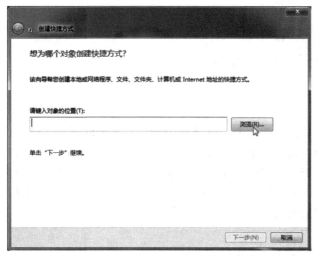

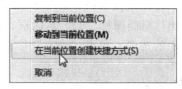

图 2-10 "创建快捷方式"窗口   图 2-11 创建快捷方式的快捷菜单

④ 单击"开始"按钮，在弹出的"开始"菜单中选择"所有程序"→"附件"命令，鼠标左键拖动"计算器"到桌面上，完成快捷方式的创建。

以上 4 种方法是创建桌面快捷方式常用的方法，其中第一种方法是最基本的方法，当然还有其他方法可以创建快捷方式，可以在日常使用的过程中逐渐积累。

（3）排列图标

排列图标是按照用户的使用习惯改变图标的排列顺序。

操作方法：在桌面空白区域右击，在弹出的快捷菜单中选择"排列方式"命令，在弹出的级联菜单中可以选择"名称"、"大小"、"项目类型"和"修改日期"4 种不同的排列方式。例如，要按照"大小"进行排序，则在级联菜单中选择"大小"命令，此时桌面的图标将根据文件大小进行排列。

（4）改变图标大小

操作方法：在桌面空白区域右击，移动鼠标指针到弹出的快捷菜单"查看"命令，在弹出的级联菜单中选择"大图标"、"中等图标"或"小图标"3种不同的图标大小。

在桌面"快捷菜单"的"查看"命令的级联菜单中，还包含"自动排列图标"、"将图标与网格对齐"、"显示桌面图标"和"显示桌面小工具"命令，操作方法是打开菜单后，鼠标单击相应的命令按钮以打开该功能；或再次单击该命令按钮以关闭该功能。

如图 2-12 所示，"显示桌面图标"命令前有一个对钩☑，表示该命令正在执行，若此时选择该命令，则"显示桌面图标"命令前的对钩消失，取消了桌面图标的显示，即桌面只显示桌布和任务栏，桌面图标没有了；若再次选择该命令，则显示出桌面图标。

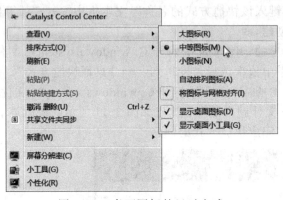

图 2-12　桌面图标的显示方式

3．桌面的个性化设置

（1）显示系统图标

系统安装完成后，默认情况下，桌面只有一个回收站的图标，设置桌面显示"计算机"等系统图标的步骤是，在桌面空白处右击，在弹出的快捷菜单中选择"个性化"命令，弹出个性化设置窗口，如图 2-13 所示；选择左侧"控制面板主页"中"更改桌面图标"命令，弹出"桌面图标设置"对话框，如图 2-14 所示；在"桌面图标"组中，勾选需要在桌面上显示的选项，单击"确定"按钮，完成设置。

图 2-13　个性化设置窗口

图 2-14　"桌面图标设置"对话框

（2）更改桌面的主题

Windows 主题是计算机桌面的可视元素和声音的集合。主题决定着桌面上各种可视元素的外观，如窗口、图标、字体、颜色和声音等。应用某一种主题后，用户还可以根据个人的兴趣爱好，在主题设置的基础上进一步进行个性化设置。

Windows 7 操作系统自带 Aero、基本和高对比两类主题，每个类别中又有多种不同风格的主题供用户选择。

更改桌面主题的操作步骤：打开个性化设置窗口，在工作区中单击相应的主题，即可完成主题的更改。如单击"建筑"图标，则系统应用了 Aero 主题中的"建筑"主题。

如果系统提供的众多主题中仍没有用户中意的主题，用户也可以通过网络从微软的网站下载并安装主题。操作步骤：打开个性化设置窗口，如图 2-13 所示，选择"我的主题"右下角的"联机获取更多主题"命令，系统自动调用浏览器并打开微软的主题页面，挑选并下载相应的主题，主题文件的扩展名为.themepack，最后双击下载的文件即可应用新的主题。

设置主题后，用户还可以进一步进行个性化设置。在个性化设置窗口中，用户可以选择"桌面背景"命令，打开如图 2-15 所示的桌面背景设置窗口，将一个图片或由多个图片创建的幻灯片设置为桌面背景；用户也可以选择"窗口颜色"命令，打开如图 2-16 所示的窗口颜色和外观设置窗口，设置窗口边框、开始菜单以及任务栏的颜色，是否启用透明效果以及颜色的浓度。用户还可以选择"声音"命令，打开如图 2-17 所示的"声音"对话框，在"程序事件"中设置如 Windows 登录时、Windows 注销时的声音等。

图 2-15　桌面背景设置窗口

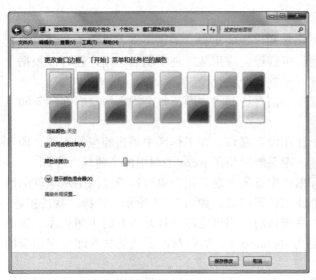

图 2-16 窗口颜色和外观设置窗口   图 2-17 "声音"对话框

（3）更改屏幕分辨率

屏幕分辨率是指屏幕上像素的个数，用水平和垂直两个方向的列数×行数来表示，例如显示器的分辨率为 1680×1050，表示显示器水平方向上一行有 1680 个像素，一共有 1050 行。对于同一个屏幕，屏幕的分辨率越高，即像素数越多，像素点越小，此时屏幕上显示的项目多，显示的图标、文字等偏小，清晰度高；反之，像素数少，像素点大，此时屏幕上显示的项目少，显示的图标、文字等偏大，但清晰度低，有颗粒感、边缘有锯齿。

安装完显示器和显示适配卡（俗称显卡）的驱动后，系统会自动设置屏幕的分辨率，以达到最佳效果。用户也可以根据需要调整分辨率，操作步骤：在桌面空白处右击，在弹出的快捷菜单中选择"屏幕分辨率"命令，打开屏幕分辨率设置窗口，如图 2-18 所示，单击"分辨率"下拉列表的下三角按钮▼，移动滑块到需要的分辨率，单击"确定"按钮，完成屏幕分辨率的设置。

图 2-18 屏幕分辨率设置窗口

2.3.5 任务栏的基本操作

在 Windows 操作系统中，任务栏（Task Bar）是指位于桌面最下方的水平长条。系统如果应用了 Aero 主题，任务栏除具有缩略图预览功能外，也具有透明玻璃效果。

1．锁定任务栏

对于 Windows 操作系统，用户已经习惯于任务栏位于窗口最下方，为防止不经意的操作改变任务栏的位置，可将任务栏锁定，不允许进行大小和位置的调整。

锁定任务栏的操作方法：在任务栏的空白处右击，在弹出的快捷菜单中选择"锁定任务栏"命令，该命令前面出现"✓"符号。

解除任务栏的锁定，只需按照上述步骤再次选择"锁定任务栏"命令即可。

锁定任务栏的操作方法也可以通过"任务栏和「开始」菜单属性"对话框完成。操作方法：在任务栏的空白处右击，在弹出的快捷菜单中选择"属性"命令，弹出图 2-19 所示的"任务栏和「开始」菜单属性"对话框，在"任务栏"选项卡中的"任务栏外观"选项组中选中"锁定任务栏"复选框，最后单击"确定"按钮。解除任务栏的锁定，只需取消选中该复选框。

图 2-19　"任务栏和「开始」菜单属性"对话框

2．调整任务栏的大小和位置

默认情况下，任务栏显示并锁定在桌面的底部，大小可以显示一行图标。根据实际使用的需要，任务栏位置可以位于屏幕上、下、左、右四边的任意一边。也可以调整任务栏的大小，同时容纳多行图标或者隐藏任务栏。

在调整任务栏的大小和位置前，首先应解除任务栏的锁定，操作方法详见"锁定任务栏"。

（1）调整任务栏的位置

① 将鼠标指针指向任务栏的空白处，拖动鼠标到屏幕的任意边界。

② 打开"任务栏和「开始」菜单属性"对话框，如图 2-19 所示，选择"任务栏"选项卡的"任务栏外观"选项组中"屏幕上的任务栏位置"下拉列表框的选项，如"顶部"，

最后单击"确定"按钮，即将任务栏放置于屏幕最上方边缘处。

（2）调整任务栏的大小

将鼠标指针指向任务栏的边框，鼠标指针形状变为 ⇕（任务栏位于上、下边界）或 ↔（任务栏位于左、右边界），拖动鼠标到适当位置。

（3）自动隐藏任务栏

自动隐藏是指将任务栏隐藏起来，把任务栏所在的屏幕区域也留给其他窗口使用，增加其他窗口的显示范围。操作方法：打开"任务栏和「开始」菜单属性"对话框，如图 2-19 所示，选择"任务栏"选项卡的"任务栏外观"选项组中"自动隐藏任务栏"复选框，单击"确定"按钮。

3．锁定到任务栏

任务栏的中间部分除显示已打开窗口对应的按钮外，还具有早期 Windows 版本的"快速启动区"的功能，用户可以将常用应用程序添加到任务栏，也可将使用频率低的程序从任务栏中删除。

【例 2-2】 完成以下操作：删除任务栏中的 ℯ 图标；将 IE 浏览器添加到任务栏中，并调整位置到"开始"按钮右侧；将"D:\日常记录.xlsx"文件添加到任务栏 Microsoft Excel 2010 按钮的跳转列表中。

【解】操作步骤如下：

① 在任务栏的 ℯ 图标上右击，在弹出的快捷菜单中选择"将此程序从任务栏解锁"命令，完成删除该图标的操作。

② 打开 C:\Program Files\Internet Explorer 文件夹，找到 iexplorer.exe 文件，在 iexplorer.exe 图标上右击，在弹出的快捷菜单中选择"锁定到任务栏"命令，完成将 IE 浏览器程序添加到任务栏的操作。

③ 鼠标拖动 ℯ 图标到"开始"按钮的右侧，松开鼠标左键，完成位置的调整。

④ 单击"开始"按钮，在弹出的"开始"菜单中选择"所有程序"→Microsoft Office 命令，在 Microsoft Excel 2010 命令上右击，在弹出的快捷菜单中选择"锁定到任务栏"命令，完成将 Excel 应用程序添加到任务栏的操作。

⑤ 打开 D 盘文件夹窗口，找到"日常记录.xlsx"文件，按住鼠标左键拖动该文件到任务栏的 Excel 图标上，当出现"附到 Microsoft Excel 2010"时，如图 2-20 所示，松开鼠标左键，完成将"日常记录.xlsx"添加到 Microsoft Excel 2010 按钮的跳转列表中。在任务栏的 Excel 图标上右击，结果如图 2-21 所示。

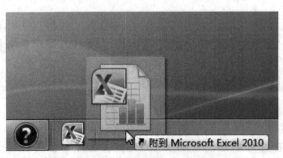

图 2-20 附到 Microsoft Excel 2010

图 2-21 任务栏 Excel 图标的快捷菜单

4．通知区域图标的操作

通知区域默认位于任务栏的右侧，包含应用程序图标，如 QQ 应用程序的企鹅图标 以及日期时钟、网络状态等系统程序图标。通知区域的应用程序与 Word、Excel 等应用程序不同，其通常是指在后台运行的程序，如杀毒软件，它们很少显示程序主窗口，但在系统运行过程中一直处于活动的状态。

（1）打开通知区域的应用程序

要打开通知区域的应用程序，通常是单击该应用程序，打开该程序的主窗口，然后再进一步完成操作任务；也可在应用程序图标上右击，打开与该程序相关的快捷菜单，完成一些常用操作任务。不同应用程序，右击弹出的快捷菜单选项也各不相同。

（2）显示或隐藏通知区域的图标

操作步骤如下：

① 打开"任务栏和「开始」菜单属性"对话框，如图 2-19 所示，单击"任务栏"选项卡"通知区域"组中"自定义"按钮，打开图 2-22 所示的"通知区域图标"窗口。

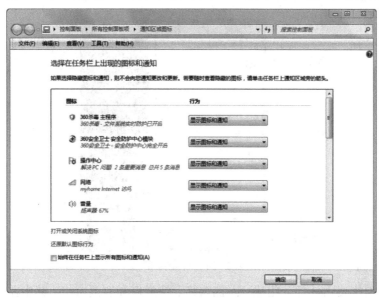

图 2-22 "通知区域图标"窗口

② 如果要显示所有图标，可选中"始终在任务栏上显示所有图标和通知"复选框，此时所有通知区域图标的行为均不可用；如果要有选择地设置通知区域显示的图标，则可取消选中"始终在任务栏上显示所有图标和通知"复选框，可对每一个应用程序的行为进行设置。

如图 2-22 所示，在"选择在任务栏上出现的图标和通知"列表框中，每一个通知区域图标对应的行为都有 3 种方式：

a. 隐藏图标和通知：在通知区域隐藏图标并且不显示通知。

b. 仅显示通知：在通知区域隐藏图标，但如果程序触发通知气球，则在通知区域显示该程序。

c. 显示图标和通知：在通知区域，图标始终保持可见并且显示所有通知。

用户可根据需求设置图标的不同行为。

③ 单击"确定"按钮，完成对通知区域的设置。

如果通知区域中有隐藏的图标，则在通知区域的图标左侧出现一个"显示隐藏图标"按钮 ，单击该按钮，则显示出隐藏的图标和"自定义"按钮，如图 2-23 所示，可对隐藏的图标进一步执行操作或单击"自定义"按钮，重新定义图标的显示或隐藏行为。

图 2-23　显示出隐藏图标

2.3.6 "开始"菜单及其操作

"开始"菜单是在使用计算机过程中最常使用的组件之一，它是启动程序的捷径。

1．"开始"菜单的组成

单击"开始"按钮，弹出图 2-24 所示的"开始"菜单。通过"开始"菜单，用户几乎可以完成任何系统使用、管理和维护的工作。

图 2-24　开始菜单

"开始"菜单主要由 3 部分组成：左侧窗格、搜索框和右侧窗格，其中左侧窗格又包括固定程序列表区、常用程序列表区和"所有程序"菜单 3 部分。

① 固定程序列表区：主要包含使用频率高的应用程序快捷方式，与任务栏中锁定的应用程序相似。

② 常用程序列表区：显示的是最近通过"开始"菜单或任务栏运行的程序和打开的文件列表，并且根据程序打开的先后顺序排列。默认情况下，该列表可以显示 10 个最近使用过的程序和文件。

③ "所有程序"菜单：包含计算机中用户安装的所有的应用程序。当桌面和任务栏中没有运行的应用程序的快捷方式时，程序的运行通常都是通过"所有程序"菜单完成的。

④ 搜索框：用于在计算机中查找项目。默认搜索用户的所有程序和个人文件夹中的所有文件夹。

⑤ 右侧窗格：提供了对常用文件夹、文件、设置和功能的访问。右侧窗格中还包含有"关机"按钮以及注销等其他操作。

2．"开始"菜单个性化设置

按照用户的使用习惯组织"开始"菜单，即个性化"开始"菜单，更易于用户查找程序和文件夹，对计算机系统进行维护和管理。

【例 2-3】 完成以下个性化设置"开始"菜单的操作。

① 清除"开始"菜单中最近打开的文件或程序。

② 删除固定列表区中的所有程序。

③ 将 Word 应用程序添加到固定列表区。

④ 将"运行"命令添加到"开始"菜单中。

⑤ 调整频繁使用的程序的快捷方式的数目为 15 个。

⑥ 将按下电源按钮的操作设置为"睡眠"。

【解】操作步骤如下：

① 在任务栏的空白处右击，在弹出的快捷菜单中选择"属性"命令，弹出图 2-19 所示"任务栏和「开始」菜单属性"对话框，切换到「开始」菜单"选项卡，如图 2-25 所示。

② 取消选中"隐私"组中"存储并显示最近在「开始」菜单中打开的程序"和"存储并显示最近在「开始」菜单和任务栏中打开的项目"复选框，单击"确定"按钮，完成清除"开始"菜单中最近打开的文件和程序操作。

③ 单击"开始"按钮，弹出"开始"菜单，右击要删除的程序图标，在弹出的快捷菜单中选择"从「开始」菜单解锁"命令，完成固定程序列表区程序的删除。

④ 打开"开始"菜单，选择"所有程序"→Microsoft Office 命令，在 Microsoft Word 2010 命令上右击，在弹出的快捷菜单中选择"附到「开始」菜单"命令，完成将 Word 应用程序添加到固定程序列表区。

⑤ 打开如图 2-25 所示的"开始"菜单属性设置对话框，单击"自定义"按钮，打开"自定义「开始」菜单"对话框，滚动滚动条到最后，如图 2-26 所示，选中"运行命令"复选框，单击"确定"按钮，完成将"运行"命令添加到"开始"菜单中。

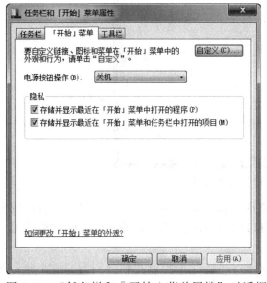

图 2-25 "任务栏和「开始」菜单属性"对话框

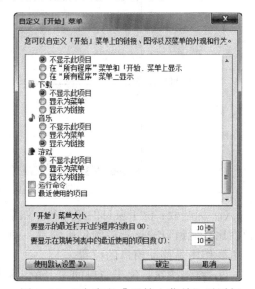

图 2-26 "自定义「开始」菜单"对话框

⑥ 操作同步骤⑤，打开"自定义开始菜单"对话框，将"「开始」菜单大小"组中的"要显示的最近打开过的程序的数目"的值利用微调按钮设置为 15 或直接输入 15，单击"确定"按钮，完成将频繁使用的快捷方式的数目由 10 调整为 15。

⑦ 打开如图 2-25 所示的对话框，选择"电源按钮操作"下拉列表框中的"睡眠"命令，单击"确定"按钮，将按下电源按钮的功能由"关机"更改为"睡眠"。

3. "开始"菜单的操作

"开始"菜单中主要集中了各种命令，如程序的快捷方式、常用的文件夹以及命令按钮等，使用时只需单击即可运行程序或打开文件夹。

对于搜索框，用户需先输入搜索关键字，系统自动开始查找，并在"开始"菜单中显示搜索结果，用户选择搜索结果，完成相关操作。

"开始"菜单中有些菜单右侧有▶，则说明该项菜单包含下一级菜单，称为级联菜单，当鼠标移动到具有级联菜单的菜单项时，会自动弹出级联菜单，用户可进一步选择。

2.3.7 Windows 7 操作系统的窗口及操作

用户在打开应用程序、文件或文件夹时，都会在屏幕上出现一个矩形区域，该区域称为窗口。窗口是 Windows 操作系统中一个重要的人机交互界面。

1. 窗口的组成

Windows 中包含文件夹窗口、应用程序窗口、文档窗口以及对话框窗口，虽然每个窗口的内容各不相同，但所有窗口都有一些共同点，大多数窗口都具有相同的基本部分。

典型窗口的各部分组成，如图 2-27 所示。

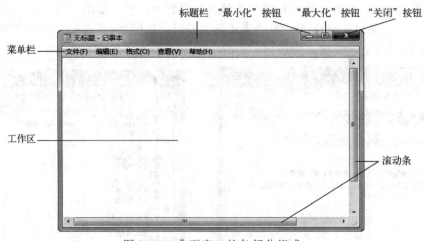

图 2-27 典型窗口的各部分组成

① 标题栏：位于窗口的第一行。如果在桌面上同时打开多个窗口，其中一个窗口的标题栏比其他窗口的标题栏颜色更鲜艳，则该窗口称为当前窗口或活动窗口。标题栏的另一个主要作用是移动窗口的位置。

② 控制按钮：位于窗口的右上角，标题栏的右侧。3 个控制按钮分别为"最小化"按钮、"最大化"按钮和"关闭"按钮。"最小化"按钮 将窗口缩小到按钮的大小，放置

在任务栏；"最大化"按钮 将窗口放大至整个屏幕，此时该按钮变成"还原"按钮 ；"关闭"按钮 将窗口关闭，并释放内存。

③ 菜单栏：菜单栏为窗口所能实现的功能提供功能入口，是实现各种功能的命令的集合。一般来说，可将菜单分为快捷菜单和下拉菜单 2 种，用户通过鼠标选择菜单中的命令进行操作。

如图 2-28 所示，菜单中一些命令的含义说明如下：

a. ✓标识：命令前有✓标识，说明该菜单项正在被应用；再次选择该菜单项，标识消失，说明取消该菜单项的应用。

b. ●标识：菜单栏中有些命令是作为一个组集合在一起的，如文件夹窗口"查看"菜单中图标样式，该集合中的命令一次只能有一个命令被应用。命令前有●标识，表示该命令被应用。

c. ▶标识：有些命令后面有▶标识，说明该菜单项具有级联子菜单，当鼠标移动到命令上或选择该命令，弹出级联菜单。

d. 标识：有些命令后面有标识，选择该命令时，会弹出对话框，需要用户进一步操作。

e. 菜单项呈现灰色：有些命令呈现灰色状态，说明该命令没有达到操作要求，当前不可用。例如，在没有选择对象的情况下，菜单栏中的"剪切""复制"命令呈灰色，当前不可执行剪切或复制操作。

f. 快捷键：有些命令的后边带有如【Ctrl+X】、【Ctrl+A】等组合键，称为快捷键。快捷键可以在不使用菜单栏的情况下，通过按键盘的相应按键直接执行对应菜单项的命令。例如要执行全选操作，其快捷键为【Ctrl+A】，则只需按住【Ctrl】键不松开，然后再按【A】键，即可完成全选操作。

（a）

（b）

图 2-28 菜单

④ 工作区：用户实际操作、编辑的区域，用于显示和处理各种工作对象的信息。

⑤ 滚动条：当用户编辑的内容超出了工作区的范围时，移动滚动条可以滚动窗口的内容以查看当前视图之外的信息。

除上述典型窗口包含的组成部分外，不同类型的窗口还包括以下常见组成部分：

（1）文件夹窗口

文件夹窗口是指打开一个文件夹时所显示的窗口，如图 2-29 所示。双击桌面的"计算机"图标，打开的文件夹窗口。

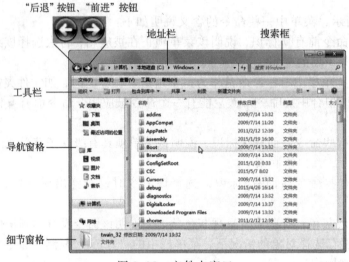

图 2-29　文件夹窗口

① 地址栏：用于显示当前打开的文件夹的详细地址，即路径。单击路径中文件夹名可快速切换到相应的文件夹窗口。

② 搜索框：位于地址栏的右侧，作用是在当前视图中查找与输入的内容匹配的文件或文件夹。

③ "后退"按钮和"前进"按钮：位于地址栏的左侧。"后退"按钮的作用类似于撤销操作，将当前的文件夹窗口返回到打开该文件夹窗口前的状态；前进按钮，其作用类似于重做操作，若没有执行过后退操作，则前进按钮不可用。

④ 工具栏：由一个个常用的工具按钮组成，让用户能够更加方便地执行相关的操作。

⑤ 导航窗格：位于工作区的左侧，工具栏的下方。可以用来查找文件和文件夹，也可以在导航窗格中将项目直接移动或复制到目标位置。

导航窗格主要由收藏夹、库、计算机和网络 4 部分组成。鼠标选择导航窗格中任意列表项，如计算机，则在窗口工作区中显示该选项包含的内容。鼠标单击导航窗格中列表选项前的展开按钮，在选项下方显示出该选项所包含的文件夹列表，如果文件夹中仍包含子文件夹，那么该选项前仍带有展开按钮；当选项被展开后，按钮变为按钮，单击按钮可将展开的文件夹列表隐藏。

⑥ 细节窗格：位于文件夹窗口的最下方，用于显示当前选定对象的详细信息，如文件大小、文件类型等。

⑦ 如果细节窗格、导航窗格、菜单栏等在文件夹窗口中没有显示，则可单击工具栏中"组织"下拉列表，选择列表中"布局"命令，在弹出的级联菜单中选择对应的命令，如"导航窗格"，则导航窗格就会在窗口中显示出来。

（2）文档窗口

文档窗口是指在应用程序运行时，由应用程序创建的，向用户显示文档内容的窗口。图 2-30 所示为 Excel 应用程序创建的 Excel 文档窗口。

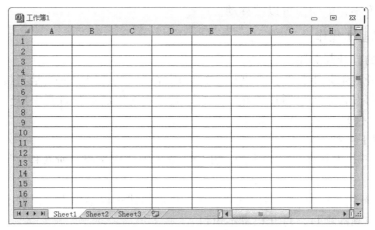

图 2-30　Excel 文档窗口

文档窗口与应用程序窗口的区别是应用程序窗口有菜单栏、工具栏等，而文档窗口没有，文档窗口通常只包含标题栏以及窗口的控制按钮。文档窗口的操作由相应的应用程序窗口中的菜单和命令按钮来完成。

（3）对话框窗口

对话框是一种特殊类型的窗口，通常情况下对话框给用户提供一个界面，要求用户进一步确认后才能继续执行。图 2-31 所示为常见的对话框窗口及其组成。

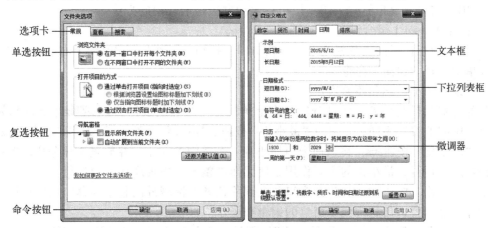

图 2-31　对话框的组成

① 选项卡：把功能相关的选项组合在一起放到一个界面中，称为一个选项卡。选项卡是对话框中堆叠的页，单击选项卡标签可切换不同选项卡的内容。

② 单选按钮：在组成一组的选项中，用户只能选择其中一项。

③ 复选按钮：与单选按钮相对，复选框允许用户一次选择多个选项。

④ 命令按钮：用来执行命令操作。

⑤ 文本框：允许用户直接输入信息。

⑥ 下拉列表框：单击向下的箭头，可以显示选项列表，单击从中选择所需的选项。

⑦ 微调器：通过单击向上或向下箭头更改其中的数值，也可直接从键盘输入数值。

对话框窗口与其他窗口的区别：多数对话框窗口只有一个关闭控制按钮，无法最大化、最小化或调整大小，但它们可以被移动。

2. 窗口的基本操作

（1）窗口的打开与关闭

窗口的打开通常是指打开文件夹或运行应用程序，最普遍的方法是直接双击对应的文件或快捷方式打开，也可以通过选择"开始"菜单中对应的命令打开窗口。

【例 2-4】 打开"记事本"窗口。

【解】有以下几种方法：

① 单击"开始"按钮，在弹出的"开始"菜单中依次选择"所有程序"→"附件"→"记事本"命令，打开记事本窗口。

② 单击"开始"按钮，在弹出的"开始"菜单的搜索框中输入"记事本"，按【Enter】键或直接单击找到的项目，打开记事本窗口。

③ 依次双击桌面的"计算机"→C:→Windows→System32，打开 System32 文件夹后，找到 notepad.exe 文件，双击该文件，打开记事本窗口。

④ 若桌面有记事本的快捷方式，则直接双击该快捷方式，打开记事本窗口。在桌面创建快捷方式的方法详见 2.3.4 节 Windows 7 操作系统桌面中的桌面的基本操作部分。

⑤ 在磁盘中找到一个文本文件，直接双击打开该文件，打开记事本窗口。

无论是应用程序还是文件夹窗口，在操作完成后为节省系统资源，保证桌面的整洁，应关闭窗口。关闭窗口常用的方法有：

① 单击窗口右上角的"关闭"按钮。此种方法是最常用的方法。

② 按【Alt+F4】组合键。

③ 将鼠标指针指向任务栏中对应的窗口图标按钮，在弹出的缩略图上右击，在弹出的快捷菜单中选择"关闭"命令。

（2）最大（小）化和还原窗口

除部分对话框窗体外，大部分窗口右上角都有一组控制按钮 或 ，二者只有中间的按钮不同，分别为"最小化"按钮、"最大化（还原）"按钮、"关闭"按钮。

① "最小化"按钮 ：将当前窗口缩小到一个按钮的大小，并放置于任务栏。此时的窗体仍在后台运行，最小化的主要作用是使桌面更整洁，使程序在后台运行。

② "最大化"按钮 ：将当前窗口放大到除任务栏区域外的整个屏幕。主要作用是以最大的界面显示窗口信息，便于窗口的编辑和操作。

③ "还原"按钮 ：窗口被最大化时，"最大化"按钮变为"还原"按钮。主要作用是将最大化的窗口恢复到最大化前的状态。

（3）切换窗口

Windows 系统允许同时运行多个窗口，并随时可以在不同窗口间进行切换，但在启动的多个窗口中，用户当前编辑或操作的窗口只能有一个窗口，该窗口称为活动窗口或当前窗口；其他窗口称为非活动窗口。活动窗口与非活动窗口相比，具有以下 2 个主要特征：其一，活动窗口的标题栏颜色较深、较亮；其二，活动窗口位于其他窗口的最上方。

大学计算机应用基础

所谓切换窗口，就是指活动窗口与非活动窗口的切换。其操作方法有以下几种：

① 如果当前窗口没有最大化，且在桌面上可以找到非活动窗口，此时单击非活动窗口的任意位置，即可将非活动窗口切换为活动窗口。

② 将鼠标移动到任务栏，找到需要切换窗口的缩略图后，单击该图标完成切换。

③ 利用【Alt+Tab】、【Alt+Esc】、【Alt+Shift+Tab】、【Win+Tab】组合键切换。

（4）移动窗口

窗口处于还原状态时，为调整窗口间的相对位置，更加有利于操作，使某些被遮挡的部分显现出来，即移动窗口。

移动窗口的方法：将鼠标指针指向"标题栏"，拖动窗口的标题栏到指定位置。

（5）改变窗口的大小

当窗口处于还原状态时，将鼠标的指针指向窗口的边框，鼠标指针变为水平调整指针↔或垂直调整指针↕或对角线调整指针⤢、⤡时，拖动鼠标可以调整窗口沿水平方向或垂直方向或对角线方向的大小。

（6）排列窗口

排列窗口是指将打开的多个窗口按照要求进行排列。在 Windows 7 操作系统中，排列窗口的方式包括层叠窗口、堆叠显示窗口和并排显示窗口 3 种。

① 层叠窗口：指将未被最小化的窗口一层层地堆叠起来，下层对上层只露出标题栏，而且大部分窗口被上层窗口遮挡。

② 堆叠显示窗口：指将多个未被最小化的窗口在屏幕上从下向上一个个地堆起来。

③ 并排显示窗口：指将多个未被最小化的窗口按照纵向从左到右一个个排列起来。

排列窗口的方法：右击任务栏的空白处，在弹出的快捷菜单中选择 3 种排列方式中的 1 种即可。

如果系统设置中应用了 Aero 特效，此时也可以使用 snap 功能实现窗口的排列。具体操作详见 2.2.2 Windows 7 的新功能中的 snap 功能。

2.3.8 帮助和支持

计算机在使用的过程中经常会遇到各种各样的问题，如果计算机还能够上网，那么通过网络的搜索引擎查找解决办法是个不错的选择；但如果附近没有能够上网的设备怎么办呢？Windows 7 提供的帮助和支持中心可以帮助我们，它不仅能给出必要的提示，而且还会告知相关的背景知识。

1. 帮助和支持中心

Windows 7 的帮助系统称为"帮助和支持中心"，可以用来查阅系统提供的脱机帮助文件，还可以连接网络，获得联机帮助。

【例 2-5】利用帮助和支持中心获得添加其他输入法的帮助。

【解】操作步骤如下：

① 打开帮助和支持中心：单击"开始"按钮，在弹出的快捷菜单中选择右侧窗格的"帮助和支持"命令，打开如图 2-32（a）所示"Windows 帮助和支持窗口"。

② 输入简短的搜索关键词：在搜索框中输入"输入"关键词，查询结果如图 2-32（b）所示。

③ 浏览主题，找答案：经判断，第 8 条"添加或更改输入语言"接近遇到的问题，选择该命令，打开如图 2-32（c）所示的"添加输入语言的步骤"。

（a）

（b）

（c）

图 2-32　帮助和支持中心

④ 根据提示的步骤，完成任务要求。

除了通过帮助菜单进入帮助和支持中心主页外，还可以按【F1】键进入帮助和支持中心。【F1】键是 Windows 提供的用于打开帮助的快捷键，不仅适用于操作系统，如记事本、写字板、Word 等程序均可以按【F1】键打开应用程序的帮助和支持页面。

2．疑难解答

帮助和支持中心可以帮助用户查找解决问题的方法，而疑难解答可以查找并解决计算机存在的某些常见问题。

运行疑难解答的方法：单击"开始"按钮，在弹出的"开始"菜单中选择右侧窗格的"控制面板"，打开控制面板窗口；在分类视图中，选择"系统和安全"类中的"查找并解决问题"命令，打开如图 2-33 所示的疑难解答窗口。Windows 7 中的疑难解答提供了对程序、硬件和声音、网络和 Internet、外观和个性化以及系统和安全性五个分类的故障修复方案。

在计算机出现问题时，系统通常会提示存在的问题并建议进行修复操作，用户可以按照提示的步骤完成修复。在系统用了一段时间后，为提高系统的性能，也需要对系统进行手动检查。例如，选择"系统和安全性"中的"运行维护"命令，该命令查找系统中可以清理或删除的未使用的文件和快捷方式等常见维护操作。如果在"高级"选项中选中"自动应用修复程序"复选框，那么当发现存在的错误时，系统维护程序会自动修复错误。

在运行疑难解答程序的时候，可能会询问用户一些问题或重置一些常用设置，以解决问题。如果无法解决问题，可以选中在"疑难解答"窗口中"从 Windows 联机疑难解答服务中获取最新的故障修复方案"复选框，扩大搜索的范围，利用网络在 Windows 网站中尝试查找修复方案。

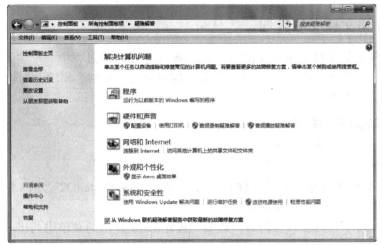

图 2-33　疑难解答窗口

2.4　Windows 7 操作系统的文件管理

文件和文件夹是 Windows 系统的重要组成部分，用户使用操作系统的过程也就是同各种文件和文件夹打交道的过程，只有管理好文件和文件夹才能更加熟练地使用操作系统。

2.4.1　文件（夹）和路径

文件是数据在计算机中的组织形式，不论是程序、文档、声音、视频还是图像，最终都是以文件的形式存储在计算机的存储器中，文件是操作系统最基本的存储单位。

文件名是用于区分不同文件而给文件起的名字，就好比是每一个用户都要有一个用户名。文件名一般由主文件名和文件扩展名两部分组成。主文件名是用户或系统给文件起的名字，在同一个文件夹中具有唯一性，用于和其他文件相区别；文件扩展名用于说明文件的类型。主文件名和文件扩展名之间用符号"."隔开，其一般形式是"主文件名.文件扩展名"。

文件名也要符合一定的命名规则，在 Windows 7 操作系统中，给文件或文件夹命名时，文件名中不能使用下列 9 个字符：/ \ : * ? " < > |。

文件夹是一种形象的称呼，是用来分类存放文件，协助管理计算机文件的一个容器。文件夹中存放的可以是文件、文件的快捷方式也可以是文件夹。系统规定，在同一文件夹中相同类型的文件或文件夹不能重名，但不同文件夹中的可以重名。

路径用于表示文件或文件夹在磁盘中的位置。例如：C:\Windows\System32\notepad. exe 表示一条完整的路径。其中，"C:"表示磁盘分区的卷标，此处表示本地磁盘 C 盘；"C:\"表示本地磁盘的根目录；"Windows 和 System32"分别表示文件夹的名字；"Windows\System32"表示 System32 是 Windows 中的文件夹，即 Windows 包含 System32 文件夹，Windows 是 System32 的父文件夹，而 System32 是 Windows 的子文件夹；"notepad.exe"是 Windows 自带的记事本应用程序名。"C:\Windows\System32\notepad.exe"表示的含义是 notepad.exe 文件位于 C 盘下 Windows 文件夹中的 System32 文件夹中。

2.4.2 文件和文件夹的管理

文件和文件夹的管理是用户在使用 Windows 操作系统的过程中一个主要内容，包括文件（夹）的显示，新建文件（夹），文件（夹）的重命名、复制、移动、删除，查看和修改文件（夹）的属性等操作。

1. 文件或文件夹的显示

（1）设置单个文件夹的显示方式

操作步骤如下：

① 打开需要修改显示方式的文件夹（以 C:\Windows\ System32 为例）窗口，单击"视图"按钮，即可在不同的视图间切换。

② 单击"视图"按钮右侧的"选项"按钮，在弹出的菜单中列出 8 个视图选项，分别为"超大图标"、"大图标"、"中等图标"、"小图标"、"列表"、"详细信息"、"平铺"和"内容"。如图 2-34 所示。

③ 鼠标拖动窗口左侧的小滑块或单击对应选项，如将滑块拖动到"中等图标"选项或鼠标选择"中等图标"选项，将该文件夹设置为中等图标的显示方式。

当用滑块拖动时，在"小图标"和"中等图标"、"大图标"和"超大图标"之间还存在图标大小介于二者之间的其他大小的图标选项可供选择。

（2）设置所有文件夹的显示方式

操作步骤如下：

① 打开 C:\Windows\System32 文件夹窗口，单击"组织"按钮，在弹出的下拉菜单中选择"文件夹和搜索选项"命令，弹出"文件夹选项"对话框。

② 切换到"查看"选项卡，如图 2-35 所示。单击"文件夹视图"中"应用到文件夹"按钮，弹出"文件夹视图"对话框，询问"是否让这种类型的所有文件夹与此文件夹的视图设置匹配？"。

图 2-34　文件夹显示视图

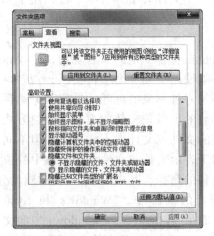

图 2-35　"查看"选项卡

③ 单击"是"按钮，再单击"文件夹视图"中的"确定"按钮，完成应用于所有文件夹的设置。

（3）设置隐藏文件或文件夹的显示

操作步骤如下：

① 打开任意文件夹窗口，单击"组织"按钮，在弹出的下拉菜单中选择"文件夹和搜索选项"命令，弹出"文件夹选项"对话框。

② 切换到"查看"选项卡，如图2-35所示。在"高级设置"中选择"显示隐藏的文件、文件夹和驱动器"单选按钮。

③ 如果要显示隐藏的系统文件，取消选中"高级设置"中"隐藏受保护的操作系统文件"复选框。

④ 单击"确定"按钮，完成设置。

（4）设置显示文件类型的扩展名

操作步骤如下：

① 打开任意文件夹窗口，单击"组织"按钮，在弹出的下拉菜单中选择"文件夹和搜索选项"命令，弹出"文件夹选项"对话框。

② 选择"查看"选项卡，如图2-35所示。在"高级设置"中取消选中"隐藏已知文件类型的扩展名"复选框。

③ 单击"确定"按钮，完成设置。

2．新建文件或文件夹

（1）新建文件夹

新建文件夹有3种常用的方法，以在"D:\练习"创建"我的文件夹"为例，具体操作步骤如下：

① 双击桌面"计算机"图标→"本地磁盘（D：）"→"练习"，打开练习文件夹窗口。

② 在工作区的空白处右击，在弹出的快捷菜单中选择"新建"→"文件夹"命令。或单击工具栏上的"新建文件夹"按钮 新建文件夹 。或选择"文件"菜单中"新建"→"文件夹"命令。

③ 打开中文输入法，输入"我的文件夹"，完成文件夹的创建。

（2）新建文件

新建文件有2种常用的方法：一种是利用应用程序创建，此处略过；另一种是用右键快捷菜单完成。具体操作步骤如下：

① 打开要创建文件的文件夹窗口。

② 在空白处右击，在弹出的快捷菜单中选择"新建"命令，在弹出的级联菜单中选择如"文本文档"选项，则在该文件夹中创建一个名为"新建文本文档.txt"的文本文件。

右击弹出的快捷菜单中新建文件的类型受用户所安装的应用程序限制，用户安装了不同的应用程序，在快捷菜单中能创建的文件的类型也不尽相同。

3．重命名文件或文件夹

重命名文件或文件夹就是按照用户使用和管理文件的习惯给文件或文件夹更改一个名称。

在Windows操作系统中，给文件或文件夹重命名的方法很多，常用的方法有：利用右击弹出的快捷菜单，选择"重命名"命令；按【F2】键重命名；两次单击文件名或文件夹名；选择文件夹窗口的"文件"→"重命名"命令以及文件夹窗口工具栏中"组织"→"重命名"命令等。无论是哪种方法，重命名的一般步骤归纳如下：

① 选择需要重命名的文件或文件夹。

② 利用上述重命名方法给文件或文件夹重命名。

③ 输入新的名字，按【Enter】键确认，完成文件或文件夹名字的修改。

若需要对多个相关的文件或文件夹重命名，可以使用批量重命名的方法。

具体操作方法：选择需要同时改名的多个文件或文件夹；选择"重命名"命令；输入新的文件名，此时只有一个文件或文件夹处于编辑状态；按【Enter】键，完成对多个文件或文件夹的重命名操作，被选择的多个文件或文件夹以"文件名+文件编号"的形式进行命名，如照片（3）。

在给文件或文件夹重命名时，应注意：文件或文件夹的命名应符合文件命名规则。给文件重命名时，除非要求修改文件的类型，否则不要修改文件的扩展名。通常情况下，重命名时只修改主文件名，而不修改文件的扩展名，因此在改名时应选择主文件名后再输入新的文件名用以替换旧文件名；如果删除了旧的文件名和文件扩展名，那么在输入新文件名时应连同文件的扩展名一同输入，中间用"．"连接。

4．复制和移动文件或文件夹

文件或文件夹的复制和移动有 2 类常用方式：一类是鼠标拖动的方式；另一类是命令的方式。

（1）鼠标拖动的方式

利用鼠标拖动的方式进行文件复制或移动的一般步骤如下：

① 打开包含要复制或移动文件或文件夹所在的文件夹（简称"源文件夹"）窗口，并调整文件夹窗口到适当大小。

② 打开需要复制或移动到的文件夹（简称"目标文件夹"）窗口，并调整窗口到适当大小。

③ 移动源文件夹窗口和目标文件夹窗口的位置，使两个文件夹窗口均可见。

④ 按住【Ctrl】键将需要复制的内容从源文件夹窗口拖动到目标文件夹窗口后松开【Ctrl】键，完成复制操作；按住【Shift】键将需要移动的内容从源文件夹窗口拖动到目标文件夹窗口后松开【Shift】键，完成移动操作。

在用鼠标拖动的方式实现复制或移动操作时，在同一驱动器的不同文件夹之间直接拖动时，默认执行的是移动操作，若要执行复制操作，需要按住【Ctrl】键再执行拖动操作；在不同驱动器的文件夹之间直接拖动时，默认执行的是复制操作，若要执行移动操作，需要按住键盘的【Shift】键再执行拖动操作。如果不能分清同一驱动器或不同驱动器，请记住复制时需要按住【Ctrl】键，移动时需要按住【Shift】键即可。

（2）命令的方式

命令的方式指的是用"复制"→"粘贴"或"剪切"→"粘贴"命令的方式实现，一般包括 4 个步骤：

① 打开源文件夹窗口，并选择需要复制或移动的文件或文件夹。

② 通过快捷菜单、快捷键或菜单栏等执行复制或剪切命令。

③ 打开目标文件夹窗口。

④ 通过快捷菜单、快捷键或菜单栏等执行粘贴命令。

5．删除与还原文件和文件夹

为了节省硬盘空间，可以删除一些没用的或重复的文件和文件夹。选择要删除的文件和文件夹后，删除的方法有：

① 直接按【Delete】键。

② 在选择的文件和文件夹上右击，在弹出的快捷菜单中选择"删除"命令。

③ 选择"文件"→"删除"命令。

④ 直接将其拖动到桌面的"回收站"图标上。

上述方法删除的文件和文件夹，默认情况下保存在"回收站"中，仍占用硬盘空间，如果用户发现文件是被误删的或者文件还有用，那么用户可以将删除的文件或文件夹进行还原。还原的操作步骤如下：

① 双击"回收站"图标，打开"回收站"窗口。

② 右击需要还原的文件或文件夹，在弹出的快捷菜单中选择"还原"命令，文件或文件夹会被还原到删除前的位置。

要彻底释放硬盘空间，需在"回收站"图标上右击，在弹出的快捷菜单中选择"清空回收站"命令，回收站清空后，用户将不能再恢复文件或文件夹。

若要不经过回收站，直接永久删除硬盘上的文件或文件夹，操作方法是选定该文件或文件夹后，按住【Shift】键不松开，然后再选择"删除"命令或按【Delete】键，弹出"确实要永久性地删除此文件（夹）吗？"对话框，单击"是"按钮，将永久性地删除选定的文件或文件夹。

通过设置"回收站"的属性，也可使删除的文件或文件夹不移到"回收站"中而永久性地删除。操作方法是在桌面"回收站"图标上右击，在弹出的快捷菜单中选择"属性"命令，弹出图 2-36 所示的"回收站属性"对话框，选择"选定位置的设置"中"不将文件移到回收站中。移除文件后立即将其删除"选项，单击"确定"按钮完成设置。

图 2-36 "回收站 属性"对话框

回收站是在硬盘中划分的一块区域，作用是临时存储被删除的文件和文件夹，当用户发现删错时，可恢复误删的文件和文件夹。回收站中只能存放从硬盘中删除的文件和文件夹，其他存储器如 U 盘、光盘、网盘等删除的文件和文件夹并不能移动到回收站中。

回收站清空后，数据还能恢复吗？答案是能，只是 Windows 中自带的程序或软件无法实现，需要借助"数据恢复"工具软件实现，如数据恢复精灵、EasyRecovery、FinalData 等。当然，并不是所有的数据都能够恢复，即使借助"数据恢复"工具软件恢复数据，也需要一个前提，即被删除的文件所在的磁盘位置上没有被新的数据所覆盖；否则也是无法恢复的。

6．查看文件或文件夹的属性

若想了解文件或文件夹的基本信息，如创建的时间、大小、文件或文件夹存储的路径等信息时，可以通过文件或文件夹的属性对话框来获得。

打开文件或文件夹属性对话框的方法：在选择的文件或文件夹上右击，在弹出的快捷菜单中选择"属性"命令，弹出图 2-37 所示的属性对话框。

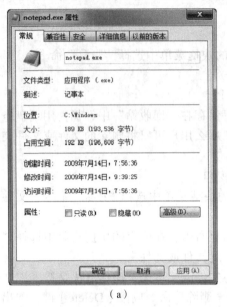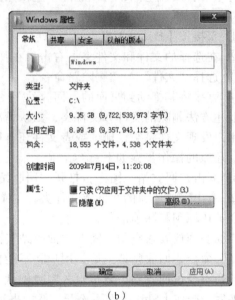

（a）　　　　　　　　　　　　　　（b）

图 2-37　文件和文件夹属性对话框

在文件或文件夹的属性对话框的常规选项卡中，可以查看类型、位置、大小、创建时间、只读和隐藏属性等信息。对于文件属性对话框，可以切换到"详细信息"选项卡，获得更多信息，例如，数码照片，在详细信息选项卡中还可以获得文件的分辨率、照相机的型号、光圈值、ISO 速度等信息；对于文件夹属性对话框，在"共享"选项卡中可以设置文件夹是否通过网络共享，在"安全"选项卡中可以设置不同用户使用文件夹的不同权限。

7. 隐藏文件或文件夹

对于一些比较重要的文件和文件夹，可以将其隐藏起来，以增加安全性。隐藏文件或文件夹的具体操作步骤如下：

① 选择需要隐藏的文件、文件夹，在选定对象上右击，在弹出的快捷菜单中选择"属性"命令。

② 打开文件或文件夹的属性对话框，在"常规"选项卡中选择"隐藏"复选框，单击"确定"按钮完成设置。

如果系统设置为"不显示隐藏的文件、文件夹或驱动器"，按【F5】刷新窗口后，设置为隐藏属性的文件或文件夹就消失不见了。

若要查看和编辑隐藏的文件或文件夹，需要将隐藏的文件或文件夹显示出来，具体的操作方法参见"文件和文件夹的显示"中"设置隐藏文件或文件夹的显示"的操作步骤。

8. 查找文件或文件夹

计算机中的文件和文件夹随着时间的推移而日益增多，从众多的文件和文件夹中找到所需的文件或文件夹是一件非常麻烦的事情，Windows 操作系统提供了搜索功能，可帮助用户快速找到所需的文件或文件夹。

（1）使用"开始"菜单的搜索框

单击"开始"按钮，在弹出的"开始"菜单的搜索框中输入想要查找的信息，系统将查找到的与输入内容相匹配的项显示在"开始"菜单中。

（2）使用文件夹中的搜索框

如果在某个特定文件夹中查找所需要的文件或文件夹，此时使用文件夹中的搜索框会更快捷。操作方法：打开具体的文件夹，如 C:\Program Files 文件夹，然后在地址栏右侧的搜索框中输入要查找的信息，会在窗口中出现与关键字相匹配的项。

无论是"开始"菜单上的搜索框还是文件夹中的搜索框，其都是基于文件名和文件内容等进行检索的，查找到的信息量很大。为能够进一步精确查找，可以使用通配符"*"和"？"来指定搜索条件。"*"通配符表示文件名中任意长的字符串；"？"通配符表示文件名中任意一个字符。也可以添加修改时间和大小筛选器，缩小搜索范围。

如果在搜索到的内容中没有找到满足要求的内容，Windows 还可以扩展搜索。操作方法：拖动"搜索结果列表"的滚动条到底部，在"在以下内容中再次搜索"下，选择某个选项，如"计算机"，则在整个计算机中再次进行搜索。

【例 2-6】 在 D 盘新建一个文件夹，文件夹名为"配置文件"；将 C 盘中的 config.sys 文件复制到"D:\配置文件"文件夹中；设置"配置文件"文件夹具有隐藏属性。

【解】创建文件夹并重命名文件夹的操作步骤如下：

① 双击桌面"计算机"图标，打开"计算机"窗口；双击"本地磁盘（D:）"图标，打开 D 盘窗口。

② 在 D 盘窗口工作区的空白处右击，在弹出的快捷菜单中选择"新建"→"文件夹"命令，创建一个文件夹，且该文件夹名默认为"新建文件夹"。

③ 选择"新建文件夹"图标，右击，在弹出的快捷菜单中选择"重命名"命令。

④ 输入"配置文件"，完成新建文件夹的重命名操作。

因 config.sys 文件是系统文件，直接查找文件是无法找到的，因此需先设置文件夹选项为显示隐藏的文件和系统文件，更改文件夹属性的操作步骤如下：

① 在 D 盘窗口中，选择"工具"菜单中的"文件夹选项"命令，弹出"文件夹选项"对话框，切换到"查看"选项卡，如图 2-35 所示。

② 在"高级设置"中取消选中"隐藏受保护的操作系统文件（推荐）"复选框，并选中"显示隐藏的文件、文件夹和驱动器"单选按钮。

③ 单击"确定"按钮，完成显示系统文件和隐藏文件的设置。

搜索 config.sys 文件的操作步骤如下：

① 在 D 盘窗口的任务窗格中，单击"计算机"前的 按钮，展开"计算机"列表，选择"本地磁盘(C:)"。

② 在文件夹搜索框中输入 config.sys，搜索结果如图 2-38 所示。

③ 在图 2-38 中，文件名以黄色背景显示的文件与搜索的文件名完全匹配，图标对应的文件类型也匹配，是我们查找的文件。大部分情况下搜索的关键字只是文件名的部分内容，会搜索到很多内容，需要用户凭借经验从众多内容中找到所需要的内容。

复制文件的操作步骤如下：

① 单击选择该文件，按【Ctrl+C】执行复制操作，将该文件存入剪贴板中。

② 在任务窗格中选择"本地磁盘(D:)"，在"配置文件"文件夹上右击，在弹出的快

捷菜单中选择"粘贴"命令，完成文件的复制操作。

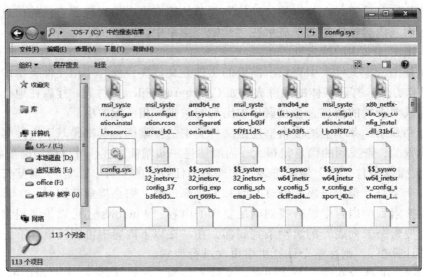

图 2-38　搜索结果

③ 在"配置文件"文件夹上右击，在弹出的快捷菜单中选择"属性"命令，打开文件夹属性对话框，请参考图 2-37（b），选中"隐藏"复选框，单击"确定"按钮，完成隐藏属性的设置。

提示：输入关键词在指定位置进行搜索是容易的，而在众多的搜索结果中找到所需要的内容是困难的，需要长期经验的积累。例如在结果中通过查找到文件名、图标、文件的类型、文件的大小等综合判断是否是自己所需要的内容。

9．加密和解密文件或文件夹

对文件或文件夹加密是 Windows 7 提供的用于保护信息安全的一种保护措施，其采用的是 EFS（Encrypting File System，加密文件系统），可以对 NTFS 卷上的文件和数据进行加密，有效地保护加密文件或文件夹免受未经许可的访问。

EFS 加密系统是和操作系统紧密结合的，不需要其他软件即可实现加密和解密操作。同时 EFS 加密系统对用户是透明的，用户对于自己加密的数据具有完全访问的权限，不受任何限制。而其他非授权用户试图访问加密过的数据时，就会收到"访问拒绝"的错误提示。EFS 加密的用户验证过程是在登录 Windows 时进行的，只要登录到 Windows，就可以打开任何一个被授权的加密文件。

（1）加密文件或文件夹

具体操作步骤如下：

① 右击要加密的文件或文件夹，在弹出的快捷菜单中选择"属性"命令，弹出文件或文件夹属性对话框。

② 单击"常规"选项卡上的"高级"按钮，弹出"高级属性"对话框，如图 2-39 所示。

③ 选中"加密内容以便保护数据"复选框，单击"确定"按钮。

④ 单击文件或文件夹属性对话框的"确定"按钮，弹出"确认属性修改"对话框，如图 2-40 所示。

⑤ 选中"将更改应用于此文件夹、子文件夹或文件"单选按钮，单击"确定"按钮，完成加密。

⑥ 加密后的文件和文件夹名以绿色显示。

加密后的文件或文件夹，对于当前用户而言，其操作没有任何变化和影响。如果通过"开始"菜单中的切换用户命令，切换另外一个用户使用计算机，使用被加密的文件或文件夹时，会弹出"访问拒绝"的提示对话框。

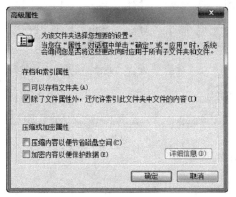

图 2-39　文件或文件夹加密高级属性对话框

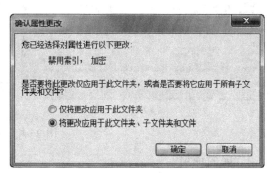

图 2-40　加密确认对话框

（2）解密文件或文件夹

解密即去除文件或文件夹的加密状态，是加密过程的逆过程，其操作过程与加密过程类似，只是在图 2-39 所示的"高级属性"对话框中，取消选中"加密内容以便保护数据"复选框。

对文件或文件夹进行加密后，一定要将密钥备份出来，否则当系统出现问题并重装系统后，即使仍用原来的用户名和密码，加密的文件或文件夹也将拒绝访问。密钥的备份与恢复请读者参阅其他相关书籍。

2.4.3　"库"及其使用

1. 库的定义

库是用于管理文档、音乐、图片和其他文件的位置的，是一个逻辑文件夹。用户可以将存储在不同位置的文件或文件夹添加到库中，通过"库"窗口浏览不同文件夹中的内容。在表现上，对于"库"的操作与普通文件夹的操作几乎一样。而实际上，"库"并不存储项目本身，而只记录文件的位置，文件仍存储在原文件夹中。

在"计算机"窗口的导航窗格中，选择"库"命令，则打开"库"窗口，默认情况下，"库"中有 4 个子库，即文档库、图片库、音乐库和视频库。

图 2-41 所示为文档库窗口。在左侧的导航窗格中，列出了该库的结构，包含有 3 个文件夹，即我的文档、公用文档以及示例图片。如图 2-41（a）所示，右侧工作区中是按文件夹方式排列的窗口，可以看出文档库中包含的 3 个文件夹的位置，其中"我的文档"位于"D:\"，"公用文档"位于"C:\用户\公用"，"示例图片"位于"C:\用户\公用\公用图片"，这进一步说明文档库的组成来源于 3 个不同的文件夹。图 2-41（b）所示为按作者排列的窗口，将文件按照不同的作者进行了分类，看不到文件所在的具体位置，说明不同位置的

文件，通过"库"这个窗口可以看成是处于同一位置的。

（a）

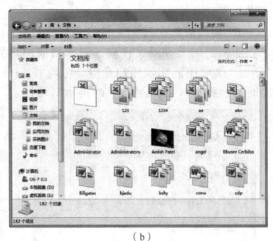
（b）

图 2-41　文档库

2．库的使用

（1）新建库

打开"库"窗口后，可以通过以下方法新建库：

① 在工作区的空白处右击，在弹出的快捷菜单中选择"新建"→"库"命令。

② 单击工具栏中"新建库"按钮。

③ 选择"文件"→"新建"→"库"命令。

新建库后，可按照给文件夹重命名的方式，给库重命名。

（2）将文件夹包含到库

将文件夹包含到库中有以下几种方法：

① 对于新建的库，当选择该库时，在右侧工作区中显示如图 2-42 所示，可单击"包含一个文件夹"按钮，将一个存在的文件夹添加到库中。

② 在文件夹窗口中右击要包含到库中的文件夹图标，在弹出的快捷菜单中选择"包含到库中"命令，然后在弹出的菜单中选择库即可。

③ 打开要修改的库（以音乐库为例），在库窗口中库名称下方"包括"旁边，单击"位置"超链接，弹出"音乐库位置"对话框，如图 2-43 所示，单击"添加"按钮，弹出"将文件夹包含在'音乐'中"对话框，在导航窗格中找到需要添加到库中的文件夹，单击"包括文件夹"按钮，完成将文件夹包含到库的操作。

（3）删除库中包含的文件夹

打开"音乐库位置"对话框，如图 2-43 所示，选择需要删除的文件夹，单击"删除"按钮，或者在文件夹窗口的导航窗格中，选择库中包含的文件夹，右击，在弹出的快捷菜单中选择"从库中删除位置"命令，将选择的文件夹从库中删除。

（4）更改默认的保存位置

默认的保存位置是将项目复制、移动或保存到库时，库的默认存储位置。更改默认存储位置的方法：打开要更改的库，在库窗口中库名称下方"包括"旁边，单击"位置"超链接，弹出"音乐库位置"对话框，右击当前不是默认保存位置的库位置，在弹出的快捷菜单中选择"设置为默认保存位置"命令，然后单击"确定"按钮。

图 2-42 新建库

图 2-43 音乐库位置

2.5 Windows 7 操作系统的设置和管理

2.5.1 控制面板

控制面板（Control Panel）是操作系统的重要组成部分，对操作系统的设置都可以通过控制面板来完成，个性化设置后的操作系统更适合用户的使用习惯。

打开控制面板有 4 种方法。单击"开始"按钮，在弹出的"开始"菜单右侧窗格中选择"控制面板"命令；单击"开始"按钮，在"开始"菜单的搜索框中输入"控制面板"，按【Enter】键；双击桌面上的"计算机"图标，在打开的"计算机"窗口的工具栏中单击"打开控制面板"按钮；打开任意文件夹窗口，在地址栏中直接输入"控制面板"，按【Enter】键，都可以打开控制面板。

在 Windows 7 操作系统中，"控制面板"窗口默认是按照"分类"的查看方式来显示控制面板中的内容，如图 2-44（a）所示，系统将所有的设置操作分成 8 类，分别为系统和安全，网络和 Internet，硬件和声音，程序，用户账户和家庭安全，外观和个性化，时钟、语言和区域以及轻松访问，每个类别下显示 2～3 个常用功能，用户可以通过选择分类项进一步查看每个类别下包含的所有功能选项。对于习惯使用 Windows XP 系统的用户而言可能有些不适应，用户可以选择"查看方式"下拉列表中的"大图标"或"小图标"命令，切换到以"大图标"或"小图标"方式来显示控制面板中的内容，该视图下显示所有"控制面板"项目的列表，如图 2-44（b）所示。

对于以"图标"形式显示的"控制面板"窗口，用户可以直接单击图标以打开控制面板中相应的功能选项；对于以"分类"形式显示的"控制面板"窗口，用户在使用前需要先粗略判断要执行的操作属于哪个分类，选择分类后，再进一步选择具体的功能选项。用户也可以利用"控制面板"窗口的搜索框来快速找到需要的功能选项。例如，在搜索框中输入"声音"，可以查找到与声卡、系统声音以及任务栏上音量图标的设置等有关的特定选项。

（a）　　　　　　　　　　　　　（b）

图 2-44　"控制面板"窗口

2.5.2　鼠标的个性化设置

系统安装完后，系统默认的鼠标设置可能并不符合用户的使用习惯，用户可以使用"鼠标属性"对话框设置符合自己使用习惯的个性化鼠标，如鼠标的指针等。

具体操作步骤如下：

① 打开"控制面板"窗口，选择"硬件和声音"→"设备和打印机"中的"鼠标"命令，弹出"鼠标属性"对话框。

② 在"鼠标键"选项卡上，"鼠标键配置"中的"切换主要和次要按钮"复选框可以设置使用左手还是右手使用鼠标，默认情况下不选择该选项，是右手的使用习惯。

③ 在"指针"选项卡中可以修改鼠标指针的形状。操作方法：在"自定义"列表框中选择需要修改的指针类型，单击"浏览"按钮，指定一个喜欢的鼠标指针文件。鼠标指针文件的类型为.cur 或.ani。

④ 在"指针选项"选项卡上，"可见性"中可以选中"显示指针轨迹"复选框，并通过下方的滑块设置鼠标在移动过程中鼠标轨迹的长短。

⑤ 在"滑轮"选项卡上，如果鼠标带有滑轮，则可设置滚动滑轮时依次滚动的行数，默认为 3 行。

2.5.3　添加/删除程序

系统安装完成后，只包含一些常用的程序，为满足日常应用的需求，还需要安装软件，如 Office 办公软件、压缩/解压缩软件等。某些因临时需求安装的软件，其使用频率不高，为节约硬盘空间，可以把使用频率不高的软件卸载。

1．添加/卸载 Windows 系统自带程序

添加程序包括添加 Windows 系统自带程序和非系统自带程序 2 种。添加/卸载 Windows 系统自带程序的操作步骤如下：

① 添加 Windows 系统自带程序时，用户首先应准备好系统的安装光盘，有些功能需要安装光盘才能添加完成。

大学计算机应用基础

② 打开"控制面板"窗口，选择"程序"分类中的"卸载程序"选项，在打开窗口的左侧任务窗格中选择"打开或关闭 Windows 功能"选项，如图 2-45 所示。

③ 自动程序名称对应复选框有对钩符号☑，表示该程序已经安装，选中复选框按钮，取消选中状态，可卸载程序。

④ 以安装"FTP 服务器"为例，只需展开"Internet 信息服务"，选中"FTP 服务器"复选框，单击"确定"按钮，完成安装。

2．添加/卸载其他程序

添加程序即程序的安装，通常情况下，程序的安装文件中包含一个可执行文件 setup.exe，该文件是安装程序的起始点或称为入口，对于初级用户，运行 setup.exe 后，当出现提示对话框时，可以不做修改，按照默认设置，单击"下一步"按钮，直至完成安装。对于有一定经验的用户，可以根据提示对程序的安装进行设置，如修改程序安装的位置，选择性安装程序的部分功能。

卸载程序就是将长期不用的程序删除，以节约硬盘空间，但卸载程序不等价于删除程序，不能用删除文件的方法删除程序。正确卸载程序的操作步骤如下：

① 打开"控制面板"窗口，选择"程序"分类中的"卸载程序"选项，弹出如图 2-46 所示的程序和功能窗口。

图 2-45　添加/删除 Windows 组件

图 2-46　程序和功能窗口

② 选择需要卸载的程序，如图 2-46 所示，选择 Corel VideoStudio Pro X5 选项，在工具栏中出现"卸载/更改"按钮，单击该按钮，按照提示完成卸载。

3．安装/删除系统更新

系统在使用过程中，经常会发现存在缺陷以及系统安全漏洞等，微软公司会针对发现的问题以及修补情况，不定期地发布升级补丁，通过 Windows Update 可以完成系统的更新。具体操作步骤如下：

① 打开"控制面板"窗口，选择"系统和安全"分类中的"Windows Update"选项，打开图 2-47（a）所示的 Windows Update 窗口。

② 单击"检查更新"按钮，系统开始联网检查是否有新的补丁发布。

③ 检查完更新，发现有更新补丁时，如图 2-47（b）所示，单击"安装更新"按钮即可安装系统的更新补丁，完成系统的更新。

（a）　　　　　　　　　　　　　　　（b）

图 2-47　Windows Update 窗口

系统更新安装完成后，可能会与现有的软件存在兼容性等问题，为正常使用软件，需要删除更新的补丁。具体操作步骤如下：

① 打开"程序和功能"窗口，在左侧的任务窗格中选择"查看已安装的更新"选项，弹出图 2-48 所示的已安装更新窗口。

图 2-48　已安装更新窗口

② 选中需要卸载的更新，单击工具栏中"卸载"按钮，完成更新的卸载。

2.5.4　添加/删除输入法

输入法是在使用键盘输入字符、汉字等信息时所使用输入方法的简称。一款适合的输入法，可以有效地提高输入效率。

1．添加输入法

在输入中文信息时，目前使用较多的是拼音输入法，又分为微软拼音输入法、QQ 拼音输入法、搜狗拼音输入法等多种输入法。除微软拼音输入法外，其他输入法的安装与软件的安装方法相似，直接运行程序，按提示一步步完成即可。

添加微软拼音输入法等系统自带的输入法的具体操作步骤如下：

① 在任务栏中语言栏  上右击，在弹出的快捷菜单中选择"设置"命令，弹出"文本服务和输入语言"对话框，如图 2-49 所示。

② 单击"添加"按钮，在弹出的"添加输入语言"对话框中选中要添加的输入法的复选框，如"微软拼音-新体验 2010"，单击"确定"按钮，完成输入法的添加。

2．删除输入法

对于一些不常用又不想卸载的输入法，可以将其从输入法菜单中删除。操作方法：打开"文本服务和输入语言"对话框，选择需要从输入法菜单中删除的输入法，单击"删除"按钮。

图 2-49　"文本服务和输入语言"
对话框

3．切换输入法

系统启动后，输入法默认处于英文输入法状态，在输入中文时，需要打开并切换不同的输入法。输入法切换主要有 2 种方法：鼠标切换和键盘快捷键切换。

① 鼠标切换输入法：单击语言栏中小键盘 按钮，选择习惯使用的输入法。

② 键盘快捷键切换输入法：打开/关闭中文输入法的快捷键是【Ctrl+Space】，即按住【Ctrl】键不松开，再按【Space】键，则打开中文输入法；再按一次，则关闭中文输入法。如果系统中安装了多个输入法，用于在不同输入法之间切换的快捷键是【Ctrl+Shift】，每按一次，切换一种输入法，反复按【Ctrl+Shift】组合键，可以在安装的输入法之间循环切换。

2.5.5　设备管理

1．驱动程序

驱动程序是设备驱动程序（Device Driver）的简称，是一个可以使计算机系统和硬件设备进行通信的特殊程序，相当于硬件和操作系统的接口，操作系统只有通过这个接口，才能控制硬件设备工作。

一般当系统安装完毕后，首先安装的就是硬件设备的驱动程序，包括主板、显示卡、声卡、打印机、扫描仪等设备的驱动程序，如果驱动程序安装不正确，设备将无法正常工作。有一些设备，如硬盘、光驱、显示器等常用设备不需要单独安装驱动程序，系统在安装过程中已完成了该类设备驱动程序的安装。

不同版本的操作系统对硬件设备的支持也是不同的，一般情况下，操作系统的版本越高，其所支持的硬件设备也越多，需要手动安装硬件的驱动程序也就越少。

2．即插即用设备的安装

即插即用设备（Plug and Play，PnP）是一个用于自动处理计算机硬件设备安装的工业标准。即插即用设备连接到计算机上，不需要用户进行任何操作，系统检测到设备后，会自动查找并安装设备驱动程序，安装完成后即可正常使用。例如，U 盘是一种即插即用设备，将 U 盘插入 USB 接口后，系统自动安装完驱动就可以直接使用了。

3．其他设备驱动程序的安装

系统安装完成后，对于一些无法正常工作的硬件需要更新或手动安装驱动程序，驱动程序的更新详见下文"设备管理器"中"更新硬件驱动程序"部分。手动安装硬件驱动程序的方法和安装软件的方法相似,直接运行安装程序 setup.exe,按照提示一步步操作即可。

4．设备管理器

设备管理器提供计算机上所安装硬件的图形视图,可用于查看计算机中所安装的硬件配置的详细信息,安装和更新硬件设备的驱动程序,设置硬件设备的属性以及解决硬件存在的问题。

（1）打开设备管理器

打开设备管理器的方法有多种,通过控制面板打开设备管理器的方法:在"控制面板"窗口中,选择"硬件和声音"→"设备和打印机"中的"设备管理器"命令,弹出"设备管理器"窗口如图 2-50 所示。

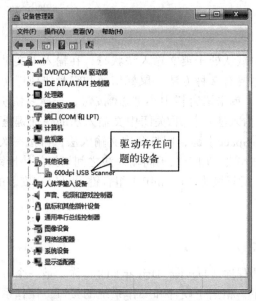

图 2-50 "设备管理器"窗口

（2）查看设备属性

设备管理器窗口可以查看系统中所安装的硬件配置的详细信息,包括硬件的工作状态、使用的驱动程序以及其他信息等。打开设备管理器后,可以在"其他设备"中发现不能正常工作的设备,如图 2-50 所示,其他设备中 600dpi USB Scanner 前的小图标带有一个黄色背景的叹号,表示该设备的驱动程序没有正确安装,设备处于非正常工作状态。

正常工作的设备,查看硬件配置详细信息的方法:"设备管理器"窗口默认是按类型排序设备的,通过"查看"菜单可以修改排序的类型;单击某一类型前的展开按钮,显示出该类型下所包含的所有设备,如图 2-50 所示,DVD/CD-ROM 驱动器类型下包含有一个设备 MATSHITA DVD-RAM SW840 SCSI CdRom Device 即 DVD 光驱;在该选项上双击或右击,在弹出的快捷菜单中选择"属性"命令,弹出设备的属性窗口,通过属性窗口可获得设备的详细配置信息。不同类型设备的属性窗口所包含的内容是不同的。

（3）更新设备驱动程序

驱动程序未能正常安装或安装的驱动程序不是最新的版本,可通过更新驱动程序解决以上问题。操作方法：在"设备管理器"窗口中，双击要更新或更改的设备类型，右击所需的设备，在弹出的快捷菜单中选择"更新驱动程序软件"命令，弹出"更新驱动程序"对话框。如果最新驱动已经下载到本地或有最新驱动的安装光盘，选择"浏览计算机以查找驱动程序软件"选项；否则选择"自动搜索更新的驱动程序软件"选项，让系统通过网络去相关网站查找设备的驱动程序，然后按照"更新驱动程序软件"向导中的说明完成操作。

5．外围设备管理的新方式

使用"设备管理器"对各种硬件设备进行管理，需要用户有一定的计算机硬件知识和设备维护经验，对用户的要求较高。而对于普通用户，通常只涉及对外围设备的管理，因此，Windows 7中新增了适合普通用户设备管理需求的"设备和打印机"功能，用户可以非常直观地了解当前与计算机连接的外围设备，并可以轻松地对这些设备进行管理。

选择"开始"菜单右侧窗格中"设备和打印机"命令即可打开图 2-51 所示的"设备和打印机"窗口，与计算机连接的设备在窗口中以设备的形象外观呈现，如显示器、鼠标、键盘、U 盘等。用户通过设备的外观可以非常轻松地定位设备，双击该设备图标，弹出设备属性窗口，可查看设备的详细信息以及更新设备驱动程序等。右击设备图标，在弹出的快捷菜单中选择设备的具体操作，如在显示器图标上右击，在弹出的快捷菜单中选择"显示设置"，可以修改显示器的分辨率等。

图 2-51 "设备和打印机"窗口

2.5.6 用户账户的管理

Windows 7 操作系统属于多用户操作系统，系统中可以设置多个用户账户，不同的账户类型拥有不同的权限，他们之间相互独立，从而达到多人使用同一台计算机而不相互影响的目的。

1．创建新账户

创建新账户的具体操作步骤如下：

① 通过"开始"菜单打开"控制面板"窗口，选择"用户账户和家庭安全"中的"添加或删除用户账户"选项，打开"管理账户"窗口，如图 2-52 所示。

② 选择"管理账户"窗口中的"创建一个新账户"命令，弹出图 2-53 所示"创建新账户"窗口。

图 2-52 "管理账户"窗口　　　　　　　图 2-53 "创建新账户"窗口

③ 在"新账户名"文本框中输入新账户的名字，如 student。

④ 用户类型选择"标准用户"或"管理员"，此处选中"标准用户"单选按钮。

⑤ 单击"创建账户"按钮，创建一个用户名为 student 的标准用户。

2．更改账户类型

在 Windows 7 操作系统中，用户账户有 3 种类型，分别为标准账户、管理员账户和来宾账户，每种类型的账户具有不同的权限。

① 标准账户：用户可以使用计算机的大多数功能，可以使用系统中安装的大多数软件以及更改不影响其他用户或计算机安全的系统设置等；用户不能安装或卸载某些软件和硬件，无法删除计算机工作所需的文件等。

② 管理员账户：这是最高级别的账户类型，具有计算机的完全访问权，可以做任何需要的更改。

③ 来宾账户：账户名为 Guest，主要针对需要临时使用计算机的用户。

更改账户类型的具体操作步骤如下：

① 打开"管理账户"窗口，操作步骤参见"创建新用户"中所述。

② 选择需要更改账户类型的用户，打开图 2-54 所示的"更改账户"窗口。

③ 选择"更改账户类型"选项，打开图 2-55 所示的"更改账户类型"窗口，可将 student 用户更改为"标准用户"类型或"管理员"用户类型。

④ 选择用户类型后，单击"更改账户类型"按钮，完成账户类型的修改。

在图 2-54 所示的"更改账户"窗口中，还可以修改账户的名称，创建账户密码、更改账户图片以及删除账户操作。

如果账户设置了密码，则"更改账户"窗口左侧的选项中没有"创建密码"选项，增加"更改密码"和"删除密码"2 个选项。

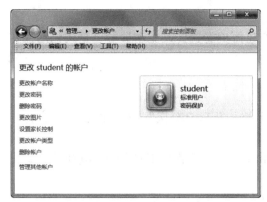

图 2-54 "更改账户"窗口

图 2-55 "更改账户类型"窗口

2.5.7 磁盘管理

磁盘管理是一种用于管理硬盘及其所包含的卷或分区的系统实用工具,包括磁盘分区和格式化工具、磁盘碎片整理程序和磁盘清理程序。

1. 磁盘分区和格式化工具

硬盘是计算机的主要外部存储器,用于存放系统文件和用户数据文件。随着硬盘技术的发展,硬盘的容量越来越大,为便于管理众多的文件,通常情况下,需要将硬盘分割成一块一块的区域,即硬盘分区。硬盘分区类型包括主分区和扩展分区两大类。主分区是指包含操作系统启动所必需的文件和数据的硬盘分区;扩展分区是指除主分区以外的分区,但它不能直接使用,必须进一步将其划分为逻辑分区才能使用。

硬盘分区后,还不能够直接使用,需要进行格式化操作。硬盘的格式化分为物理格式化(又称低级格式化)和逻辑格式化(又称高级格式化)2 种。低级格式化是指对磁盘的表面进行处理,包括划分磁道(Track)和扇区(Sector)等操作,通常在硬盘出厂时由硬盘的生产厂家完成;高级格式化是在磁盘上建立一个系统存储区域,包括引导记录区和文件分配表等,一般所说的格式化指的是高级格式化。高级格式化又包括普通格式化和快速格式化 2 种方式:普通格式化就是对磁盘分区进行包括重新创建引导记录区和文件分配表,清除磁盘分区中所有数据的操作过程;快速格式化是指在执行高级格式化时,只给选择的文件分区创建新的文件分配表,但不会完全覆盖或擦除分区上的数据,快速格式化的速度比普通格式化快很多。

文件系统是对文件存储设备的空间进行组织和分配,负责文件存储并对存入的文件进行保护和检索的系统。对于 Windows 操作系统,目前常见的文件系统包括 FAT 和 NTFS。FAT(File Allocation Table,文件分配表)是由微软公司发明并拥有部分专利的文件系统,包括 FAT12、FAT16 和 FAT32,不同的 FAT 文件系统都有一定的局限性,FAT32 是 FAT 系列文件系统的最后一个产品,其限制了单个文件不能大于 4 GB,而对于小于 512 MB 的分区 FAT32 系统也不能发生作用等,目前移动存储的 U 盘多采用的是 FAT32 系统。NTFS(New Technology File System)文件系统是在 FAT 文件系统后推出的一个基于安全性的文件系统,是 Windows NT 所采用的独特的文件系统结构,是建立在保护文件和目录数据基础上,同时兼顾节省存储资源,减少磁盘占用量的一种先进的文件系统,目前的磁盘分区多采用该文件系统。

利用磁盘管理程序对硬盘进行删除分区、新建简单卷、修改驱动器号、格式化的操作方法如下：

（1）打开"磁盘管理程序"

有以下3种方法：

① 在"开始"菜单的搜索框中输入"创建并格式化磁盘分区"，按【Enter】键，打开图2-56所示的"磁盘管理"窗口。

② 选择"开始"→"控制面板"→"系统和安全"→"管理工具"→"创建并格式化磁盘分区"命令，弹出如图2-56所示的"磁盘管理"窗口。

③ 在桌面"计算机"图标上右击，在弹出的快捷菜单中的选择"管理"命令，弹出"计算机管理"窗口，在左侧的窗格中选择"存储"下的"磁盘管理"选项，在"计算机管理"窗口的中间窗格显示"磁盘管理"界面，如图2-57所示。

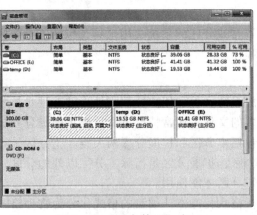 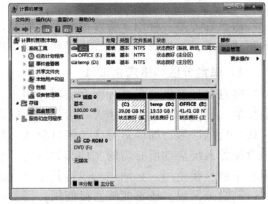

图2-56 "磁盘管理"窗口　　　　　　图2-57 "计算机管理"窗口

（2）删除Office（E:）分区

在Office（E:）上右击，在弹出的快捷菜单中选择"删除卷"，在"删除简单卷"的确认对话框中单击"是"按钮，删除后如图2-58所示，原E:分区所在磁盘分区变为未分配状态。

（3）新建分区

在磁盘0的未分配空间上右击，在弹出的快捷菜单中选择"新建简单卷"命令，弹出"新建简单卷向导"对话框，单击"下一步"按钮，如图2-59所示，设置"简单卷大小"为"20000"，表示创建一个分区大小为20 000 MB的磁盘分区，单击"下一步"按钮；如图2-60所示，指定驱动器号，此处选择默认设置，单击"下一步"按钮；如图2-61所示，选择是否对新建的分区进行格式化操作，此处选择默认设置，单击"下一步"按钮，完成新建一个空间大小为20 000 MB的新分区，驱动器号为E:。

（4）第4个分区

按照（3）的步骤可以将剩余的未分配空间分成第4个分区。

（5）修改驱动器号

在"CD-ROM 0 DVD（F:）"上右击，在弹出的快捷菜单中选择"更改驱动器号和路径"命令，在弹出的"更改驱动器号和路径"对话框中，单击"确定"按钮，如图2-62

所示，将"分配以下驱动器号"下拉列表框设置为 H，单击"确定"按钮，将光驱的驱动器号修改为"H:"。用相同的方法设置磁盘 0 的第 4 个分区的驱动器号为"F:"。

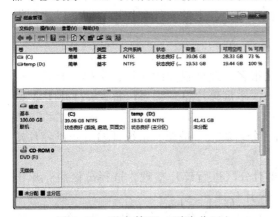

图 2-58　磁盘管理（删除分区）

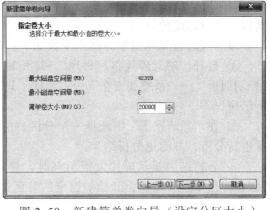

图 2-59　新建简单卷向导（设定分区大小）

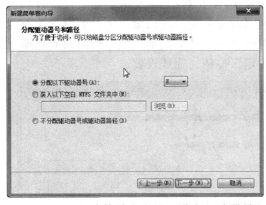

图 2-60　新建简单卷向导（设定驱动器号）

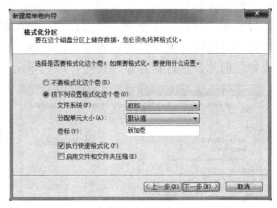

图 2-61　新建简单卷向导（格式化分区）

（6）格式化分区

若要格式化 F:分区，在该分区上右击，在弹出的快捷菜单中选择"格式化"命令，弹出图 2-63 所示的"格式化 F:"对话框。根据对该分区用途的规划，给分区起一个名字，即卷标，最后单击"确定"按钮，执行格式化操作。

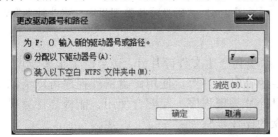

图 2-62　"更改驱动器号和路径"对话框

图 2-63　"格式化 F:"对话框

2．磁盘碎片整理程序

计算机自系统安装完后，在正常使用的过程中，会对磁盘进行大量的读写操作，如文件的删除、复制、移动，应用程序的安装与卸载，浏览网页时产生大量的缓存文件等，频繁的读写操作势必会在磁盘中产生很多文件碎片，即文件在磁盘中不是连续存储的，而是被分散在不连续的区域。当系统中的文件碎片很多时，硬盘存取文件的速度将变慢，系统性能将下降。使用"磁盘碎片整理程序"可重新整理硬盘上的文件和使用空间，以达到提高程序运行速度的目的。

对磁盘进行碎片整理的操作步骤如下：

① 打开"磁盘碎片整理程序"，打开的方法很多，此处仅介绍一种：选择"开始"→"控制面板"→"系统和安全"→"管理工具"→"磁盘碎片整理程序"命令，打开图 2-64 所示窗口。

② 在"当前状态"中选择一个分区，单击"分析磁盘"按钮，系统开始对磁盘碎片情况进行分析，并给出分析结果。

③ 分析结果显示碎片大于 10% 时，就需要对分区进行碎片整理，选择分区后，单击"磁盘碎片整理"按钮，开始对选定的分区进行碎片整理。

④ 也可以通过设定配置计划，让系统定期自动整理碎片。操作步骤：单击图 2-64 中的"配置计划"按钮，弹出图 2-65 所示窗口。"频率"可以设置为每天、每周或每月；若设置为每天进行碎片整理，只需设置整理的时间以及需要整理的磁盘分区；若设置为每周或每月进行碎片整理，除设置整理的时间和磁盘分区外，还需指定日期，即每周的星期几或每月的几日执行碎片整理程序，最后单击"确定"按钮，完成设置。

图 2-64 "磁盘碎片整理程序"窗口　　图 2-65 "磁盘碎片整理程序：修改计划"窗口

3. 磁盘清理程序

Windows 操作系统使用一段时间后，除了会产生文件碎片外，还会产生很多垃圾文件，如回收站中的文件，安装应用程序时产生的临时文件等。使用磁盘清理程序可以清除磁盘上的垃圾文件，释放磁盘空间。它和磁盘碎片整理程序一起配合使用，能提高计算机系统的运行速度。使用磁盘清理程序清理磁盘的操作步骤如：

① 打开"开始"菜单，在搜索框中输入"磁盘"，选择搜索结果列表中的"磁盘清理"命令，打开"磁盘清理：驱动器选择"对话框，如图 2-66 所示。

② 选择需要清理的磁盘分区，例如 C 盘，单击"确定"按钮，弹出图 2-67 所示对话框。

③ 在"要删除的文件"列表框中选择需要删除的文件，如已下载的程序文件、Internet

临时文件、回收站、临时文件等，单击"确定"按钮，在弹出的确认删除对话框中，单击"删除文件"按钮，完成磁盘的清理。

图 2-66 "磁盘清理：驱动器选择"对话框　　图 2-67 "（C:）的磁盘清理"对话框

2.5.8　任务管理器

任务管理器是 Windows 操作系统提供的，用来显示计算机中 CPU、内存、网络等使用情况信息以及运行着的程序、进程和服务等信息，并可以对程序、进程和服务进行管理的系统程序。

1．打开任务管理器

打开任务管理器，常用以下 3 种方法：

① 右击任务栏的空白区域，然后在弹出的快捷菜单中选择"任务管理器"命令。

② 按【Ctrl+Alt+Delete】组合键，在安全桌面上单击"启动任务管理器"按钮。

③ 在"开始"菜单的搜索框中输入"taskmgr"或"任务管理"，按【Enter】键。

"任务管理器"窗口如图 2-68 所示，由应用程序、进程、服务、性能、联网和用户 6 个选项卡构成。

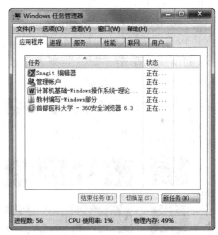

图 2-68 "任务管理器"窗口

2．"应用程序"选项卡

"应用程序"选项卡中显示所有当前正在运行的应用程序，但只显示当前已打开窗口的应用程序，而如 QQ 等最小化到通知区域的应用程序未在"应用程序"选项卡中显示。

"应用程序"选项卡可以用来新建任务或结束正在运行的程序，但在系统正常运行时，几乎不使用它来新建或结束任务。当系统出现问题时，如 Word 应用程序不再响应用户的操作请求，此时在"应用程序"选项卡中，对应 Word 应用程序的状态显示"未响应"，用户选择 Word 应用程序，然后单击"结束任务"按钮，结束未响应的应用程序。

3."进程"选项卡

进程是应用程序的映射，计算机中运行的应用程序都有相应的进程与其对应。在"任务管理器"窗口中，单击"进程"标签可切换到"进程"选项卡。默认情况下，"进程"选项卡中显示的是当前用户正在运行的进程信息，包括进程的映像名称，运行该进程的用户名，进程使用 CPU 以及占用内存的情况等。

"进程"选项卡的作用与"应用程序"选项卡类似，如果系统运行很慢，用户可以切换到"进程"选项卡，单击"CPU"标签按钮，让所有进程按照 CPU 的占用率排序，找出使用 CPU 较多的进程；再单击"内存"标签按钮，按照内存的占用情况排序，找出占用内存较大的进程，通过结束占用资源多的进程的方式，观察计算机的性能是否得到改善，从而找出系统变慢可能存在的问题。

熟悉了常用的系统进程以及用户使用应用程序的进程，用户还可以通过"进程"选项卡查看是否存在不明来源的进程在运行，以保证系统的安全性。

4."服务"选项卡

"服务"选项卡中显示系统当前已经运行的各种服务，用户可以在"服务"选项上右击，在弹出的快捷菜单中选择启动或停止该服务，还可选择"转到进程"选项，以查看该服务所对应的进程。单击选项卡右下角的"服务"按钮，可以打开"服务"窗口，对服务进行更详细的设置。

5."性能"选项卡

如图 2-69 所示，从"性能"选项卡中可以查看计算机系统资源的详细信息。其中"CPU使用率"显示的是当前系统使用 CPU 的总体情况；"CPU 使用记录"则反映出每个 CPU内核的使用情况，小窗口的数目反映出该 CPU 包含的核心数；"内存"、"物理内存"以及"物理内存使用记录"等综合反映出计算机中物理内存的总数以及目前使用内存，剩余空闲内存的情况。单击"资源监视器"按钮后，弹出"资源监视器"窗口如图 2-70 所示，能够显示 CPU、内存、硬盘、网络的详细统计信息。

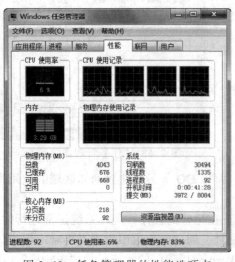

图 2-69　任务管理器的性能选项卡

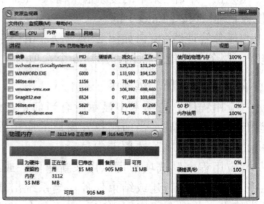

图 2-70　"资源监视器"窗口

6．"联网"选项卡

"联网"选项卡显示了系统中网络适配器的使用情况以及网络的连接状态，并以直观的折线图的方式显示实时网络速率情况。

7．"用户"选项卡

"用户"选项卡列出当前计算机中所有已登录用户的名称列表、标识、状态、客户端名和会话类型。如果有多个用户登录了系统，系统管理员账户可以在其他已登录系统的用户名上右击，在弹出的快捷菜单中选择"断开"或"注销"命令，实现对已登录用户的管理和控制。

2.6 附件中的常用程序

2.6.1 记事本和写字板

记事本和写字板是 Windows 操作系统中自带的文本编辑软件。

记事本是一个基本的文本编辑软件，主要用于文本的编辑操作，格式设置也仅限于字体、字形、字号等简单格式，由于其功能单一，在处理文本时简单、快捷，常用于查看和编辑文本文件。写字板的功能比记事本功能强大，能够创建和编辑包含复杂格式或图形的文件。

记事本和写字板的打开方法：依次选择"开始"→"所有程序"→"附件"→"记事本（或写字板）"命令，打开图 2-71 所示的记事本窗口和写字板窗口。

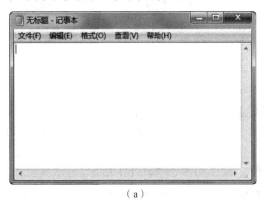
（a）

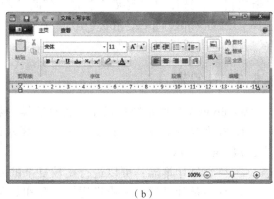
（b）

图 2-71 "记事本"和"写字板"窗口

2.6.2 画图

画图是 Windows 自带的绘图软件，相对于专业的绘图软件来说功能比较简单，主要用于对图像的一些简单操作，如绘制简单的几何图形、给图形上色、添加文本、调整图像的大小、转换图像格式等。

画图软件的打开方法：依次选择"开始"→"所有程序"→"附件"→"画图"命令，打开图 2-72 所示的画图窗口。

【例 2-7】 将"D:\照片.bmp"文件缩小为原大小的一半后，以"照片.jpg"格式存储在桌面上。

【解】具体操作步骤如下：

① 依次选择"开始"→"所有程序"→"附件"→"画图"命令，打开画图软件。

② 单击"画图"按钮 ，选择"打开"命令，在"打开"对话框中，选择"导航窗格"中的"计算机"→"本地磁盘(D:)"，双击"照片.bmp"图标。

③ 选择工具栏中的"图像"→"重新调整大小"命令，弹出"调整大小和扭曲"对话框，如图 2-73 所示，在"重新调整大小"中，选中"保持纵横比"复选框，修改"水平"值，由 100 改为 50，单击"确定"按钮。

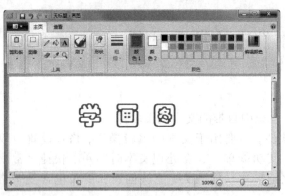

图 2-72　画图窗口　　　　　　　　图 2-73　"调整大小和扭曲"对话框

④ 单击"画图"按钮 ，选择"另存为"命令，打开"另存为"对话框。在右侧导航窗格中，选择"收藏夹"中的"桌面"命令，单击"保存类型"右侧的下三角按钮，选择"JPEG(*.jpg;*.jpeg;*.jpe;*.jfif)"选项，在"文件名"文本框中输入"照片"，单击"保存"按钮，完成操作。

2.6.3　计算器

Windows 7 操作系统提供了 4 种计算器，各计算器及其功能说明如下：

① 标准型计算器：可以进行简单的算术运算，并且可以将结果保存在剪贴板中，如图 2-74（a）所示。

② 科学型计算器：可以进行比较复杂的函数运算，如图 2-74（b）所示。

③ 程序员计算器：可提供逻辑运算和数制转换，如图 2-74（c）所示。

④ 统计信息计算器：可进行统计运算，如图 2-74（d）所示。

【例 2-8】　利用计算器完成以下数据的计算：

① 利用科学计算器计算 $6!+3^5$ 的值。

② 利用程序员计算器将 1998 分别转换为二进制数和十六进制数。

③ 利用统计信息计算器计算 11、12、13、14、15 这 5 个数的和、平均值和标准差。

④ 计算 2015 年 6 月 1 日到 2015 年 10 月 3 日之间包含多少天。

【解】操作步骤如下：

① 打开计算器有 2 种常用方法：

a. 依次选择"开始"→"所有程序"→"附件"→"计算器"命令。

b. 单击"开始"按钮，在"开始"菜单的搜索框中输入 calc.exe，并按【Enter】键或用鼠标选择找到的 calc 选项。

 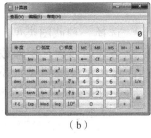  

（a） （b） （c） （d）

图 2-74　计算器窗口

② 选择"查看"菜单中的"科学型"命令，打开图 2-74（b）所示科学型计算器窗口，单击按钮 6 ，输入数字 6，然后单击按钮 nl ，计算出 6!，结果为 720；依次单击按钮 + → 3 → x² → 5 → = ，得到计算结果为 963。

③ 选择"查看"菜单中的"程序员"，打开图 2-74（c）所示程序员计算器窗口，依次单击按钮 1 → 9 → 9 → 8 ，输入 1998，选中左侧的"二进制"单选按钮，完成二进制的转换，结果为 11111001110；再选中"十六进制"单选按钮，完成十六进制的转换，结果为 7CE。

④ 选择"查看"菜单中"统计信息"命令，打开图 2-74（d）所示统计信息计算器窗口，依次单击按钮 1 → 1 ，输入 11，然后单击 Add ，将输入的数字添加到统计框中；按照同样的方法分别输入 12，13，14，15，完成数据的输入。单击求和按钮 Σx ，求出 5 个数的总和；单击求平均按钮 x̄ ，求出 5 个数的平均值；单击求标准差按钮 σₙ ，求出 5 个数的标准差。

⑤ 选择"查看"菜单中"日期计算"命令，打开图 2-75 所示日期计算窗口，按图 2-75 中所示，在第一个日期框中，选择年，然后输入 2015；选择月，输入 6；最后选择日，输入 1，完成开始日期的输入，也可单击日期框右侧的下三角按钮 ▾ ，选择日期为 2015 年 6 月 1 日。按照同样的方式在第二个日期框中输入 2015 年 10 月 3 日。单击"计算"按钮，完成两个日期差的计算。

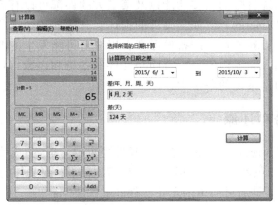

图 2-75　日期计算窗口

2.6.4 截图工具

截图是指获得屏幕上显示的部分或全部信息的过程。利用 Windows 7 操作系统自带的截图工具截取图像的操作步骤如下：

① 依次选择"开始"→"所有程序"→"附件"→"截图工具"命令，打开"截图工具"窗口，如图 2-76 所示。

② 单击"新建"按钮旁的下三角按钮 ▾，选择一种截图类型。共包括 4 种截图类型，分别为：任意格式截图，可围绕对象绘制任意格式的形状；矩形截图，在对象的周围产生一个矩形区域；窗口截图，截取一个窗口的图像；全屏幕图像，捕获整个屏幕。

③ 捕获截图后，在"标记"窗口中显示截取图像的内容，如图 2-77 所示。

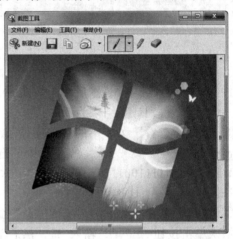

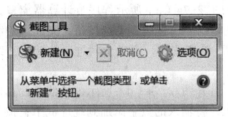

图 2-76 "截图工具"窗口	图 2-77 "标记"窗口显示截图图像

④ 在"标记"窗口中可以对捕获的内容利用笔、荧光笔进行书写或绘图。

⑤ 在"标记"窗口中单击"保存截图"按钮，弹出"另存为"对话框，按提示选择保存的位置、保存类型以及文件名，单击"保存"按钮，完成图像的保存操作。

2.7 备份和还原

Windows 7 操作系统自带的很多功能以及第三方软件都可以有效保护系统和数据的安全，但这些措施都不是万能的，例如，硬件的损坏会直接导致数据的丢失。因此，在日常使用计算机的过程中，应养成良好的备份习惯，以应对可能发生的各种突发事件。

备份和还原包括两方面的内容：一方面是文件的备份和还原，包括用户的数据文件、应用程序等；另一方面是系统的备份和还原。

2.7.1 文件的备份和还原

相对于系统的备份和还原，文件的备份和还原更重要。毕竟，系统出现了问题，还可使用系统安装盘重新安装，虽然较麻烦，但依然可以解决问题。而文件的备份和还原就不同了，一旦文件丢失或损坏，不是通过简单的重建文件能够解决问题的。例如，最近几年的数码照片，一旦丢失是无法再回到以前重新拍摄的。因此，必须从思想上重视文件的备份。

为保证能够高效地实现重要文件的备份，首先应养成良好的文件管理的习惯，即在日常使用计算机的过程中，文件的保存不能杂乱无章，随心所欲地任意存放，最好是把文件按类型或按照实际需要存放，如按图像、视频、文档、安装程序、临时文件等分类存放，也可按照个人、工作、学习等不同的环境存放。要熟练掌握 Windows 7 操作系统中新增的"库"的使用，可以将分散在不同位置的文件或文件夹进行统一的管理，更有利于文件的备份。

要重视文件的备份，不要简单地把文件的备份理解为创建文件的副本。通常意义下的备份文件就是将文件复制一份到另外的一个分区或是文件夹中，此种方法不需要使用额外的设备，操作简单。可一旦硬盘出现故障，备份文件连同原文件同时丢失，因此备份的数据最好同时备份在多种介质上。对于经常编辑的文件，每次编辑后都做一次复制操作将是非常烦琐的，因此可以让 Windows 定期帮你备份重要的系统文件。

1．创建文件备份

文件备份的正确操作步骤如下：

① 依次选择"开始"→"所有程序"→"维护"→"备份和还原"命令，打开"备份和还原"窗口。

② 在第一次备份时，首先单击"设置备份"按钮，弹出"设置备份——选择要保存备份的位置"对话框，在"保存备份的位置"列表中选择一个保存备份的位置，单击"下一步"按钮。建议备份的位置不要和需要备份的文件放在同一个磁盘上，可选择系统推荐的设置。

③ 在"设置备份——您希望备份哪些内容"对话框中，选中"让我选择"单选按钮，即由用户自主选择需要备份的内容，单击"下一步"按钮继续。

④ 在图 2-78 所示的对话框中选择具体需要备份的文件夹，可以对系统的用户账户中库进行备份，也可以通过"计算机"指定具体需要备份的文件夹，单击"下一步"按钮。

⑤ 在图 2-79 所示的对话框中显示出备份的设置信息。如果希望系统定期进行备份操作，可以单击"更改计划"超链接，修改系统自动备份的时间和周期，如设置每周的周五15 点开始执行备份，单击"确定"按钮。

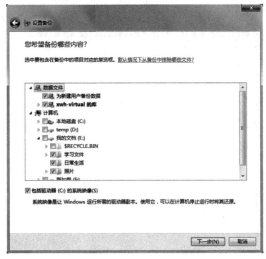

图 2-78　选择备份的内容

图 2-79　查看备份设置

⑥ 确认备份设置无误后，单击"保存设置并运行备份"按钮，完成备份的设置。Windows 7 操作系统首次备份会建立完整的数据档案，后续备份只会在上一次档案的基础上保存发生变化的部分，以减少占用的硬盘空间。如果按照计划进行自动备份不够灵活，也可以禁用自动备份，但前提是要有好的文件备份的习惯。

2. 还原文件或文件夹

当文件由于某种原因丢失或损坏时，就需要用备份的文件恢复，恢复文件的操作步骤如下：

① 依次选择"开始"→"所有程序"→"维护"→"备份和还原"命令，打开"备份和还原"窗口，如图 2-80 所示。在右侧窗格中，上半部分显示了备份的信息，下半部分用于文件或文件夹的还原。

② 单击"还原我的文件"按钮，弹出"还原文件"对话框，如图 2-81 所示。

图 2-80 "备份和还原"窗口

图 2-81 "还原文件"对话框

③ 单击右侧的"浏览文件"或"浏览文件夹"按钮，将需要还原的文件或文件夹添加到中间的内容窗格中，单击"下一步"按钮。

④ 在图 2-82 所示的界面中，设置文件被还原后的存放位置。如果希望用还原的文件替换原位置的同名文件，选择"在原始位置"选项；否则选择"在以下位置"选项，并指定文件还原后的存放位置。若选择了"将文件还原到它们的原始子文件夹"选项，那么被还原的文件将保持原始的树形结构。

⑤ 单击"还原"按钮，完成文件的还原。

2.7.2 系统的备份和还原

对于一台裸机，用户首先要做的是分区格

图 2-82 文件还原的位置

式化操作，然后安装操作系统和各种应用程序，对系统进行个性化设置等操作，安装一个功能相对齐全的操作系统的过程是一个漫长的过程。而在平时的使用过程中，又会由于一些不知名的原因造成系统瘫痪，系统的备份和还原功能节省了系统出现问题时重新安装操作系统的时间，使用户能够快速恢复到保存的正常状态。

1. 系统的备份

在 Windows 7 操作系统中，系统的备份包括 2 种方式：通过创建系统还原点将重要系统文件等备份以及创建整个系统或磁盘的完整的映像文件备份。利用系统还原点备份适合于小规模的还原，如安装第三方应用软件或更新、升级驱动程序等，一旦由于兼容性等出现问题时，可以恢复到安装以前的状态；完整的映像备份适合于大规模的还原，将整个系统恢复到创建映像文件时的状态，在创建映像以后安装的所有第三方应用软件、系统补丁等全都丢失。

（1）创建系统还原点备份系统

创建系统还原点备份系统的操作步骤如下：

① 依次选择"开始"→"控制面板"→"系统和安全"→"系统"命令或直接右击桌面"计算机"图标，在弹出的快捷菜单中选择"属性"命令，弹出"系统"窗口，选择左侧任务窗格中的"系统保护"选项，弹出"系统属性"对话框，如图 2-83 所示。

② 在"保护设置"中选择"本地磁盘（C:）（系统）"选项，单击"配置"按钮，弹出图 2-84 所示"系统保护本地磁盘（C:）"对话框。

图 2-83 "系统属性"对话框

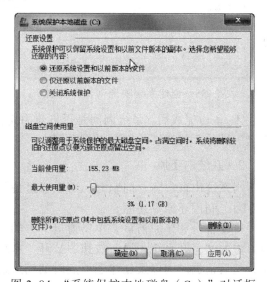

图 2-84 "系统保护本地磁盘（C:）"对话框

③ 在"还原设置"中选中"还原系统设置和以前版本的文件"单选按钮；设置用于保存还原点文件的磁盘空间的大小，此处设置为分区大小的 5%，单击"确定"按钮。

④ 单击"创建"按钮，在弹出的对话框中输入用于还原点说明的信息，再单击"创建"按钮完成还原点的创建。

⑤ 当系统安装了应用程序或安装没有经过认证的驱动程序时，系统会自动创建还原点。如果未发生上述的显著事件，则系统每周会自动创建一个还原点。所有还原点会一直保存，直到分配的用于存储还原文件的空间用完，系统会随着新还原点的创建，删除一些

旧的还原点。

（2）创建系统映像备份系统

系统映像是驱动器的精确副本，创建系统映像备份系统的操作步骤如下：

① 在"开始"菜单的搜索框中输入"备份与还原"，打开备份和还原窗口，选择左侧窗格中"创建系统映像"选项，打开"创建系统映像"窗口。

② 选择保存映像文件的位置，如图 2-85 所示，可以是硬盘、光盘或网络上的位置，此处选择硬盘的 F:分区，单击"下一步"按钮。

③ 在"将要备份下列驱动器"中选择需要备份的驱动器，如图 2-86 所示，通常应包含 Windows 运行所需要的驱动器，单击"下一步"按钮，确认设置没有问题，单击"开始备份"按钮，创建系统映像备份。

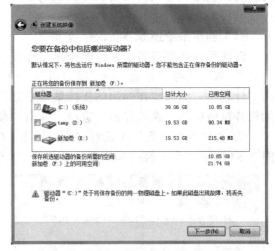

图 2-85　创建系统映像（保存位置）　　　　图 2-86　创建系统映像（备份分区）

④ 备份完成后，系统询问是否创建系统修复光盘，当系统出现问题后，可以通过修复光盘引导计算机启动并恢复操作系统。

2．系统的还原

当系统出现故障、问题时，可以通过备份文件还原到以前系统正常的状态。

（1）利用还原点还原

打开备份和还原窗口，单击窗口下方的"恢复系统设置或计算机"超链接，单击弹出窗口中的"打开系统还原"按钮，打开"系统还原"向导。根据提示，单击"下一步"按钮，然后根据时间以及创建还原点时的描述选择一个要恢复的还原点，单击"下一步"按钮，最后单击"完成"按钮，将系统恢复到指定还原点状态。

（2）利用映像文件还原

当系统出现问题，但还可以进入系统的情况下，可以使用创建的还原点进行系统还原。当硬盘或整个计算机无法工作时，则可以使用系统映像来还原计算机，具体操作步骤如下：

① 准备 Windows 7 操作系统的系统安装光盘，并设置启动顺序为从光驱启动，由光盘引导启动计算机。

② 出现图 2-87 所示界面时，选择左下角的"修复计算机"命令。

③ 在图 2-88 所示系统修复选项界面中，选中"使用以前创建的系统映像还原计算机"单选按钮，单击"下一步"按钮，系统自动检查所安装的操作系统以及映像文件，按照提示，用系统指定的映像文件或用户自己选择的映像文件对系统分区进行恢复操作。

恢复完成后重新启动计算机，系统被还原到创建映像文件时系统的状态。

图 2-87　系统安装、修复界面

图 2-88　系统修复选项

小　结

操作系统是软件系统的重要组成部分，是人机交互的桥梁和纽带。熟练地使用、管理和维护操作系统，保证操作系统的稳定运行，是用户正常使用计算机的前提和保障。

学习操作系统的使用可以分成 3 步：第一步，认识并熟悉操作系统的基本组成对象和基本操作，包括桌面、任务栏、"开始"菜单、快捷菜单、菜单栏、窗口、对话框、键盘和鼠标；第二步，掌握文件和文件夹的管理方法，包括创建、复制、移动、删除、重命名、更改文件属性、添加删除程序等；第三步，熟悉操作系统的管理和维护，包括控制面板的使用、用户账户的管理、设备管理、磁盘管理以及系统的备份与维护等，这是学习操作系统使用的提高阶段。

思　考　题

1. 安卓（Android）是否属于操作系统，能否安装到计算机中使用？

2.【Alt+Tab】、【Alt+Esc】、【Alt+Shift+Tab】、【Win+Tab】这 4 种快捷键都可用于切换窗口，它们之间有什么区别？

3. 比较"开始"菜单、窗口菜单、快捷菜单各自的作用、特点以及操作方法的异同。

4. 对话框窗口与应用程序窗口或文件夹窗口的主要区别是什么？

5. 文件复制或移动的基本操作过程是什么，有多少种方法可以实现文件的复制和移动？

6. 卸载应用程序是否就是直接删除应用程序？卸载应用程序的正确方式是什么？

7. 简述任务管理器的功能。

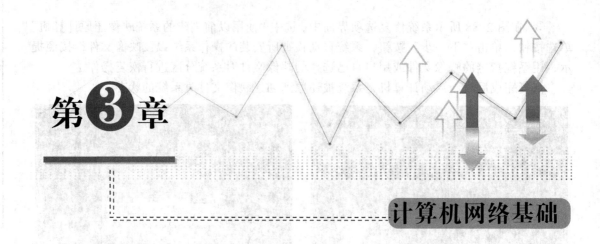

第**3**章

计算机网络基础

导读

　　本章共分为 5 小节：第 1、2 小节从计算机网络基础知识开始，介绍了计算机网络的功能、分类和组成；第 3、4 小节重点讲述了 Internet 的基础知识，并以此为基础介绍了目前常见的 Internet 服务与应用，包括 WWW 服务、电子邮件服务和 Web 信息检索；第 5 小节简单介绍了目前正在蓬勃发展的新技术——云计算和物联网。

内容结构图

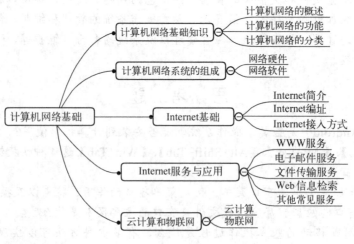

学习目标

● 掌握：基本的 Internet 服务与应用，包括 WWW 服务、电子邮件服务和 Web 信息检索。

● 熟悉：计算机网络的功能、分类和组成，Internet 编址。

● 了解：文件传输服务、云计算和物联网。

3.1　计算机网络基础知识

随着人类社会信息化进程的加快，信息种类和信息量的急剧增加，人们要求更加有效、正确和大量的传送信息，从而促使人们将简单的通信形式发展成网络形式。计算机网络使人们不受时间和地域的限制，实现资源共享，是一门涉及多种学科和领域的综合性技术。

3.1.1　计算机网络概述

计算机网络是指将分布在不同地理位置上的、具有独立功能的多个计算机系统，通过通信设备和通信线路相互连接起来，在网络软件的支持下实现信息交换和资源共享的计算机群体系统。

下面从 3 个方面对计算机网络的定义加以说明：首先，计算机网络是一个复合系统，是由多台具有独立功能的计算机互联组成的，独立功能是指这些计算机脱离了网络也能独立运行与工作；其次，这些计算机之间是互相连接的，计算机网络的连接介质是通信线路（如同轴电缆、双绞线、光纤、微波、卫星等）和通信设备（如网关、网桥、路由器等）；最后，计算机互联的目的是为了实现信息交换和资源共享，这也正是计算机网络的主要功能。

3.1.2　计算机网络的功能

计算机网络的功能主要体现在 3 个方面：信息交换、资源共享和分布式处理。

1．信息交换

数据通信是计算机网络最基本的功能，主要完成计算机网络中各个结点之间的系统通信。它用来快速传送计算机与终端、计算机与计算机之间的各种信息，包括文字信件、新闻消息、咨询信息、图片资料、报纸版面等。利用这一特点，可实现将分散在各个地区的单位或部门的计算机用网络联系起来，进行统一的调配、控制和管理。

2．资源共享

"资源"指的是网络中所有的软件、硬件和数据资源，如计算处理能力、大容量磁盘、高速打印机、绘图仪、通信线路、数据库、文件和其他计算机上的有关信息；"共享"指的是网络中的用户都能够部分或全部地使用这些资源。资源共享增强了网络上计算机的处理能力，提高了计算机软硬件的利用率。

3．分布式处理

当某台计算机负担过重时，或该计算机正在处理某项工作时，网络可将新任务转交给空闲的计算机来完成，这样处理能均衡各计算机的负载，提高处理问题的实时性；对大型综合性问题，可将问题各部分交给不同的计算机分头处理，充分利用网络资源，扩大计算机的处理能力。对解决复杂问题来讲，多台计算机联合使用并构成高性能的计算机体系，这种协同工作、并行处理要比单独购置高性能的大型计算机要便宜得多。

3.1.3　计算机网络的分类

1．按照网络覆盖的地理范围分类

由于网络覆盖的地理范围不同，所采取的传输技术也就不同，因此形成 3 种类型的网络，分类如下：

（1）局域网（Local Area Network，LAN）

局域网是指处于同一建筑内或方圆几公里地域内的专用网络，其覆盖的地理范围一般在 10 公里以内。由于传输距离短，故具有较高的传输速率且出错率低。目前在许多住宅小区中建设的宽带网，就是一种较大规模的局域网。校园网也属于局域网，实质上校园网是由若干个局域网连接构成的一个规模较大的局域网。

（2）城域网（Metropolitan Area Network，MAN）

城域网覆盖的地理范围一般为几公里到几十公里之间，一般覆盖一个城市及周边地区。

（3）广域网（Wide Area Network，WAN）

广域网是指远距离、大范围的计算机网络，其覆盖的地理范围通常为几十公里到几千公里，它的通信传输装置和媒体一般由电信部门提供。中国教育和科研网就是一个广域网。

2. 按照拓扑结构分类

拓扑学是几何学的一个分支，它将实体抽象成与其大小、形状无关的点，将连接实体的线路抽象成线。网络拓扑通过结点与通信线路之间的几何关系表示网络结构。计算机网络按照拓扑结构分类如下：

（1）星状网络

在星状网络中，结点与中心结点相连。中心结点控制网络的通信，任何两结点直接的通信都要经过中心结点，如图 3-1（a）所示。该结构简单，但是中心结点会成为网络的堵点。简单来理解，可以把结点看作计算机，中心结点看作集线器等中间连接设备。

（2）环状网络

在环状网络中，结点之间连接成闭合环路，如图 3-1（b）所示。该结构简单，网络延迟确定，但是任何结点出现问题，整个网络都会瘫痪。

（3）总线网络

在总线网络中，每个结点都共用一条通信线路，一个结点发送信息，该信息会通过总线传送到每一个结点上，属于广播方式的通信，如图 3-1（c）所示。每台计算机对收到信息的目的地址进行比较，当与本地地址相同时，则接收该信息；否则拒绝接收。优点：可靠性高、易于扩充；缺点：可容纳的站点数有限，多用于组建局域网。

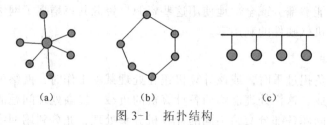

(a)　　　　　　　　(b)　　　　　　　　(c)

图 3-1　拓扑结构

3. 按照传输技术分类

传输技术决定了网络的主要技术，因此按照数据传输时通信信道的类型可将网络分为以下 2 种：

（1）广播式网络

在广播式网络中，所有主机共享一条信道，某主机发出的数据，其他主机都能收到。信道访问控制是要解决的关键问题。广播式网络主要用于局域网，不同的局域网技术可以说是不同的信道访问控制技术。

（2）点对点网络

点对点网络中的每两台主机、两个结点交换机之间或主机与结点交换机之间都存在一条物理信道，机器（包括主机和结点交换机）沿某信道发送的数据确定无疑的只有信道另一端的唯一一台机器收到。

3.2 计算机网络系统的组成

计算机网络系统由网络硬件和网络软件 2 部分组成。在网络系统中，网络硬件对网络性能起到决定性作用；而网络软件则是支持网络运行、提高效率和开发网络资源的工具。

3.2.1 网络硬件

网络硬件主要包括主体设备、传输介质和互联设备三大部分。

1．主体设备

（1）服务器

在局域网中，服务器可以将其 CPU、内存、磁盘、数据等资源提供给各个网络用户使用，并负责对这些资源进行管理，协调网络用户对这些资源的使用。因此要求服务器具有较高的性能，包括较快的数据处理速度、较大的内存，以及较大容量和较快访问速度的磁盘等。一般来说，服务器是指提供某种特定服务的计算机或是软件包。因此，服务器可能指某种特定的程序，例如 WWW 服务器，也可能指用于运行程序的计算机。

（2）工作站

工作站是各网络用户的工作场所，通常是一台微机。工作站通过网卡经传输介质与网络服务器相连，用户通过工作站就可以向局域网请求服务和访问共享资源。

（3）外设

外设主要是指网络上可供用户共享的外围设备，通常包括打印机、绘图仪、扫描仪等。

2．传输介质

传输介质用于连接网络中的各种设备，是数据在网络上传输的通路。通常用带宽来描述传输介质的传输容量，用数据传输速率（bit/s 每秒传输二进制位数）来衡量；在高速情况下，也可用 Mbit/s（兆位每秒）作为衡量单位。介质的容量越大，带宽就越宽，通信能力就越强，数据传输速率也越大。常用的传输介质可分为有线介质和无线介质。

（1）有线介质

常用的有线介质有双绞线、同轴电缆和光缆等，可传输模拟信号和数字信号。

① 双绞线：双绞线是最常用的一种传输介质。双绞线由 2 根、4 根或 8 根绝缘导线两两螺旋缠绕组成。双绞线的价格低于其他传输介质，并且安装、维护也非常方便。

② 同轴电缆：同轴电缆以硬铜线为芯，外包一层绝缘材料，这层绝缘材料又被一层密织的网状导体包裹构成接地导线，网状导体外又覆盖一层保护性材料。目前，同轴电缆大量被光纤取代，但仍广泛应用于有线电视和某些局域网中。

③ 光纤（光缆）：在当今网络系统中，特别是大型网络系统的主干或多媒体网络应用系统中，几乎都采用光纤，它是网络传输介质中性能最好、应用最广泛的一种。

（2）无线介质

常用的无线介质有无线电波、微波、红外线和激光等。它们大多用于传输数字信号。

3．互联设备

（1）网卡

网卡是计算机与局域网相互连接的接口卡，又称网络适配器，安装在计算机上。它一方面负责接收网络上传送过来的数据包，解包后，将数据通过计算机的主板上的总线传输给本地计算机；另一方面将本地计算机上的数据打包后传输到网络上。每一个网卡在出厂前都会有个全球唯一的地址用于标识该网卡，这个地址称为 MAC 地址，又称物理地址。

（2）集线器（Hub）

集线器是硬件设备，在集线器上有多个端口用来连接网络终端。近年来，由于交换机价格的下调，集线器在价格和性能上已经没有优势，基本上已经被市场淘汰。

（3）交换机（Switch）

虽然集线器和交换机都起到局域网的数据传输作用，但是两者有着根本的区别。传统集线器是将某个端口传送来的信号经过放大后传输到所有其他端口；而交换机则是根据数据包中的目标物理地址来选择目标端口。所以，在很大程度上交换机减少了冲突的发生。例如，一个 8 口的交换机理论上在同一时刻允许 4 对接口进行交换数据。

（4）路由器（Router）

路由器是一种连接多个不同网络或多段网络的网络设备，它是互联网络的枢纽。路由器也有多个端口，端口分为局域网（LAN）端口和广域网（WAN）端口。分别用于连接局域网和广域网。路由器的主要功能就是路由选择和数据交换，简言之，路由器就是在发送端和接收端找到一条合适的通路来发送数据包。

3.2.2　网络软件

网络软件是计算机网络系统中不可缺少的重要资源。根据网络软件在网络系统中所起的作用不同，可以分为以下几类：

1．协议软件

网络协议（Protocol）是网络设备之间进行互相通信的语言和规范。它可以保证数据传送与资源共享能顺利完成。1984 年发布了开放系统互连参考模型（OSI-RM，Open System Interconnect Reference Model），它是描述网络层次结构的模型，保证各种类型网络技术的兼容性、互操作性。OSI-RM 模型共有 7 层，分别为物理层、数据链路层、网络层、传输层、会话层、表示层、应用层。如图 3-2 所示。其中底下 4 层（物理层、数据链路层、网络层、传输层）主要定义数据如何通过物理介质和网络设备传输到目的主机；上面 3 层（会话层、表示层、应用层）主要处理用户接口、数据格式和应用程序的访问。

但 OSI-RM 只是一个参考模型，并未有实际成形的模型与之对应。在实际工作中，各计算机网络厂家都制订了网络传输协议，如 IBM 的 NetBIOS、Microsoft 的

OSI-RM 模型　　　　TCP/IP协议模型

图 3-2　OSI-RM 模型与 TCP/IP
协议模型的比较

NetBEUI 等。经过多年的市场竞争和实践考验，目前占主导地位的网络传输协议已为数不多，最著名的就是 Internet 采用的 TCP/IP 协议。OSI-RM 模型与 TCP/IP 协议模型各层的对应关系，如 图 3-2 所示。Internet 上就是使用的 TCP/IP 协议，完成了不同网络的互联。

2．网络操作系统

网络操作系统是控制和管理网络资源的操作系统。它与普通的操作系统不同，网络操作系统是在一般的操作系统之上添加了网络功能。常见的网络操作系统有 Windows Server 2003/2008/2012、Linux、NetWare 和各种 UNIX 系列（Solaris、AIX、HP Unix、Free BSD 等）。

微软公司的 Windows 操作系统不仅在个人操作系统中占有绝对优势，它在网络操作系统中也具有非常强的优势。Windows 类网络操作系统在整个局域网配置中是最常见的，但由于它对服务器的硬件要求较高，且稳定性能不是很高，所以微软的 Windows 类网络操作系统一般只用在中低档服务器中。在局域网中，工作站系统可以采用任意一个 Windows 或非 Windows 操作系统，包括个人操作系统，如 Windows 9x/ME/XP/Vista/7 等。

3．网络服务软件

网络服务软件是运行于特定的操作系统下，提供网络服务的软件。在 Windows Server 下，因特网信息服务器（Internet Information Server，IIS）可以提供 WWW 服务、FTP 服务和 SMTP 服务等。Apache 是在各种 Windows 和 UNIX 系统中使用频率很高的 WWW 服务软件。Serv-U FTP、FileZilla Server 等都是功能很强大的运行于 Windows 系列操作系统的 FTP 服务软件。

4．网络应用软件

网络应用软件是在网络环境下，直接面向用户的网络软件，是专门为某一个应用领域而开发的软件，能为用户提供一些实际的应用服务。它既可用于管理和维护网络本身，也可用于一个业务领域，如网络数据库管理、网络图书馆、远程网络教学、远程医疗和视频会议等。

3.3 Internet 基础

3.3.1 Internet 简介

Internet 把各种网络（计算机网，数据通信网，公用电话网等）连接起来，组成了世界上最大的互联网络。Internet 只是一个虚拟的网络，而不是某个具体的物理网络。

Internet 起源于 1969 年美国国防部高级计划研究局（ARPA）主持研制的实验性军用网络 ARPAnet（阿帕网），当时只连接了 4 所大学。1985 年，美国国家科学基金会投资兴建了 5 个超级计算机中心，并通过 TCP/IP 协议实现互连，成为今天 Internet 的基础。

中国从 1993 年开始，相继启动几个全国范围的计算机网络工程；1994 年 4 月，中国实现了与 Internet 全功能网络连接。到目前为止，中国的 Internet 已形成四大互联网骨干网。

① 中国教育和科研计算机网（CERNET），始建于 1994 年，是由教育部负责管理，清华大学等高等学校承担建设和管理运行的全国性学术计算机互联网络。CERNET 分 4 级管理，分别是全国网络中心、地区网络中心、省教育科研网、校园网。全国网络中心设在清

华大学，8 个地区网点分别设立在北京、上海、南京、西安、广州、武汉、成都和沈阳。

② 中国公用计算机互联网（ChinaNET），又称中国宽带互联网，是面向社会公开开放的、服务于社会公众的大规模的网络基础设施和信息资源的集合。它的基本建设就是要保证可靠的内联外通，即保证大范围的国内用户之间的高质量的互通，进而保证国内用户与国际 Internet 的高质量互通。

③ 中国科技网（CSTNET），前身是中国科学院于 1989 年 8 月建立的中关村教育与科研示范网络（NCFC）。1996 年 2 月，以 NCFC 为基础发展起来的中国科学院网（CASNET）更名为中国科技网（CSTNET）。中国科技网的网络中心还受国务院的委托，管理中国互联网信息中心（CNNIC），负责提供中国顶级域 CN 的注册服务。

④ 中国金桥信息网（ChinaGBN），又称国家公用经济信息通信网，是中国国民经济信息化的基础设施，是建立金桥工程的业务网，支持金关、金税、金卡等"金"字头工程的应用。金桥信息网的国内主干网将利用金桥的卫星通信设施，其城市间的通信带宽将根据通信量而分配。

其中，CSTNET 和 CERNET 主要为科研、教育提供非营利性 Internet 服务，而 ChinaNET 和 ChinaGBN 则对公众提供经营性 Internet 服务。

3.3.2 Internet 编址

接入 Internet 的主机之间要进行通信，除要遵循 TCP/IP 协议外，还必须有一个地址，这个地址是全球唯一的，用于标识与 Internet 连接的一台主机。Internet 上主机地址有 2 种表示形式：IP 地址和域名地址。

1. IP 地址

目前 TCP/IP 协议规定 IP 版本有 2 种：IPv4 和 IPv6，本书主要讲解 IPv4。

IP 地址采用分层结构，由网络地址和主机地址组成，用以标识特定的主机位置信息，其中网络地址标识所在网络，主机地址表示这个网络中的一台计算机。

TCP/IP 协议规定 IPv4 中 IP 地址的长度为 32 位二进制数。也可将其分为 4 字节，每字节用十进制数 0~255 之间的整数表示，字节之间用点号分隔，如 202.204.176.10。这种格式称为"点分十进制"地址，采用这种编址可使 Internet 容纳 40 亿台计算机。目前 IPv6 版本，IP 地址长度为 128 位二进制数，可以容纳更多的计算机。

根据网络规模的大小，IP 地址分为 5 类，表 3-1 所示为基本地址的 A、B、C 三类。

表 3-1　基本地址的 A、B、C 三类

A 类	0	网络地址（7 bit）		主机地址（24 bit）	
B 类	1	0	网络地址（14 bit）	主机地址（16 bit）	
C 类	1	1	0	网络地址（21 bit）	主机地址（8 bit）

① A 类地址第 1 字节的第 1 位为 0，后 7 位为网络地址，最后 3 字节为主机地址。这类地址往往分配给主机多的大型网络。每个该类网络可容纳 2^{24}=1 677 216 台主机。

② B 类地址第 1 字节的前 2 位为 10，后 6 位和第 2 字节的 8 位是网络地址，最后 2 字节为主机地址。这类地址适用于中型网络，每个该类网络可容纳 2^{16}=65 536 台主机。

③ C 类地址第 1 字节的前 3 位为 110，第 1 字节的后 5 位和第 2、3 字节是网络地址，最

后 1 字节为主机地址。这类地址适用于小型网络，每个该类网络只能容纳 2^8=256 台计算机。

IP 地址统一由网络信息中心 NIC（Network Information Center）进行分配。国际级的 NIC 中，INTERNIC 负责美国及其他地区；RIPENIC 负责欧洲地区；APNIC 负责亚太地区。中国 Internet 的主干网 ChinaNET 分配的 IP 地址为 32 个 C 类地址，范围是 202.96.0.0～202.96.31.255。中国互联网络信息中心负责中国境内的 IP 地址分配。

在设置 IP 地址时经常用到"子网掩码"的概念。子网掩码的长度与 IP 地址的长度相等。子网掩码的主要功能用于指定 IP 地址中前多少位（bit）是网络地址，后多少位是主机地址。也就是说，如果要判断 2 个 IP 地址是否在同一个网络时，只需要看其对应的子网掩码中的网络地址是否相同。

Internet 的每台计算机的 IP 地址可以通过网络管理员获取。如果网络管理设置了自动分配 IP 地址，则用户只需要将个人计算机的 IP 地址指定为"自动获取 IP 地址"即可。

2. 域名地址

域名地址就是字符化的 IP 地址。由于 IP 地址难以记忆和理解，为此 Internet 引入了一种字符型的主机命名机制，即域名系统（DNS）。

在网络管理系统中，域名地址不能直接使用，负责把域名地址翻译成对应的 IP 地址的系统称为域名系统。域名系统主要由域名空间的划分、域名管理和地址转换 3 部分组成。装有域名系统的主机称为域名服务器，一个域名服务器中包括整个域名系统的部分内容，用于供服务器自动翻译、查询、对照。域名系统分为多个域，每个域由自己的域名服务器进行管理。有了域名系统，凡域名空间中定义的域名地址都可以有效地"翻译"成 IP 地址；反之 IP 地址也可以"翻译"成域名地址，因此，用户可以等价地使用域名地址或 IP 地址。

Internet 主机域名采用层次结构，一个完整的域名地址最右边是最高层次的顶级域名；最左边是主机名；中间部分自右向左依次是各级子域名，子域名之间用圆点"."隔开。例如"www.tsinghua.edu.cn"，其中"cn"表示中国，"edu"表示教育机构，"tsinghua"表示清华大学，"www"表示名为"www"的主机。

3.3.3 Internet 接入方式

要使用 Internet 上的资源，用户必须使自己的计算机通过某种方式连接到 Internet 上。企业用户一般以局域网或广域网规模接入 Internet，其接入方式多采用专线入网；而个人用户一般采用宽带 ADSL 或者光纤宽带 FTTH 接入 Internet。目前，Internet 接入的方式主要有以下几种：

1. 宽带 ADSL

ADSL（Asymmetrical Digital Subscriber Loop）技术即非对称数字用户线路技术，是一种上、下行不对称的高速数据调制技术。理论上，ADSL 可在 5 km 的范围内，提供下行 6～8 Mbit/s、上行 1 Mbit/s 的上网速率。它是运行在原有普通电话线上的一种新的高速宽带技术，同时实现了电话通信与数据业务互不干扰的传递方式。ADSL 的特点是接入方便快捷，利用现有普通电话线即可完成宽带接入，上网、通话两不误。

2. 光纤宽带 FTTH

FTTH（Fiber To The Home）指一根光纤直接到家庭，以光纤替代传统铜线电缆作为传输媒介，将光纤线路与家庭光结点（又称光猫）相连接，为家庭用户提供互联网服务的接入方式。相对于传统 ADSL，FTTH 几乎不存在任何衰减，数据传输高效、稳定、损耗低、抗干扰性强、零掉包率，无论在光纤周围盘绕着多么复杂的强电，数据传输速率始终保持一致。2010 年，中国电信和中国联通均启动"光网城市"行动，分别在南方城市和北方城市实施"光进铜退"，使光纤入楼、入户成为现实。

3．有线宽带（Cable Modem）

有线宽带接入是借助有线电视网络，利用 Cable Modem 完成模拟信号与数字信号的相互转换，实现在有线电视网络上的 Internet 接入。随着有线电视的快速发展，其网络覆盖范围已经超过了电信网络，成为最大的网络。它无须拨号上网，不占用电话线，可提供随时在线的永久连接。但 Cable Modem 的频宽是共享的，当同时上网的用户人数较多时，速度将会降低。

4．局域网

局域网主要采用以太网技术，使用高速交换机作为中心结点。基本做到千兆到小区、百兆到居民大楼、十兆到用户。局域网接入设备很简单，用户只需一台计算机和一块网卡，但其速度稳定性却难以保证，由于是共享式带宽接入，当上网的用户人数较多时，每个用户所能获得的带宽将会有所下降。

5．宽带无线接入

宽带无线接入技术是目前非常流行的一种接入技术，代表了宽带接入技术一种新的发展趋势。宽带无线接入技术一般包含无线个人局域网（WPAN）、无线局域网（WLAN）、无线城域网（WMAN）、无线广域网（WWAN）四大类。WWAN 满足超出一个城市范围的信息交流和网际接入需求，其中 2G、3G 蜂窝移动通信系统在目前使用最多。2013 年 12 月 4 日下午，工业和信息化部向中国联通、中国电信、中国移动正式发放了第四代移动通信业务牌照（即 4G 牌照），这标志着中国电信产业正式进入了 4G 时代。

3.4　Internet 服务与应用

3.4.1　WWW 服务

WWW 服务即万维网（World Wide Web），简称 WWW 服务或 Web 服务，是目前应用最广的一种基本 Internet 应用，也是最受欢迎的 Internet 服务。

1．WWW 服务工作原理

通过 WWW 服务，用户可以访问超文本文件。WWW 服务的基本结构如图 3-3 所示。从图 3-3 中可以看出，要实现 WWW 服务，需要 WWW 服务器（Web 服务器）、WWW 浏览器（Web 浏览器）、协议和超文本文件。Web 浏览器向 Web 服务器发出请求，Web 服务器接收请求后，将结果返回给 Web 浏览器。

（1）超文本（Hypertext）

超文本是用超链接的方法，将各种不同空间的信息组织在一起的网状文本。超文本的格式有很多，目前最常用的是 HTML（Hyper Text Markup Language，超文本标记语言），用超文本标记语言编写的文件就是常说的网页。

图 3-3　WWW 服务的基本结构

（2）超文本传输协议（HTTP）

HTTP（Hyper Text Transport Protocol）即超文本传输协议，所有的 WWW 程序都必须遵循这个协议标准。它是用于从 WWW 服务器传输超文本到本地浏览器的传送协议。HTTPS（Hypertext Transfer Protocol over Secure Socket Layer），是以安全为目标的 HTTP 通道，是 HTTP 的安全版。HTTPS 连接经常被用于万维网上的交易支付和企业信息系统中敏感信息的传输。

（3）Web 服务器

Web 服务器是任何运行 Web 服务器软件或者指提供 WWW 服务的计算机，使用 HTTP（超文本传输协议）与客户机浏览器进行信息交流。最常用的 Web 服务器是 Apache 和 Microsoft 的 Internet 信息服务器（Internet Information Services，IIS）。

（4）Web 浏览器

Web 浏览器是 WWW 服务中的客户端，主要通过 HTTP 协议与 Web 服务器建立连接，并与之进行通信。它可以根据链接确定信息资源的位置，并将用户感兴趣的信息资源取回来，对 HTML 文件进行解释，然后将文字图像或者将多媒体信息还原出来。常见的浏览器有 IE 浏览器、Chrome 浏览器、Firefox 浏览器、UC 浏览器等。

2．URL

URL（Uniform Resource Locator）即统一资源定位器，用于标识 Internet 或者与 Internet 相连的主机上的任何可用的数据对象。URL 地址可以是本地磁盘，也可以是局域网上的某一台计算机，更多的是 Internet 上的站点。简单地说，URL 就是 Web 地址，俗称"网址"。

URL 由 5 部分组成：协议、主机名、端口号、路径及文件名。书写格式为"协议://主机名:端口号/路径/文件名"。

① 协议：它告诉浏览器如何处理将要打开的文件，最常用的是 HTTP 协议。

② 主机名：指存放资源的服务器的域名系统（DNS）主机名或 IP 地址。

③ 端口号：各种传输协议都有默认的端口号，如 http 的默认端口号为 80。如果输入时省略，则使用默认端口号。有时候出于安全或其他考虑，可以在服务器上对端口进行重新定义，即采用非标准端口号，此时 URL 中就不能省略端口号这一项。

④ 路径：由零或多个"/"符号隔开的字符串，一般用来表示主机上的一个目录或文件地址。

⑤ 文件名：它就是浏览网页的文件名称。有时候，URL 以斜杠"/"结尾，而没有给出文件名，在这种情况下，URL 引用路径中最后一个目录中的默认文件（通常对应于主页）常常被称为 index.html 或 default.htm。

字符串 http://www.ccmu.edu.cn/col/col6443/index.html 就是一个典型的 URL，表示使用

http 协议，域名为 www.ccmu.edu.cn，路径是服务器上主目录下的"col"子目录下的"col6443"目录，文件名是"index.html"。

3．浏览器的使用

在众多的浏览器中，由于 Internet Explorer（简称 IE）集成于 Windows 操作系统内，故有较大的客户群，因此本节以目前最新版本 IE 11 为例介绍浏览器的使用。

（1）IE 窗口简介

IE 窗口由地址栏、页面选项卡、命令按钮和浏览器主窗口组成，如图 3-4 所示。

图 3-4　IE 11 窗口

① 地址栏：地址栏中可输入要浏览的网页地址。

② 页面选项卡：浏览某个网页时，该网页的窗口以选项卡的形式排列在地址栏的右侧，单击某个选项卡就可以显示该选项卡对应的网页，单击当前选项卡右侧的"关闭选项卡"按钮可关闭当前网页。

③ 命令按钮：它包括主页 🏠，查看收藏夹、源和历史记录 ⭐，工具 ⚙ 等按钮，各按钮的功能如下：

a．主页：打开 IE 浏览器默认的起始主页。

b．查看收藏夹、源和历史记录：显示收藏夹内容，查看浏览网页的历史记录，如图 3-5 所示。

c．工具：选择"工具"快捷菜单的相关命令可以打印、保存网页，设置 Internet 选项等，如图 3-6 所示。

（2）保存网页信息

浏览网页时，可以保存整个网页的内容，也可保存其中的部分文本、图形等内容到本地计算机上。

① 保存网页部分信息。选择要保存的内容，右击，在弹出的快捷菜单中选择"复制"命令；然后打开相应的文字编辑软件，单击"粘贴"按钮即可。

图 3-5　查看收藏夹、源和历史记录　　　　　　　图 3-6　工具列表

② 保存网页中的图片。右击所需要保存的对象，在弹出的快捷菜单中，对普通图片选择"图片另存为"命令；对背景图片选择"背景另存为"命令，在弹出的对话框中指定目标文件的存放位置、文件名。

③ 保存整个网页内容。打开相应的网页，单击 IE 窗口右上侧的"工具"按钮🔲，在弹出的下拉菜单中选择"文件"→"另存为"命令，弹出"保存网页"对话框，如图 3-7 所示，用户可指定文件的存放位置、文件名和保存类型。

其中保存类型有以下几种：

a．网页，全部：对整个网页进行保存，包含页面结构、图片等，网页中的嵌入文件被保存在一个和网页同名的文件夹中。

b．网页，仅 html：仅保存当前显示的 html 文件，不保存图像、声音和其他文件。采用这种保存类型，在脱机浏览时无法显示图片等文件。

c．Web 档案，单个文件：网页中包含的图片、CSS 文件以及 html 文件全部放到一个MHT 文件里面，当计算机未联网时也能打开显示网页。

d．文本文件：仅将网页中文本保存到一个文本文件中。

（3）设置 Internet 选项

单击 IE 窗口右上侧的"工具"按钮🔲，在弹出的下拉菜单中选择"Internet 选项"命令，弹出"Internet 选项"对话框，在该对话框中可进行 IE 浏览器的基本设置如图 3-8 所示。

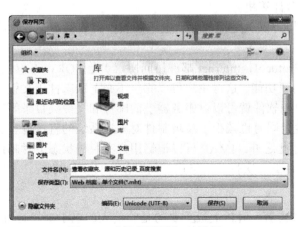

图 3-7　"保存网页"对话框　　　　　　　　图 3-8　"Internet 选项"对话框

3.4.2 电子邮件服务

电子邮件（E-mail）是指通过互联网进行书写、发送和接收信件。通过电子邮件系统，用户可以用非常低廉的价格，以非常快捷的方式，与世界上任何一个角落的网络用户交互信息。电子邮件的内容可以是文字、图像、声音等各种形式。

1. 电子邮件工作原理及协议

电子邮件的工作过程遵循客户/服务器模式。每份电子邮件的发送都要涉及发送方与接收方，发送方通过电子邮件客户端程序，将编辑好的电子邮件向 SMTP 服务器发送。SMTP 服务器识别接收者的地址，并向管理该地址的 POP3 服务器发送消息。POP3 服务器将消息存放在接收者的电子邮箱内，并告知接收者有新邮件到来。接收者通过电子邮件客户端程序连接到服务器后，就会看到服务器的通知，进而打开自己的电子邮箱来查收邮件。电子邮件服务器的工作流程如图 3-9 所示。

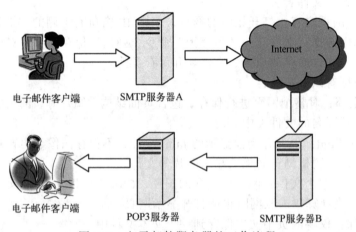

图 3-9 电子邮件服务器的工作流程

常见的电子邮件协议有以下几种：SMTP（简单邮件传输协议）、POP3（邮局协议）、IMAP（Internet 邮件访问协议）。这几种协议都是由 TCP/IP 协议簇定义的。

① SMTP（Simple Mail Transfer Protocol，简单邮件传输协议）主要负责底层的邮件系统如何将邮件从一台计算机传至另外一台计算机。

② POP3（Post Office Protocol，邮局协议）是把邮件从电子邮箱中传输到本地计算机的协议。

③ IMAP（Internet Message Access Protocol，Internet 邮件访问协议）是 POP3 的一种替代协议，它提供了邮件检索和邮件处理的新功能，这样用户可以完全不必下载邮件正文就可以看到邮件的标题摘要，从电子邮件客户端软件就可以对服务器上的邮件和文件夹目录等进行操作。IMAP 增强了电子邮件的灵活性，同时也减少了垃圾邮件对本地系统的直接危害，相对节省了用户察看电子邮件的时间。除此之外，IMAP 可以记忆用户在脱机状态下对邮件的操作（例如移动邮件、删除邮件等），在下一次打开网络连接的时候会自动执行。

2. 电子邮件地址格式

电子邮件地址由 2 部分组成：信封和内容。信封上最重要的是收信人的电子邮箱地址。

电子邮箱地址的格式是"用户账号@邮件服务器域名"。其中用户账号对于同一个电子邮件服务器来说必须是唯一的；"@"是分隔符；"邮件服务器域名"是电子邮箱所在主机的域名。例如在 zhangsan@sina.com.cn 中，用户账号为 zhangsan，电子邮箱所在主机的域名为 sina.com.cn。

3.4.3 文件传输服务

文件传输是指通过 Internet 将文件从一台计算机传送到另一台计算机。不管这两台计算机相距多么遥远，不管它们是什么样的计算机，安装什么样的操作系统，也不管它们采用什么技术接入 Internet，文件传输服务都能够实现 Internet 上两站点之间复制文件，即文件传输。在电子邮件中添加附件可以传输文件，但是附件的大小都是有限制的，大的附件传输要通过文件传输协议来完成。

1. 文件传输协议（FTP）

Internet 是一个非常复杂的计算机环境，有 PC、工作站、MAC、大型机等，而这些计算机可能运行不同的操作系统，各种操作系统之间的文件交流需要建立一个统一的文件传输协议，这就是 FTP（File Transfer Protocol）。FTP 协议是 TCP/IP 协议簇中应用层的协议，它的任务是实现两台计算机之间文件的可靠传输，而传输过程与这两台计算机所处的位置、连接的方式以及是否使用相同的操作系统无关。

2. FTP 工作原理

与大多数 Internet 服务一样，FTP 也是一个客户端/服务器系统。用户通过一个支持 FTP 协议的客户端程序，通过网络连接到在远程主机上的 FTP 服务器程序。用户通过客户端程序向服务器程序发出命令，服务器程序执行用户所发出的命令，并将执行的结果返回到客户端。例如，用户发出一条命令，要求服务器向用户传送某一个文件的复制文件，服务器会响应这条命令，将指定文件送至用户的计算机上。客户端程序代表用户接收到这个文件，将其存放在用户目录中。FTP 工作原理如图 3-10 所示。

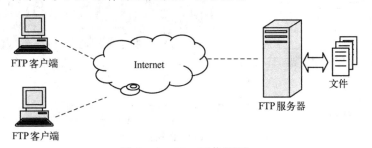

图 3-10　FTP 工作原理

3. 使用 FTP

在使用 FTP 服务时，用户经常会上传和下载文件。若将文件从自己计算机中复制至远程主机上，称为"上传（Upload）"文件；从远程主机复制文件至自己计算机上，称为"下载（Download）"文件。

用户使用 FTP 时必须先登录远程的 FTP 服务器，在取得相应的权限后方可进行上传或下载文件。权限是指 FTP 服务器允许客户端可以对其上的文件或目录进行何种操作，例如，只读、执行、写操作等。登录 FTP 服务器方式有 2 种：一种是需要用户名和密码；另一种是匿名登录，即用户在访问 FTP 服务器时无需提供用户名和密码。

匿名 FTP 机制下，用户可通过它连接到远程主机上，并从其下载文件，而无需成为其注册用户。系统管理员为匿名登录的用户建立了一个特殊的用户 ID，名为 anonymous。Internet 上的任何人在任何地方都可使用该用户 ID。用户在匿名登录 FTP 服务器时只需要提供用户标识 ID 为 anonymous，口令可以是任意的字符串即可。值得注意的是，并不是所有 FTP 服务器都提供匿名登录，只有在提供了匿名登录的 FTP 服务器上，客户端才可以用 anonymous 登录。

一般，当 FTP 服务器提供匿名 FTP 服务时，会指定某些目录向公众开放，允许匿名存取，系统中的其余目录则处于隐匿状态。作为一种安全措施，大多数匿名 FTP 主机都允许用户从其下载文件，而不允许用户向其上传文件。利用这种方式，远程主机的用户得到了保护，避免了有人上传有问题的文件，如带有病毒的文件。

大多数最新的网页浏览器和文件管理器都能和 FTP 服务器创建连接，例如 IE 浏览器，或 Chrome 浏览器，直接在地址栏中输入"ftp://FTP 服务器地址"，例如"ftp://ftp.gimp.org"，打开后就可以操控远程文件了，如同操控本地文件一样。但由于 IE 浏览器本身是为 HTTP 协议设计的，在应用 FTP 时常会发生断线或者无法访问等问题。因此通常使用专业的 FTP 客户端软件进行资源的访问和管理，常用的 FTP 客户端软件有 LeapFTP、CuteFTP、FlashFXP 等。

【例 3-1】 利用 FTP 客户端软件下载和上传文件。

【解】利用 CuteFTP 软件登录北京大学 FTP 服务器下载和上传文件。

① 启动 CuteFTP，其主界面如图 3-11 所示。

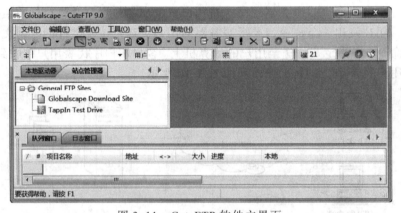

图 3-11　CuteFTP 软件主界面

② FTP 站点连接。在 FTP 服务器地址栏（主）后的文本框中输入要登录的 FTP 服务器的 URL（如 ftp.pku.edu.cn），并在用户名和密码栏中输入登录 FTP 服务器的用户名和密码，端口号一般为 21。这里 FTP 服务器支持匿名访问，则不需要输入用户名和密码。单击右侧的"连接（connect）"按钮 ，将连接到指定的 FTP 服务器。

连接成功后，会在右边的窗口中显示站点目录中的内容，还可以看到与远程主机连接的状态，如图 3-12 所示。

③ 文件的下载。在左窗口中（本地驱动器）指定下载文件存放的路径，例如 D:\。在

右窗口中选择下载的文件，例如/pub/Adobe 目录下的 AdbeRdr11000_zh_CN.exe 文件。完成了准备工作之后，就可以单击工具栏上的"下载"按钮 ，将选中的文件下载到本地驱动器指定的目录中，如图 3-13 所示。

图 3-12 FTP 站点连接成功界面

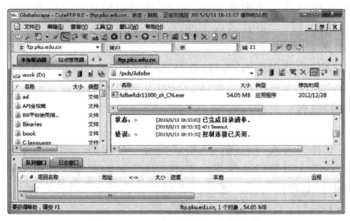

图 3-13 FTP 文件的下载界面

④ 文件的上传。文件的上传与文件的下载过程刚好相反，是把本地的文件传送到目标服务器上去。首先在左窗口（本地驱动器）中选取需要上传的文件，然后在 FTP 服务器（右窗口）中指定接收上传内容的目录，单击"上传"按钮 ，即可完成上传操作。文件上传一般需要写权限。

3.4.4　Web 信息检索

信息检索（Information Retrieval）是指从信息资源的集合中查找所需文献或查找所需文献中包含的信息内容的过程。目前，文本信息检索是发展最成熟的信息检索技术，而图像检索技术和多媒体检索技术仍需要发展和完善。

因特网上的信息浩瀚万千，而且毫无秩序，所有的信息像汪洋上的一个个小岛，网页链接是这些小岛之间纵横交错的桥梁，而搜索引擎，则为用户绘制了一幅一目了然的信息地图，供用户随时查阅。搜索引擎的工作原理（见图 3-14）大致可以分为 3 部分。

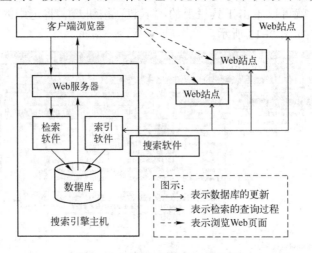

图 3-14　搜索引擎的工作原理

（1）搜集信息

搜索引擎的信息搜集基本都是自动的。搜索引擎派出一个能够在网上发现新网页并抓文件的程序，这个程序通常称为蜘蛛（Spider）。搜索引擎从已知的数据库出发，就像正常用户的浏览器一样访问这些网页并抓取文件存入数据库。

（2）整理信息

搜索引擎整理信息的过程称为"创建索引"。搜索引擎不仅要保存搜集起来的信息，还要将它们按照一定的规则进行编排。这样，搜索引擎根本不用重新翻查它所有保存的信息就能迅速找到所要的资料。

（3）接受查询

用户在搜索引擎界面输入关键词，单击"搜索"按钮后，搜索引擎程序即对输入的关键词进行处理，然后搜索引擎程序便开始工作，从索引数据库中找出所有包含所输入关键词的网页，并且根据排名算法计算出哪些网页应该排在前面，然后按照一定格式返回到"搜索"页面。

搜索引擎按其工作方式可分为 3 种：全文搜索引擎、目录搜索引擎和元搜索引擎。其中元搜索引擎应用较少，下面主要介绍全文搜索引擎和目录搜索引擎。

1．搜索引擎工作原理

（1）全文搜索引擎

全文搜索引擎是目前广泛应用的主流搜索引擎，它的工作原理是计算机索引程序通过扫描文章中的每一个词，对每一个词建立一个索引，指明该词在文章中出现的次数和位置，当用户查询时，检索程序就根据事先建立的索引进行查找，并将查找的结果反馈给用户的检索方式，如图 3-15 所示。这个过程类似于通过字典中的检索字表查字的过程。搜索引擎面临大量的用户检索需求（几十至几千点击/秒），因此要求搜索引擎在检索程序的设计上要高效，尽可能地将大运算量的工作在索引建立时完成，使检索时的运算压力能够承受，一般的数据库查询技术无法实现全文搜索的时间要求，因此，目前全文搜索引擎通常使用倒排索引技术。倒排索引是文档检索系统中最常用的数据结构，它被用来存储在全文搜索

大学计算机应用基础

下某个单词在一个文档或者一组文档中的存储位置的映射。

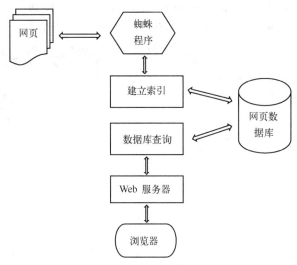

图 3-15　全文搜索引擎工作原理

（2）目录搜索引擎

与全文搜索引擎基本全自动方式搜集信息不同，目录搜索引擎是以人工方式或半自动方式搜集信息，由编辑员查看信息之后，人工形成信息摘要，并将信息置于事先确定的分类框架中。信息大多面向网站，提供目录浏览服务和直接检索服务。目录搜索引擎是针对某一个行业的专业搜索引擎，是搜索引擎的细分和延伸，是对网页库中的某类专门的信息进行一次集成，该类搜索引擎因为加入了人的智能，所以信息准确、导航质量高；缺点是需要人工介入、维护量大、信息量少、信息更新不及时。

全文搜索引擎与目录搜索引擎有相互融合渗透的趋势。一些纯粹的全文搜索引擎现在也提供目录搜索，如 Google 就借用 Open Directory 目录提供分类查询，而像 Yahoo! 这些老牌目录索引则通过与 Google 等搜索引擎合作，扩大搜索范围。

2．搜索引擎的常见应用

百度图片搜索、音乐搜索、视频搜索等都属于目录搜索引擎。另外，常用的医学专业搜索引擎有 Medical Matrix（http://www.medmatrix.org）、Medical World Search（http://www.mwsearch.com）和 Medscape(http://www.medscape.com)等。

随着互联网的普及，电子地图通过计算机、手机、PDA、车载 GPS 导航设备等人机交互电子产品的方式为用户提供方便、快捷、准确的地图信息、周边景物场所信息及出行交通指引资讯的在线信息服务。电子地图服务逐步被大众接受，成为日常生活中不可或缺的服务之一。百度地图（http://map.baidu.com/）、谷歌地图（http://ditu.google.cn/）等都是目前非常受欢迎的网络地图搜索引擎。

百度地图覆盖了国内近 400 个城市、数千个区县。在百度地图里，用户可以查询街道、商场、楼盘的地理位置，也可以找到离自己最近的所有餐馆、学校、银行、公园等。百度地图提供了丰富的公交换乘、驾车导航的查询功能，为用户提供了最适合的路线规划。不仅让用户知道要找的地点在哪里，还可以让其知道如何前往。

【例 3-2】 使用百度地图。

【解】操作步骤如下：

① 在浏览器地址栏中输入 http://map.baidu.com，打开百度地图页面。

② 根据用户的上网地点，地图会自动转化为该城市的详细地图，如图 3-16 所示。

图 3-16 百度地图页面

③ 输入要搜索的地点、建筑物、餐厅等。如输入"首都医科大学"，单击"百度一下"按钮，地图中就会标出多个相关的地点，且在网页的左侧有每个地点的介绍，如图 3-17 所示

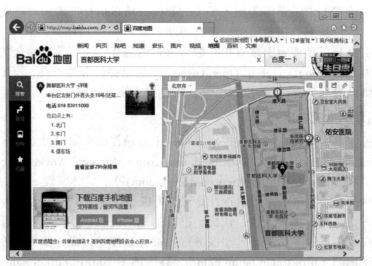

图 3-17 百度地图搜索"首都医科大学"

④ 单击"路线"按钮，输入起点"北京站"，查询从北京站到首都医科大学的公交、地铁换乘路线。百度地图会给出每条线路的里程和大约花费的时间供用户选择，如图 3-18 所示。单击起点和终点间的双向箭头，可以查询从首都医科大学返程的路线。

⑤ 单击"驾车"按钮，查询驾车所需要行驶的路线，并给出"最少时间"、"最短路程"和"不走高速"3 个选择。

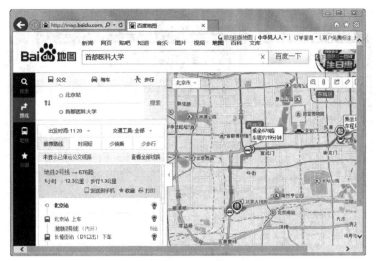

图 3-18　公交地铁换乘路线

随着信息量的不断增长，对信息检索有效性的要求越来越高。专注于某一行业的网络数据库作为一种重要的资源，成为科研工作者获取学术信息不可缺少的工具，下面介绍几个领域中的专业数据库。

PubMed 数据库（见图 3-19）是医学、生命科学领域的数据库，旨在组织、分享科研领域信息，是美国国家医学图书馆（NLM）所属的国家生物技术信息中心（NCBI）于 2000 年 4 月开发的，它是 NCBI Entrez 整个数据库查询系统中的一个。其网址为 http://www.ncbi. nlm.nih.gov/pubmed。它具有收录范围广、内容全、检索途径多、检索体系完备等特点，部分文献还可在网上直接免费获取全文。

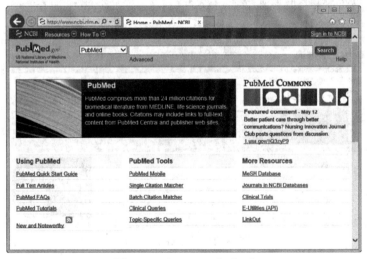

图 3-19　"PubMed" 主页

重庆维普资讯有限公司的"中文科技期刊数据库"（见图 3-20）收录了中国境内历年出版的中文期刊 12 000 余种，全文 3 000 余万篇，引文 4 000 余万条，分 3 个版本（全文版、文摘版、引文版）和 8 个专辑（社会科学、自然科学、工程技术、农业科学、医药卫生、经济管理、教育科学、图书情报）定期出版发行，其网址为 http://lib.cqvip.com/ZK/index.aspx。

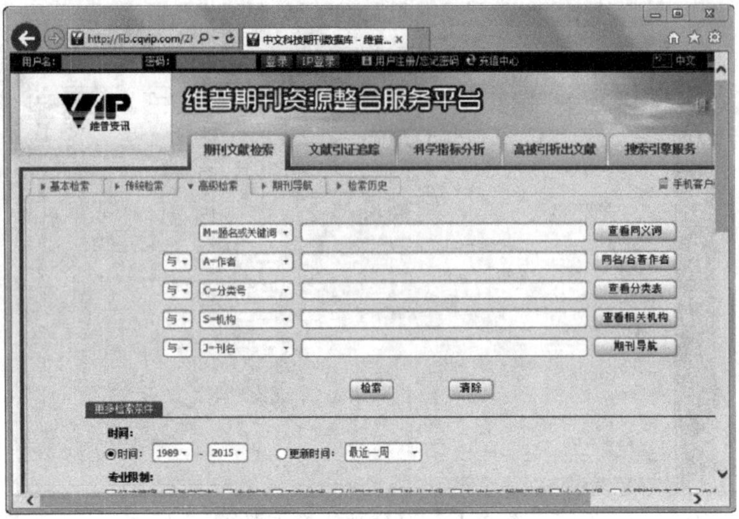

图 3-20 "中文科技期刊数据库"主页

中国知识基础设施工程 CNKI(China National Knowledge Infrastructure,简称中国知网）是以实现全社会知识资源传播共享与增值利用为目标的信息化建设项目，由清华大学、清华同方发起，始建于 1999 年 6 月。其网址为 http://www.cnki.net/（见图 3-21）。目前，中国知网已实现了国内 25%的知识资源的数字化和网络化共享，集结了 7 000 多种期刊、近 1 000 种报纸、18 万本博士和硕士论文、16 万册会议论文、30 万册图书以及国内外 1 100 多个专业数据库。

图 3-21 "CNKI"主页

万方数据库（见图 3-22）是由万方数据公司开发的，涵盖期刊、会议纪要、论文、学术成果、学术会议论文的大型网络数据库，也是和中国知网齐名的中国专业的学术数据库。其网址为 http://www.wanfangdata.com.cn/。万方期刊集纳了理、工、农、医、人文五大类 70 多个类目，共 4 529 种科技类期刊全文。万方数据库的"中国学术会议论文全文数据库"是国内唯一的学术会议文献全文数据库，主要收录了 1998 年以来国家级学会、协会、研究会组织召开的全国性学术会议论文，数据范围覆盖自然科学、工程技术、农林、医学等领域，是了解国内学术动态必不可少的帮手。"中国企业、公司及产品数据库"的信息全年100%更新，提供多种形式的载体和版本。

图 3-22 "万方数据库"主页

3.4.5 其他常见服务

1. 即时通信服务

即时通信（Instant Messaging，IM）是一种使人们能在网上识别在线用户并与他们实时交换消息的技术。自 1998 年面世以来，即时通信的功能日益丰富，不再是一个单纯的聊天工具，它已经发展成集交流、资讯、娱乐、搜索、电子商务、办公协作和企业客户服务等为一体的综合化信息平台。现在国内的即时通信工具有腾讯 QQ、网易泡泡、盛大圈圈、淘宝旺旺等。

腾讯 QQ（简称"QQ"）是腾讯公司开发的一款基于 Internet 的即时通信软件。腾讯QQ 支持在线聊天、视频电话、点对点断点续传文件、共享文件、网络硬盘、自定义面板、QQ 邮箱等多种功能，并可与移动通信终端等多种通信方式相连。其合理的设计、良好的应用、强大的功能、稳定高效的系统运行，赢得了用户的青睐，是中国目前使用最广泛的聊天软件之一。

腾讯公司（Tencent）于 2011 年初推出一款快速发送文字和照片、支持多人语音对讲的手机聊天软件——微信（WeChat）。它支持跨通信运营商、跨操作系统平台通过网络快速发送免费（需要消耗一些网络流量）语音短信、视频、图片和文字，同时，微信提供公众平台、朋友圈、消息推送等功能，用户可以通过摇一摇、搜索号码、附近的人、扫二维码方式添加好友和关注公众平台，同时微信用户可将内容分享给好友以及将自己看到的精彩内容分享到微信朋友圈。截至 2013 年 11 月，微信注册用户量已经突破 6 亿，是亚洲地区最大用户群体的移动即时通信软件。

2．博客和微博的使用

博客（Blog）又称网络日志，是一种通常由个人管理，不定期张贴新的文章、图片或视频的网页或在线日记，用来抒发情感或分享信息。比较著名的有新浪、网易、搜狐等博客。博客上的文章通常根据张贴时间，以倒序方式由新到旧排列。博客提供了一个方便记录个人经验的途径。根据科学研究，写下自己的个人经验是具有医学价值的，它可帮助记忆和睡眠、增强免疫细胞的活动、减少艾滋病患者病毒量，甚至可以加速手术后的复原。

一个典型的博客结合了文字、图像、其他博客或网站的链接及其他与主题相关的媒体，能够让读者以互动的方式留下意见是博客的重要要素。大部分的博客内容以文字为主，也有一些博客专注在艺术、摄影、视频、音乐、播客等各种主题。

微博即微博客（MicroBlog）的简称，是一种允许用户及时更新简短文本（通常少于140 字）并可以公开发布的微型博客形式。它允许任何人阅读或者只能由用户选择的群组阅读。随着发展，这些信息可以被很多方式传送，包括短信、实时信息软件、电子邮件或网页。一些微博也可以发布多媒体信息，如图片、影音剪辑等。

微博的代表性网站有 Twitter、新浪微博、腾讯微博等。

3．维基

Wiki 译为"维基"或"维客"，是一种多人协作的写作工具。Wiki 站点可以由多人（甚至任何访问者）维护，每个人都可以发表自己的意见，或者对共同的主题进行扩展或者探讨。与其他超文本系统相比，Wiki 有使用方便及开放的特点，所以 Wiki 系统可以帮助我们在一个社群内共享某领域的知识。它也为教师和学生的知识共享提供了高效的平台，实现了快速广泛的信息整合。

著名的维基百科（Wikipedia）是一个基于 Wiki 技术的多语言百科全书协作计划，也是一部用不同语言写成的网络百科全书，其目标及宗旨是为全人类提供自由的百科全书。目前国内著名的 Wiki 网站有中文维基百科（http://zh.wikipedia.org/），正式开始于 2002 年10 月，目前已有 32 万多篇中文条目；还有百度百科（http://baike.baidu.com/）等。

3.5 云计算和物联网

3.5.1 云计算

云计算（Cloud Computing）是一种基于互联网的计算方式，通过这种方式，共享的软硬件资源和信息可以按需提供给计算机和其他设备。2006 年 8 月 9 日，Google 首席执行官埃里克·施密特在搜索引擎大会（SES San Jose 2006）上首次提出"云计算"的概念。

1．云计算的定义

目前，云计算的概念没有统一定义，现阶段广为接受的是美国国家标准与技术研究院（NIST）的定义，即云计算是一种按使用量付费的模式，这种模式提供可用的、便捷的、按需的网络访问，进入可配置的计算资源共享池（资源包括网络、服务器、存储、应用软件、服务），这些资源能够被快速提供，只需要投入很少的管理工作，或与服务供应商进行很少的交互。

2．云计算的特征

① 硬件、软件都是资源，可通过互联网以服务的形式提交给用户。例如，Google App Engine 将从设计开发到部署实施 WEB 应用所需的软件、硬件平台一起打包提供给用户。

② 资源可以根据需要动态配置和扩展。例如，Amazon EC2 可以在极短时间内为华盛顿邮报社初始化 200 台虚拟服务器资源，并在 9 h 内完成任务后快速回收这些资源。

3．云计算分类

从服务角度，云计算分为 IaaS（Infrastructure as a Service，基础架构即服务）、PaaS（Platform as a Service，平台即服务）、SaaS（Software as a Service，软件即服务）。

① IaaS 将硬件设备等基础资源封装成服务供用户使用。在 IaaS 环境中，用户相当于在使用裸机和磁盘。Iaas 除了为用户提供计算和存储等基础功能外还做了进一步应用部署。例如，Amazon 云计算 AWS（Amazon Web Services）的简单存储服务（Simple Storage Service，S3）可以为用户提供针对任何类型文件的临时或永久存储。

② PaaS 对资源的抽象层次更进一层，它提供用户应用程序的运行环境，用户的自主权降低，必须使用特定的编程环境并遵照特定的编程模型。例如，Google App Engine 只允许使用 Python 和 Java 语言、基于称为 Django 的 Web 应用框架、调用 Google App Engine SDK 来开发在线应用服务。

③ SaaS 将某些特定应用软件功能封装成服务。SaaS 既不像 PaaS 一样提供计算或存储资源类型的服务，也不像 IaaS 一样提供运行用户自定义应用程序的环境，它只提供某些专门用途的服务供应用调用。例如，Salesforce 公司提供的在线客户关系管理 CRM（Client Relationship Management）服务。

3 种云计算类型的关系如图 3-23 所示。

国内的云计算发展虽处于起步阶段，但各大通信运营商都表现得异常活跃。中国移动推出了"大云"（Big Cloud）云计算基础服务平台。中国电信推出了"e 云"云计算平台。中国联通推出了"互联云"平台。

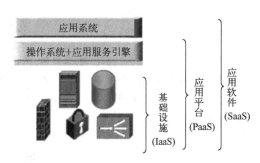

图 3-23　3 种云计算类型的关系

3.5.2　物联网

物联网（Internet of Things）是新一代信息技术的重要组成部分，简单理解，物联网就是物物相连的互联网。物联网的核心和基础仍然是互联网，但是物联网的用户端延伸和扩展到了任何物品与物品之间，进行信息交换和通信。

物联网是利用条码、射频识别（RFID）、传感器、全球定位系统、激光扫描器等信息传感设备，按约定的协议，实现人与人、人与物、物与物在任何时间、任何地点的连接（anything、anytime、anywhere），从而进行信息交换和通信，以实现智能化识别、定位、跟踪、监控和管理的庞大网络系统。

物联网的建立步骤分为全面感知、可靠传输、智能管理。

① 全面感知利用 RFID、传感器、二维码等能够随时随地采集物体的动态信息，对物

体属性进行标识。

② 可靠传输通过网络将识别设备感知的各种信息进行实时传送，完成对物体属性的读取，并将信息转换为适合网络传输的数据格式。

③ 智能管理利用计算机技术，及时地对海量的数据进行信息控制，真正达到了人与物、物与物的沟通。

物联网用途广泛，遍及智能交通、环境保护、政府工作、公共安全、平安家居、智能消防、工业监测、环境监测、路灯照明管控、景观照明管控、楼宇照明管控、广场照明管控、老人护理、个人健康、花卉栽培、水系监测、食品溯源、敌情侦查和情报搜集等多个领域。例如，上海浦东国际机场防入侵系统铺设了 3 万多个传感结点，覆盖了地面、栅栏和低空探测。多种传感手段组成一个协同系统后，可以防止人员的翻越、偷渡、恐怖袭击等攻击性入侵。

在医疗行业中，物联网主要用于身份确认、人员定位及监控、生命体征采集、医药管理等。例如，人身上可以安装不同的传感器，对人的健康参数进行监控，并且实时传送到相关的医疗保健中心，如果有异常，保健中心会提醒用户去医院检查身体。智能婴儿管理系统利用物联网技术，能够对婴儿进行实时定位，当婴儿处于未授权区域或佩戴的智能腕带遭人破坏时，控制中心将会发出报警信息，有效防止婴儿被盗。

云计算是实现物联网的核心，物联网的智能处理需要先进的信息处理技术，如云计算、模式识别等技术，同时云计算可促进物联网和互联网的智能融合。

小　结

本章介绍了计算机网络的基础知识，包括计算机网络的功能、分类和组成。然后重点讲述了 Internet 的基础知识，并以此为基础介绍了目前常见的 Internet 服务与应用，包括 WWW 服务、电子邮件服务和 Web 信息检索。最后简单介绍了目前正在蓬勃发展的新技术，即云计算和物联网。

思　考　题

1. 在 Internet 中，IP 地址的作用是什么？
2. 怎样利用网络查找所需信息？
3. 网络的常见应用有哪些？
4. 如何看待网络的利与弊？
5. 上网时，如何保护自己的个人隐私？

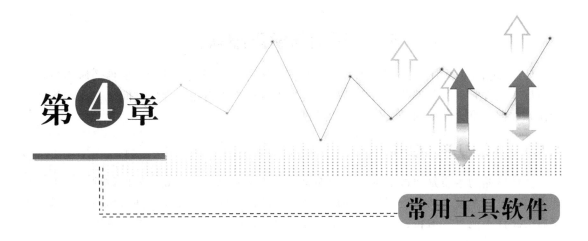

第**4**章

常用工具软件

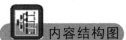 导读

　　本章主要包含 5 个小节：其中前 4 小节分别介绍了 WinRAR 压缩与解压缩软件、Adobe Acrobat 电子文档编辑软件、Snagit 屏幕图像捕获软件以及会声会影视频编辑软件的基础知识和基本操作，这 4 个软件是日常生活、学习和办公比较常用的软件，它们操作简便，易于掌握，得到广大用户的青睐；第 5 小节简要介绍了与医学生关系比较紧密的医院信息管理系统以及在后期数据分析处理过程中常用的 SPSS 和 SAS 两个统计软件。

内容结构图

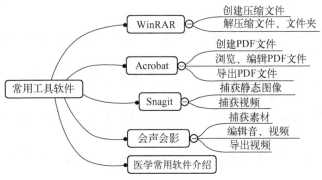

学习目标

● 掌握压缩与解压缩软件的基本操作，电子文档阅读编辑软件的基本操作，屏幕图像捕获软件的基本操作，音视频编辑软件的基本操作。

● 熟悉：压缩与解压缩的概念，视频的基础知识。

● 了解：医院信息管理系统以及 SPSS 和 SAS 在数据分析处理中的作用。

4.1 压缩与解压缩软件

使用 Windows 操作系统的过程中，文件的管理是一个重要的内容，文件的压缩与解压缩也属于文件管理的一部分。对文件压缩既可以减少文件占用的存储空间，又有利于网络传输和数据共享；解压缩是文件压缩的逆过程。

4.1.1 压缩与解压缩概述

文件压缩的本质是通过某种特殊的编码方式（压缩算法）有效地降低数据信息中存在的重复度、冗余度，从而达到减小存储空间的目的；文件解压缩是文件压缩的逆过程，压缩后的文件不能直接编辑，需要将压缩文件还原，即解压缩后才可以继续编辑。

1. 文件压缩

所谓文件压缩，就是把文件的二进制代码压缩，把相邻的 0、1 代码减少。比如有 000000，可以把它转变为"6 个 0"的写法来表示，从而达到减少文件占用磁盘空间的目的。

压缩可以分为有损压缩和无损压缩两种：有损压缩是指压缩过程会丢失一些信息，原始信息不能被完全恢复的压缩，广泛应用于动画、声音和图像文件中，典型的代表有视频文件格式 mpeg、音乐文件格式 mp3 和图像文件格式 jpg 等；无损压缩是对数据的存储方式进行优化，文件可以完全还原，不会影响文件内容，比如常见的 zip、rar 等。

2. 压缩文件的格式

不同的压缩软件，由于采用压缩算法不同，压缩文件有多种格式，目前比较常见的压缩文件格式包括：

① zip 格式：这是最常见的压缩格式之一，由于目前的大多数的操作系统包括 OS X 和 Linux 等都集成了对它的支持，因此不需要单独安装压缩与解压缩软件，就可以使用 zip 格式的压缩文件。

② rar 格式：rar 格式的文件压缩率比 zip 高，同时支持分卷压缩以及加密压缩等，缺点是压缩与解压缩的速度较慢。

③ 7z 格式：这是一种可以使用多种压缩算法进行数据压缩的档案格式，其压缩率比 RAR 更高，能够将文件压缩得更小。

④ tar 格式：这是 UNIX/Linux 系统上的压缩文件格式，在 Linux 系统中可以直接解压缩使用。

除上述几种常见的压缩文件格式外，还包括 cab、iso、arj 等压缩文件格式。

4.1.2 WinRAR 压缩与解压缩软件

WinRAR 是目前使用比较普遍的压缩与解压缩工具软件，能够根据压缩的内容自动识别和选择最佳的压缩算法，对声音及图像文件可以用独特的多媒体压缩算法提高压缩率；除支持自身的 RAR 压缩格式文件外，对 zip、cab、arj、iso、z、7z 等常见的压缩文件格式也提供支持；对于网络传输的文件，可以按要求进行分卷压缩以及 256 位密码加密压缩等；同时 WinRAR 本身也是一款功能强大的压缩文件管理工具。

WinRAR 的最新版本为 WinRAR 5.21，可从中文官方网站 http://www.winrar.com.cn 上

下载 32 位或 64 位评估版，免费试用 40 天。

1．WinRAR 压缩与解压缩软件的启动及其界面

WinRAR 压缩与解压缩软件图形界面有 2 种基本模式：文件管理模式和压缩文件管理模式。当界面中显示的是当前文件夹中的内容列表时，处于文件管理模式；当界面中显示的是一个压缩文件中的内容列表时，处于压缩文件管理模式。

依次选择"开始"→"所有程序"→WinRAR→WinRAR 命令，运行 WinRAR，其程序主界面如图 4-1 所示，此时处于文件管理模式，在该界面下显示出选择的文件夹下的所有文件和文件夹，甚至包括隐藏的文件及文件扩展名（Windows 的文件夹设置为不显示隐藏的文件或文件夹）。在文件管理模式，可以进行文件或文件夹的浏览、压缩、解压缩、删除、重命名等操作。

图 4-1　WinRAR 主界面

双击任何一个压缩文件，即打开压缩文件管理模式，与文件管理模式相比，在工具栏上少了修复工具，而多了扫描病毒、注释、保护和自解压格式这 4 个工具。

2．压缩文件

若要对多个文件或文件夹进行压缩，首先应将分散在不同位置的文件（夹）集中到一个文件夹下，然后再进行压缩。将"D:\WinRAR"文件夹下的所有内容创建压缩文件的方法和步骤如下：

（1）利用快捷菜单直接创建压缩文件（此种方法操作最简便、快捷）

在"D:\WinRAR"文件夹上右击，在弹出的快捷菜单中选择"添加到'WinRAR.rar'"命令，即可在当前文件夹下创建一个与选定文件夹同名的 rar 格式的压缩文件。

（2）通过 WinRAR 主界面，利用向导创建压缩文件

① 打开 WinRAR 文件管理界面，选择"工具"→"向导"命令。

② 在"向导：选择操作"对话框中，选择第二个选项"创建新的压缩文件"，单击"下

一步"按钮。

③ 在"请选择要添加的文件"对话框中，选择 D:→WinRAR 文件夹，单击"确定"按钮。

④ 在"向导：选择压缩文件"对话框中，在压缩文件名中输入"WinRAR 软件 5.21 版"，单击"下一步"按钮。

⑤ 在"向导：压缩文件选项"对话框中，如图 4-2 所示，根据需要进行设置后，单击"完成"按钮，完成压缩文件的创建。

（3）通过 WinRAR 主界面创建压缩文件

① 打开 WinRAR 文件管理界面，更改当前文件夹窗口为"D:"文件夹窗口。

② 选择"WinRAR"文件夹，单击工具栏中"添加"按钮，弹出图 4-3 所示的"压缩文件名和参数"对话框。

图 4-2　向导：压缩文件选项

图 4-3　"压缩文件名和参数"对话框

"常规"选项卡中部分参数说明如下：

a. 压缩文件格式：WinRAR 支持将文件压缩为 RAR、RAR5 以及 ZIP 这 3 个压缩格式，默认为 RAR 格式。

b. 压缩方式：包括"存储"、"最快"、"较快"、"标准"、"较好"和"最好"6 种方式，从左到右，压缩率越来越高，但压缩速度越来越慢。

c. 切分为分卷：指将一个大的文件分卷压缩成若干个小压缩文件。例如，有些论坛限制上传文件的最大值为 10 MB，而需要上传的文件为 25 MB，则可在压缩时设置切分为分卷，大小设置为 10 MB 即可。

d. 压缩选项：可选中"压缩文件后删除原来的文件"以及"创建自解压格式压缩文件"等复选框。

e. 设置密码：给创建的压缩文件设置密码保护。

③ 单击"确定"按钮，开始创建并压缩文件。

（4）如果需要压缩的文件没有整理到一起，则按下述步骤创建压缩文件

① 选择压缩文件中的部分内容按照前面创建压缩文件的方法创建出一个压缩文件。

② 双击压缩文件，打开 WinRAR 的压缩文件管理窗口，单击工具栏中"添加"按钮。

③ 选择放于其他位置的文件或文件夹，单击"确定"按钮，完成文件或文件夹的添加。

④ 在"压缩文件名和参数"对话框中再单击"确定"按钮，完成压缩文件的创建。

3．解压缩文件

WinRAR 支持对 rar、zip、cab、arj、iso、z、7z 等压缩格式文件的解压缩，可以对压缩文件中的部分或全部文件进行解压缩。

（1）解压全部文件

操作方法：右击压缩文件名，在弹出的快捷菜单中选择"解压文件"命令，在弹出的"解压路径和选项"对话框中指定解压文件的路径后，单击"确定"按钮，将所有文件解压到指定的文件夹中。选择"解压到当前文件夹"命令，将所有文件、文件夹解压到当前文件夹中。选择"解压到 XXX\"命令，其中 XXX 指压缩文件名，表示在当前文件夹中创建一个与压缩文件同名的文件夹，并将所有文件、文件夹解压到该文件夹中。

（2）解压部分文件

双击压缩文件，打开压缩文件管理模式窗口，选择要解压的文件或文件夹，单击工具栏中的"解压到"按钮，在弹出的"解压路径和选项"对话框中指定解压文件的路径后，单击"确定"按钮，将选定的文件和文件夹解压到指定的位置。

（3）解压分卷压缩包

选择任意一个分卷，执行解压缩操作，会将所有文件解压的指定位置。分卷压缩包不能解压部分文件。

（4）解压自解压压缩文件

双击该文件，按照默认设置执行自解压操作。

【例 4-1】 将"D:\WinRAR"文件夹创建为自解压文件，文件名为"WinRAR 安装程序"，不包含里边的"操作说明.txt"文件。设置自解压的路径为"C:\"，解压完成后运行"WinRAR.EXE"文件，并将压缩文件中的"WinRAR.EXE"解压到桌面。

【解】 具体的操作步骤如下：

① 右击"D:\WinRAR"文件夹，在弹出的快捷菜单中选择"添加到压缩文件"命令，打开图 4-3 所示的"压缩文件名和参数"对话框。

② 在压缩文件名中输入"WinRAR 安装程序"，选中压缩选项中的"创建自解压格式压缩文件"复选框。

③ 切换到"文件"选项卡，设置"要排除的文件"为"D:\WinRAR\操作说明.txt"。

④ 切换到"高级"选项卡，单击"自解压选项"按钮，打开图 4-4 所示"高级自解压选项"对话框"常规"选项卡，在"解压路径"文本框中输入"C:\"。

⑤ 切换到"设置"选项卡，在"提取后运行"列表框中输入"WinRAR.EXE"，设置解压后自动运行的程序，如图 4-5 所示。

⑥ 切换到"模式"选项卡，选择"安静模式"中的"全部隐藏"选项，单击"确定"按钮，返回"压缩文件名和参数"对话框。

⑦ 单击"确定"按钮，完成自解压压缩格式文件的创建。

⑧ 双击打开新生成的"WinRAR 安装程序"文件，自动将所有文件解压缩到"C:\"，且解压完成后自动运行 WinRAR 程序。

⑨ 右击"WinRAR 安装程序"，在弹出的快捷菜单中选择"用 WinRAR 打开"命令，打开 WinRAR 的压缩文件管理模式窗口，选择"WinRAR.EXE"文件，单击"解压到"

按钮，设置解压路径为"桌面"，单击"确定"按钮，将"WinRAR.EXE"文件解压缩到桌面。

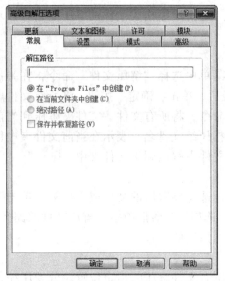 

图 4-4 "高级自解压选项"对话框"常规"选项卡　　图 4-5 "高级自解压选项"对话框"设置"选项卡

4.2 电子文档阅读编辑软件

随着计算机的普及，电子文档成为广大计算机用户在工作、学习和生活中必不可少的电子资源。PDF（Portable Document Format，便携式文件格式）是一种比较常见的电子文档格式，具有准确、安全、高效以及不受操作系统限制的跨平台特性，在当今的互联网上应用广泛。Acrobat 是 PDF 文件的全能解决方案。

4.2.1 Acrobat 简介

Acrobat 是一款由 Adobe 公司开发的集创建、编辑、阅读、转换 PDF 文件功能于一身的应用程序。

Acrobat 集成于 Office 中，能够使用一键功能将 Word、Excel、PowerPoint 等类型的 Office 文档快速转换为 PDF 文件。Acrobat 还可以将扫描的图片、文档以及电子表单、电子图书、产品说明书、网络资料等，不管源文件使用何种创作应用程序和操作平台，都可转换为 PDF 文件。

Acrobat 带有 OCR（Optical Character Recognition，光学字符识别）软件，可以将 PDF 文档转换为可即时编辑、修改的文本，也可对文档中的图像等进行调整大小、裁切、删除等操作。Acrobat 的导出功能还可以将 PDF 导出为 Word、Excel、PowerPoint、图像、网页等类型的文件，方便用户使用。

PDF 文件格式以及 Acrobat 应用程序均由 Adobe 公司开发，因此在创建、编辑、阅读、转换 PDF 文件时 Acrobat 是最稳定、兼容性最好的。Acrobat 的最新版本是 Adobe Acrobat Pro DC，是最佳 PDF 解决方案的桌面版，用户可以注册 Adobe ID，在 Adobe 中国的官网 http://www.adobe.com/cn，下载 30 天的免费试用版。

4.2.2　Acrobat 的界面组成

用 Acrobat 应用程序打开 PDF 文件后，主界面如图 4-6 所示，其组成与 Windows 窗口相似，包括菜单栏、工具栏、导航窗格、文档窗格、浮动页面控件、任务窗格等。

图 4-6　Acrobat 主界面

① 导航窗格：默认情况下，从上到下分别为页面缩略图、书签、附件和图层 4 部分，用户也可通过菜单栏"视图"→"显示/隐藏"→"导航窗格"的级联菜单，在导航窗格中添加如内容、导航树、目标、签名等选项。

② 文档窗格：显示当前打开的 PDF 文档当前页的内容。

③ 浮动页面控件：可以对文档页面进行设置的工具集合，以浮动窗口的形式显示，也可固定在工具栏中。

④ 任务窗格：用于执行 PDF 文件的创建、编辑、导出等任务操作。

4.2.3　创建 PDF 文档

创建 PDF 文档是 Acrobat 的主要功能之一。Acrobat 可以将扫描的图片、文档以及电子表单、电子图书、产品说明书、网络资料等内容创建为 PDF 文件。

1. 根据文件类型创建 PDF 文件

创建 PDF 文件的具体操作步骤如下：

① 打开 Acrobat 应用程序窗口，选择"任务窗格"中"创建 PDF"选项。

② 打开如图 4-7 所示的创建 PDF 向导——从任意格式创建 PDF 界面。用于创建 PDF 文件的内容可以来源于单一文件、多个文件、扫描仪、剪贴板等。选择"单一文件"选项，单击"创建"按钮。

③ 在"打开"文件窗口中，选择一个用于创建 PDF 的文件，单击"打开"按钮，将文件转换为 PDF。

④ Acrobat 自动打开转换后的 PDF 文档，选择"文件"→"保存"或"文件"→"另存为"命令，指定保存的文件位置和文件名，单击"保存"按钮，完成 PDF 文件的创建。

图 4-7　创建 PDF 向导——从任意格式创建 PDF

2. 将 Office 文档创建 PDF 文件

Acrobat 在安装的过程中，将 PDFMaker 工具栏和 Adobe PDF 菜单安装到常用的应用程序中，如图 4-8 所示，为在 Word、Excel 等应用程序窗口添加的 Acrobat 菜单项。将 Office 文档转换为 PDF 的操作步骤如下：

图 4-8　Acrobat 集成在 Word 中的 Acrobat 菜单

① 单击"创建 PDF"按钮，如果文件修改后未保存，弹出 PDFMaker 需要先保存文件的对话框，单击"是"按钮，弹出"另存 Adobe PDF 文件为"对话框；如果文件没有修改或已经保存，则直接弹出"另存 Adobe PDF 文件为"对话框。

② 选择保存位置以及文件名，单击"保存"按钮，完成 PDF 文件创建。

4.2.4　阅读与编辑电子文档

安装 Acrobat 之后，双击 PDF 文件，系统会自动启动 Acrobat 来打开 PDF 文件；或者拖动 PDF 文件到 Acrobat 应用程序图标或 Acrobat 应用程序的快捷方式上，同样会启动 Acrobat 来打开 PDF 文件。以上两种方式是最方便、快捷也是最常用的打开 PDF 文档的方式。

Acrobat 启动后，还可以通过"文件"菜单下方列出的"最近打开的文件"命令打开最近浏览过的 PDF 文件；也可以选择"打开"命令，通过浏览找到并打开 PDF 文件。

1. 调整阅读视图

文档打开后，用户可通过浮动页面控件如图 4-9 所示，调整页面的显示比例、显示方式等，调整到最佳的阅读状态。

① 放大和缩小视图：单击页面控件中的"缩小"按钮 ⊖ 或"放大"按钮 ⊕，或直接

调整显示比例 `100% ▾`，将页面调整到最佳的浏览状态。

图 4-9 浮动页面控件

② 适合窗口宽度并启动滚动：单击浮动页面控件中 按钮，将页面的宽度调整为文档窗格的宽度大小。

③ 适合一个整页至窗口：单击浮动页面控件中 按钮，在文档窗格中显示一个 PDF 页的内容。

④ 全屏视图：单击浮动页面控件中 按钮，将文档窗格放大到整个屏幕宽度显示文档。

2．浏览文档

PDF 文档打开后并调整到最佳的阅读状态，开始阅读和浏览文档内容。通过滚动文档窗格中的垂直滚动条，按顺序翻阅文档；通过选择"视图"菜单栏中"页面显示"→"自动滚动"命令，Acrobat 将以固定速率向前滚动 PDF 页面，文档垂直向下移动。

当文档中页面较多时，如一本几百页的电子书，通过左侧导航窗格中的页面缩略图可快速翻到需要的页面，其中红色页面查看框表示正在显示的页面区域。或直接在工具栏 `199`/428中输入页数按【Enter】键，直接跳转到指定页。

3．查找文本和高级搜索

在 Acrobat 中，"查找文本"功能用于在当前文档中定位目标；"高级搜索"功能用于在多个文档中查找指定的内容。

① 查找文本：单击工具栏中查找文本按钮 Q，弹出"查找"对话框，输入查找关键字后按【Enter】键，从当前位置开始向下查找匹配项，并自动跳转到搜索到的第一个实例，且高亮显示搜索内容。单击"下一个"按钮可以转到搜索条件的下一个实例，单击"上一个"按钮可以返回搜索条件的上一个实例。单击"替换为"按钮，可扩展搜索文本对话框，单击"替换"按钮，可将查找到的文本用新内容替换。

② 高级搜索：选择"编辑"→"高级搜索"命令，弹出"搜索"窗口，如图 4-10 所示。搜索位置可以是当前文档，也可是指定文件夹中的所有 PDF 文档。在"您要搜索哪些单词或短语？"文本框中输入搜索的关键词，选择搜索选项，单击"搜索"按钮开始搜索，结果如图 4-11 所示，选择"结果"中相应选项，跳转到包含搜索内容的页面。

4．编辑 PDF 文档

打开 PDF 文档后，单击右侧"任务窗格"中的"编辑 PDF"按钮，可切换到 PDF 文档的编辑状态，如图 4-12 所示。

在 PDF 文档的编辑状态，选中文本、图像等对象后，可将其复制到其他编辑器如 Word 中进行编辑，也可通过右侧窗格中的工具按钮对文字、图像等进行编辑、修改。

4.2.5 导出 PDF

Acrobat 可以直接对 PDF 文件进行编辑，但由于 Acrobat 在编辑功能上的限制以及用户使用 Acrobat 的熟练程度远不如 Word 等应用程序，因此当对文档的改动较大时，仍希望使用 Word 等常用应用软件进行编辑。Acrobat 提供了将 PDF 文件转换为 Word、PowerPoint、Excel、RTF 等文件的功能。操作步骤如下：

① 打开 PDF 文件，单击右侧"任务窗格"中的"导出 PDF"按钮。

② 在"将您的 PDF 导出为任意格式"向导中，选择导出的格式，单击"导出"按钮。

③ 在弹出的"导出"对话框中，指定导出文件保存的位置以及文件名，单击"保存"按钮，完成格式的转换。

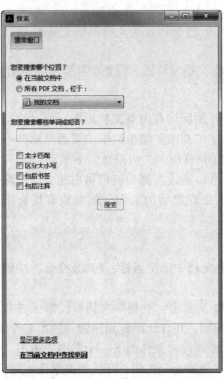

图 4-10　搜索窗口

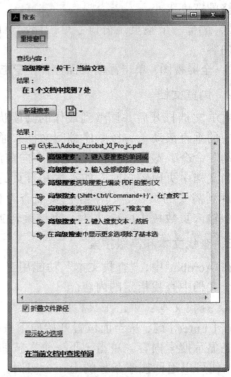

图 4-11　搜索结果

图 4-12　编辑 PDF 文档

由 PDF 导出的 Word、Excel 等文件并不完全等同于创作 PDF 文件时的源文件，在导出过程中，可能导致某些编码信息的丢失。因此如果有源文件，最好在源文件中进行编辑，而不是用 PDF 转换后的文件进行编辑。

4.3 屏幕图像捕获工具

在使用计算机的过程中，有时需要将桌面、窗口、网页等感兴趣的内容以图像形式保存并进行适当的编辑。虽然 Windows 7 操作系统以及 Office 2010 中都集成了屏幕截图功能，但仍具有一定的局限性，如对于内容较多不能在一屏中显示的内容的截取，以及操作过程的视频截取等，还需要使用专业的屏幕图像捕获工具。

4.3.1 屏幕捕获工具 Snagit 简介

Snagit 是 TechSmith 公司推出的一款优秀的屏幕、文本和视频捕获、编辑与转换软件。Snagit 可以捕获屏幕上显示的所有内容，包括窗口、菜单、命令按钮或是自由绘制的区域，捕获的内容可以保存为 BMP、PNG、JPEG、TIF 等常用图像格式，也可以将操作过程保存成视频格式输出。Snagit 可以将捕获的图像直接发送到对应的应用程序中，也可以用自带的图像编辑器进行预览、编辑，如设置水印等。

Snagit 主界面如图 4-13 所示。

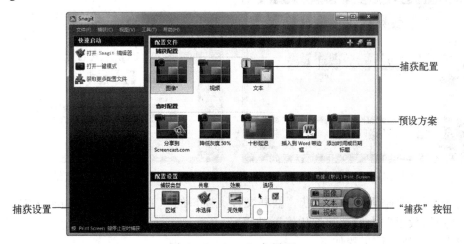

图 4-13　Snagit 主界面

① 捕获配置：用于设置捕获类型。图像，即捕获的内容以图像的形式保存输出；视频，捕获的内容是一个视频文件，可以记录操作的过程；文本，捕获并识别所选区域中的文字信息。

② 预设方案：系统设置好的几种常用捕获方案，选择某种预设方案后，预设方案的设置情况显示在下方的配置设置窗口中，包括捕获的类型、共享的方式以及应用的效果等。

③ 捕获设置：手动设置捕获操作的具体设置。捕获类型，用于选择在屏幕上捕获什么，可以是整个屏幕，也可以是一个窗口或一个自由绘制的区域等；共享，选择捕获到哪里，可以是一个应用程序，也可以是图像编辑器；效果，给捕获添加一种效果选项，如添加边框等。

④ 选项：用于设置捕获时是否显示鼠标指针；用于捕获的结果在编辑器中预览；用于定时捕获。

⑤ "捕获"按钮：开启捕获功能。

4.3.2 屏幕捕获示例

【例 4-2】 利用"插入到 Word 带边框"预设方案捕获屏幕。

【解】具体的操作步骤如下：

① 选择"开始"→"所有程序"→"TechSmith"→"Snagit 11"命令，运行 Snagit。

② 选择"省时配置"中"插入到 Word 带边框"预设选项。配置设置中，捕获类型设置为"自由模式"，共享设置为"Word"，效果设置为"边框"。

③ 单击"捕获"按钮，如图 4-14 所示，显示的是选择截取范围的截图状态。其中橙色矩形框为当前选择的窗口区域，两条相交的橙色线用于选择需要捕获的矩形区域。单击则以橙色矩形框选择的区域为捕获内容，若拖动鼠标则以拖动出的矩形范围为捕获内容。

④ 单击，则捕获矩形框中的内容，并将捕获发送到 Word 文档中显示，捕获结果如图 4-15 所示。

图 4-14　截图状态

图 4-15　捕获结果

【例 4-3】 设置延时 3 秒捕获，捕获文件夹窗口的"工具"菜单到 Snagit 编辑器中，且应用"边缘效果"中的"波浪边缘"效果。

【解】具体的操作步骤如下：

① 运行 Snagit，打开 Snagit 主界面。

② 单击"捕获类型"的下三角按钮，在下拉菜单中选择"菜单"命令。

③ 单击"共享"的下三角按钮，选择"在编辑器预览"命令，共享选项显示为"未选择"，Snagit 在不设置输出程序的情况下默认设置为"在编辑器预览"。

④ 单击"定时捕获"按钮，选择弹出的"定时器设置"对话框中"启用延时或计划捕获"复选框；选择"延时捕获"，延时时间为 3 秒；选中"显示倒计时"复选框，单击"确定"按钮。

⑤ 单击"捕获"按钮或按【PrintScreen】键，开始捕获。

⑥ 在延时捕获的 3 秒时间内，将窗口切换到文件夹窗口，并打开"工具"菜单。

⑦ 完成捕获，捕获结果如图 4-16 所示。

【例 4-4】 捕获超过屏幕宽度的网页内容。以百度搜索 Snagit 的搜索结果第一页为例。

图 4-16　捕获波浪效果菜单

【解】具体的操作步骤如下：

① 打开 IE 浏览器，用百度搜索引擎搜索 Snagit。

② 打开 Snagit 主界面。

③ 单击"捕获类型"的下三角按钮▼，在下拉菜单中选择"滚动"命令。共享和效果均设置为无。

④ 设置延时 3 秒捕获。

⑤ 单击"捕获"按钮或按【PrintScreen】键，开始捕获。

⑥ 在延时捕获的 3 秒时间内，将窗口切换到 IE 浏览器窗口的百度搜索结果页。

⑦ 屏幕下方出现一个橙色的上下双箭头按钮↕，单击该按钮开始滚动捕获。

【例 4-5】 捕获 Snagit 操作设置过程视频。

【解】具体的操作步骤如下：

① 打开 Snagit 主界面。

②"捕获配置"选择"视频"。

③"捕获类型"设置为"窗口"。

④ 单击"捕获"按钮，选择 Snagit 的主界面窗口作为捕获窗口。

⑤ 单击 REC 按钮开始视频捕获，期间在 Snagit 主界面中的所有鼠标操作过程会被记录下来。

⑥ 单击"停止"按钮，结束视频捕获，并用 Snagit 编辑器显示和预览视频。

⑦ 选择编辑器中"文件"→"保存"命令，将视频保存为 MP4 格式的视频文件。

4.4　视频编辑软件

4.4.1　视频基础知识

视频泛指将一系列静态影像以电信号的方式加以捕捉、记录、处理、储存、传送与重现的各种技术。连续的图像变化每秒超过 24 帧画面以上时，根据视觉暂留原理，人眼无法辨别单幅的静态画面，看上去是平滑连续的视觉效果，这样连续的画面称为视频。

1. 基本概念

① 电视制式，即电视信号的标准，可以简单地理解为用来实现电视图像信号和声音信号所采用的技术标准。目前各国的电视制式不尽相同，主要有三大彩色电视制式：NTSC，美国、加拿大等西方国家采用；PAL，德国、中国、英国等国家采用；SECAM，法国、俄罗斯等国采用。制式的区分主要在于帧频（场频）、分辨率、信号带宽、色彩空间的转换关系等方面存在差别。

② 帧（Frame），是视频中的最小单位，视频中一幅静止的画面被称为一帧。PAL 制是 25 帧/秒，NTSC 制是 30 帧/秒。

③ 逐行扫描，电视的每帧画面是由若干条水平方向的扫描线组成的，PAL 制为 625 行/帧，NTSC 制为 525 行/帧。如果这一帧画面中所有的行是从上到下，一行接一行地连续

完成的，称这种扫描方式为逐行扫描。

④ 隔行扫描，是指电视在显示一帧画面需要由两遍扫描来完成，第一遍只扫描奇数行，第二遍只扫描偶数行的扫描方式就是隔行扫描。我国采用隔行扫描方式。

⑤ 视频压缩，由于视频图像数据有极强的相关性，即大量的冗余信息，视频压缩就是去除数据之间的冗余信息。

⑥ 视频编码，是指通过特定的压缩技术，将某个视频格式的文件转换成另一个视频格式的方式。目前比较常见的编解码标准有国际电联制定的 H.26X 标准、国际标准化组织运动图像专家组制定的 MPEG 系列标准、Real-Networks 的 RealVideo、微软公司的 WMV 以及 Apple 公司的 QuickTime 等。

2．常见的视频文件格式

① AVI，是音频视频交错（Audio Video Interleaved）的英文缩写，是由微软公司发表的视频格式，其调用方便、图像质量好，压缩标准可任意选择，是应用最广泛，也是应用时间最长的格式之一。

② WMV，是微软公司推出的一种独立于编码方式的在 Internet 上实时传播多媒体的技术标准，其希望取代 QuickTime 之类的技术标准以及 WAV、AVI 等文件扩展名。

③ MPEG/MPG/DAT，MPEG 是运动图像专家组（Motion Picture Experts Group）的英文缩写，包括 MPEG-1，MPEG-2 和 MPEG-4 等多种视频格式。

④ FLV，是 Flash Video 的简称，是一种流媒体视频格式，其形成的文件极小，加载速度极快，使得网络观看视频文件成为可能。

⑤ F4V，是一种更小、更清晰、更利于网络传播的视频格式，已经逐渐取代了 FLV，同时能够被大多数主流播放器兼容，不需要通过转换等复杂的方式即可观看。

⑥ RMVB，前身是 RM 格式，是 Real Network 公司制定的音频视频压缩规范，根据不同的网络传输速率，而制订不同的压缩比，从而实现在低速率网络上进行影像数据实时传送和播放，具有体积小的优点。

⑦ MKV，是一种新型的视频文件格式，可在一个文件中集成多条不同类型的音轨和字幕轨，而且其视频编码的自由度也非常大，可以是常见的 DivX、XviD、3IVX，甚至可以是 RealVideo、QuickTime、WMV 这类流式视频。

⑧ MOV，是 QuickTime 影片格式，是 Apple 公司开发的一种音频、视频文件格式，用于存储常用数字媒体类型。

⑨ 3GP，是一种 3G 流媒体的视频编码格式，主要是为了配合 3G 网络的高传输速率而开发的，是目前手机中比较常见的一种视频格式。

4.4.2 会声会影的基本使用

会声会影（Corel Video Studio）是台湾友立公司推出的一款视频编辑软件，它通过捕获、编辑和分享三步引导用户完成视频的制作过程。捕获，用于获得制作视频所需的素材，可以是照片、图像、DV 录制的视频、屏幕捕获等；编辑，是对各素材进行剪辑，添加转场、特效、字幕等效果，是视频制作的最重要的一个环节；分享，是将编辑好的视频输出。会声会影提供了超过 100 种转场效果，专业的标题制作功能及简单的音频制作工具，其强大的功能、方便易用的特性得到广大数码爱好者的青睐。

1. 会声会影 X5 的工作界面

运行会声会影 X5 后，其主要编辑窗口如图 4-17 所示，窗口由 5 部分组成：

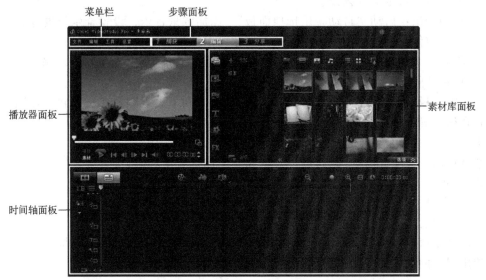

图 4-17　会声会影编辑窗口

（1）步骤面板

步骤面板包括捕获、编辑和分享 3 个按钮，分别对应视频编辑过程中的 3 个不同步骤，每一步骤的界面都不相同。

（2）菜单栏

菜单栏包含文件、编辑、工具和设置 4 个菜单，这些菜单提供了不同的命令集。

（3）播放器面板

播放器面板由上部的预览窗口和下部的导览面板组成。预览窗口显示当前项目或素材的预览画面；导览面板由素材的时间滑轨、开始、停止、前进、后退、分割等按钮组成。

（4）素材库面板

素材库面板包含媒体库、媒体滤镜和选项面板。选项面板用于对当前选定对象进行进一步的参数设置。

（5）时间轴面板

时间轴面板包含工具栏和项目时间轴。

如图 4-18 所示，工具栏中提供了许多编辑命令的快速访问，各按钮的功能如下：

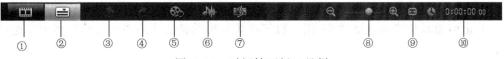

图 4-18　时间轴面板工具栏

① 故事板视图：按时间顺序显示媒体缩略图。

② 时间轴视图：允许用户在不同的轨中对素材执行精确到帧的编辑操作。

③ 撤销：撤销上一个操作。

④ 重复：重复上一个撤销的操作。

⑤ 录制/捕获选项：显示"录制/捕获选项"面板，可执行捕获视频、导入文件、录制画外音和抓拍、快照等操作。

⑥ 混音器：自定义音频设置。

⑦ 自动音乐：启动"自动音乐选项面板"，添加背景音乐，设置音乐长度等。

⑧ 缩放控件：通过使用缩放滑动条和按钮可以调整"项目时间轴"的视图。

⑨ 将项目调到时间轴窗口大小：将项目视图调到适合于整个"时间轴"跨度。

⑩ 项目区间：显示项目区间。

时间轴面板中还包含有项目时间轴，时间轴由上到下由视频轨、覆叠轨、标题轨、声音轨和音乐轨等 5 种不同的轨道组成，不同轨道包含的内容如下：

① 视频轨：包含视频素材、图像素材、色彩素材和转场效果等。

② 覆叠轨：包含的覆叠素材可以是视频、图像或者色彩等。

③ 标题轨：包含影片标题、字幕等素材。

④ 声音轨：包含影片配音和对白等声音素材。

⑤ 音乐轨：包含从音频文件中获取的音乐素材。

会声会影窗口中的各个面板都是独立的窗口，面板的位置和大小可以根据个人喜好以及所使用屏幕的尺寸等自由调整，以达到最佳的视频编辑的效果。

2．创建新项目

所谓项目是使用会声会影进行视频剪辑等编辑加工的工作文件，其扩展名为.vsp。项目中存放着视频素材、图像素材、声音素材、背景音乐及字幕等制作视频所必需的信息，但并不是最终的视频或影片，只有在分享步骤中经过渲染输出后才能生成视频文件。

创建新项目的具体操作方法：选择"文件"→"新建项目"命令，即可创建一个新项目。

保存项目的具体操作方法：选择"文件"→"保存"命令，弹出"另存为"对话框，设置项目文件保存的路径以及项目文件名，单击"保存"按钮，完成项目的保存。

3．捕获视频素材

在视频编辑的过程中，一个重要的前提是视频素材，素材质量的高低直接影响最终影片的质量。会声会影中包含有 5 种视频捕获方式，分别为捕获视频、DV 快速扫描、从数字媒体导入、定格动画和屏幕捕获。

① 捕获视频是指当摄像头、摄像机等视频采集设备与计算机相连时，会声会影可以直接通过视频采集设备录制视频素材。

② DV 快速扫描是指从用户的 DV 等设备中导入已经录制好的视频文件。

③ 从数字媒体导入是指将光盘等媒体上的视频导入到素材库中。

④ 定格动画是指通过摄像头、摄像机等视频采集设备捕获的图像按照时间顺序连接成动画。

⑤ 屏幕捕获与 Snagit 中录制屏幕视频的功能一致，可以将操作计算机的过程通过录制屏幕的形式保存成视频或将计算机播放的视频转录成其他格式的视频。

除可以通过捕获步骤获得素材外，也可以利用网络搜集可用的各种视频和图像素材，网络中搜集的素材可以通过"编辑"步骤中的素材库面板导入到素材库中，具体的操作步骤如下：

① 单击"编辑"按钮，切换到编辑窗口。

② 单击"素材库面板"中的"添加"按钮，在"样本"下添加一个"文件夹"，右击"文件夹"，在弹出的快捷菜单中选择"重命名"命令，切换到中文输入法，输入"视频"，按【Enter】键，则新建一个"视频"文件夹。可以用同样的方法建立"图像"和"背景音乐"等文件夹，如图 4-19 所示。此处建立不同文件夹的目的是方便用户对素材进行分类管理。

③ 选择"图像"文件夹，单击"导入媒体文件"按钮，在打开的"浏览媒体文件"对话框中（见图 4-20）把准备好的图像素材导入到"图像"文件夹中。用同样的方法可以将视频、背景音乐等导入到相应的文件夹中。

图 4-19　素材库分类文件夹　　　　图 4-20　"浏览媒体文件"对话框

4．添加素材到时间轴面板

在进行视频编辑前，需要将素材添加到时间轴面板中。会声会影的时间轴面板可以添加的素材包括视频、照片（图像）、音频、字幕等。具体的操作方法：在素材库中找到素材，用鼠标拖动素材到时间轴面板的对应轨上。照片和视频放在视频轨或覆叠轨上，声音文件放在声音轨或音乐轨上，字幕素材放在标题轨中。

将素材添加到时间轴也可采用在时间轴面板上右击，在弹出的快捷菜单中选择插入的对象，例如，插入照片，则选择"插入照片"命令，在弹出的"浏览照片"对话框中选择需要插入的照片素材，单击"打开"按钮，将照片素材插入到视频轨中。

5．视频素材的编辑

在计算机上编辑影片的最大好处就是可以方便地对素材进行精确到帧的分割和修整。在会声会影中对视频素材的编辑可以通过预览窗口或直接在时间轴上进行修整。

（1）分割视频

即将一个大的视频分割为若干个小的视频，分割后可对每个小视频执行删除、移动等编辑操作。分割视频素材的具体操作步骤如下：

① 在"故事板视图"或"时间轴视图"中选择想要分割的素材。

② 将滑轨拖到要分割视频的具体位置，如 00:00:40:05 的位置即 40 秒 05 的位置，也可以直接在"时间码" `0:00:03:05` 的对应位置双击输入值。鼠标拖动时，由于精度的问题不能定位到具体位置，可单击 `◀‖` 或 `‖▶` 按钮进行微调，精确定位剪辑点。

③ 单击 `✂` 按钮，将素材从当前剪辑点分割成 2 部分。

（2）通过时间轴分割视频

具体操作步骤如下：

① 单击"时间轴视图"按钮，切换到时间轴视图。

② 拖动时间轴上滑轨到具体剪辑位置。

③ 在素材上右击，在弹出的快捷菜单中选择"分割素材"命令，将素材在滑轨所在的时间点分割为 2 部分。

除上述分割方法外，也可选择"编辑"→"按场景分割"或在素材上右击，在弹出的快捷菜单中选择"单素材修整"等方式对视频修整。

6. 应用转场效果

转场是一种特殊的滤镜效果，是在 2 个图像或视频之间创建某种过渡效果。在视频中运用转场效果，可以使素材之间的过渡更加自然、生动。

（1）手动添加转场效果

具体操作步骤如下：

① 在时间轴面板中，单击"故事板视图"按钮，将时间轴面板切换到故事板视图。

② 在素材库面板中，单击"转场"按钮 `AB`，此时的时间轴面板如图 4-21 所示，在 2 个缩略图之间有一个小方块，用于显示转场效果。

③ 在"转场"的下拉列表中从 16 类转场样式中选择具体的转场效果，如"3D"中的"外观"转场效果。

④ 拖动转场效果到时间轴面板中 2 个素材之间的小方块上，完成转场效果的添加。

（2）修改转场参数

转场效果添加后，可在播放器面板中预览效果；选择转场效果，可对转场效果进行设置。不同的转场效果其参数也不相同，以"3D"样式中的"外滚"效果为例，其参数修改的具体操作步骤如下：

① 单击故事板视图中 2 个缩略图之间的"转场效果"，然后单击素材库面板中"选项"，展开"选项"面板，如图 4-22 所示。

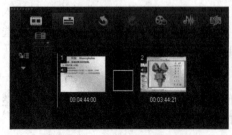
图 4-21　故事板视图添加转场

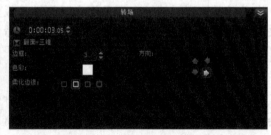
图 4-22　转场效果参数设置

② 在"选项"面板中单击"区间"数值框 `0:00:03:05` 中的对应数值，可以调整转场

的持续时间。

③ 在"选项"面板中的方向，单击不同的箭头可以设置转场的方向。

（3）更改和删除转场

若要更换其他转场效果，可直接将新的转场效果拖动到两个缩略图之间实现转场的更换。选择转场效果后，按【Delete】键也可删除转场效果。

7．应用覆叠效果

覆叠效果是会声会影提供的一种视频编辑方法，允许添加覆叠素材，与"视频轨"上的视频合并起来，以实现画中画等特效。

添加覆叠效果的具体操作步骤如下：

① 将视频或照片从素材库中拖动到覆叠轨上。

② 单击选中覆叠轨上的素材，在预览窗口中覆叠轨上的素材呈选中状态。

③ 在预览窗口中将鼠标指针移至覆叠素材绿色的调节点上，按住鼠标左键拖动鼠标，以调整覆叠素材的形状；将鼠标指针移至覆叠素材黄色的调节点上，按住鼠标左键拖动鼠标，以调整覆叠素材的大小。

④ 单击素材库面板中的"选项"按钮，在"属性"选项卡中可设置覆叠素材进入和退出的方向和样式；在"对齐选项"中可设置覆叠素材与主视频轨的对齐方式。

8．应用标题效果

标题在会声会影中指的是视频中的字幕或片头文字等，添加标题有助于让观众更加直观地了解视频内容，是视频作品中不可缺少的重要组成部分。会声会影允许用预设标题、单文字框和多文字框来添加文字、标注内容。

（1）添加预设标题

添加预设标题的具体操作步骤如下：

① 在素材库面板单击"标题"按钮，在素材库中显示系统预设标题。

② 选择需要的预设标题样式，将其拖动至标题轨上。

③ 单击标题轨上的标题样式，在预览窗口中双击，输入标题文字。

（2）添加单个标题或多个标题

添加单个标题或多个标题的具体操作步骤如下：

① 在素材库面板单击"标题"按钮。

② 在预览窗口中双击"双击这里可以添加标题"字样。

③ 在素材库面板的"编辑"选项卡中，如图 4-23 所示，选中"单个标题"或"多个标题"单选按钮，默认为选中"多个标题"单选按钮。

图 4-23　标题的"编辑"选项卡

④ 输入标题内容。若选中的是"多个标题"单选按钮，则在预览窗口中再双击，可输入下一个标题。

（3）编辑标题格式

双击"标题轨"上的标题素材，在预览窗口中选中第一个标题，素材库的"编辑"选项卡可对标题格式进行设置。包括字体、字号、字形、字体颜色、字体样式、标题的对齐、边框等，如图4-23所示。

（4）调整标题播放时间

在"标题轨"上单击需要调整的素材，将鼠标移动到标题素材的头或尾处，当鼠标指针变为一个双向箭头时，拖动鼠标可调整标题播放的时间。或者在"编辑"选项卡的"区间"数值框中直接输入播放的时间，如在数值框中输入 00:00:04:00，即设置标题的播放时间为4秒。

（5）为标题应用动画效果

在"标题轨"上单击需要设置动画效果的素材，切换到素材库面板中的"属性"选项卡，如图4-24所示，选中"动画"单选按钮，选中"应用"复选框，再"选取动画类型"下拉列表中选择一种动画类型，如淡化，最后在下方的"淡化"动画类型的预设动画效果中选择一种效果，完成标题动画效果的设置。

图 4-24　标题的"属性"选项卡

9. 应用滤镜效果

视频滤镜也是为视频素材添加的一种视频特效，可以改变视频文件的外观和样式。应用滤镜的操作步骤如下：

① 单击素材库面板中"滤镜"按钮，切换到"滤镜"选项卡。

② 将滤镜拖动到需要应用滤镜的素材上即可。

选择应用了滤镜的素材，打开素材库中"属性"选项卡，如图4-25所示，在"属性"选项卡中可对应用的滤镜进行编辑操作。

图 4-25　滤镜的"属性"选项卡

① 选中"替换上一个滤镜"复选框，则当拖动一种新滤镜到素材上时，会用新滤镜替换原滤镜；若不选中该复选框，则可对素材应用多种滤镜效果。

② 方向/样式，用于设置素材出现以及退出时的动画的方向和样式。

③ 单击"自定义滤镜"按钮，可对应用的滤镜详细参数进行设置。

④ 选中滤镜列表框中应用的滤镜效果，单击右侧的"×"可删除该滤镜。

10. 音频的相关操作

在会声会影中，添加音频和编辑音频等操作与添加视频和编辑视频等操作非常接近，因此对于音频的操作请借鉴视频的相关操作步骤，这里不再过多叙述。

11. 分享

在会声会影中，音视频的输出是在分享步骤中完成的。在分享步骤中可以执行的操作包括创建视频文件、创建音频文件、创建光盘、导出到移动设备、项目回放、DV 录制、HDV 录制、上传到网站等 8 个选项。

将编辑好素材输出成视频文件的具体操作步骤如下：

① 在会声会影中，单击"分享"按钮，切换到分享窗口。

② 单击"分享"选项中"创建视频文件"按钮，在弹出的菜单中，有多种输出选项供用户选择，如图 4-26 所示。其中，"与项目设置相同"选项，是指输出的视频文件使用当前项目的设置；"与第一个视频素材相同"选项，是指输出的视频文件使用视频轨上第一个视频素材的设置；"自定义"选项，由用户选择自己的设置来创建影片和视频。

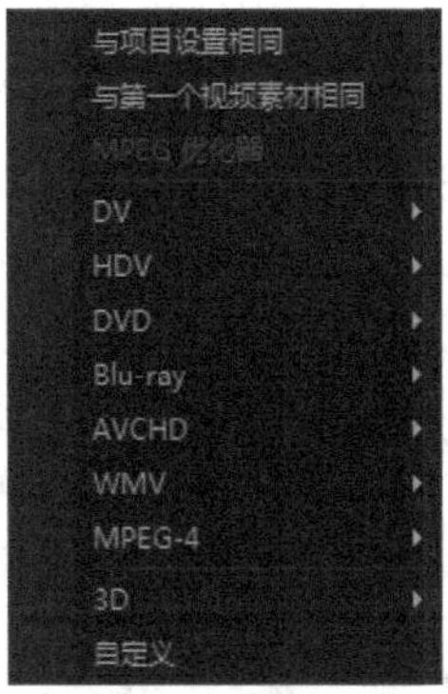

③ 选择"自定义"选项后，在弹出的"创建视频文件"对话框中，和其他软件中保存文件的方法相似，选择保存位置，输入一个文件名，保存类型选择"MPEG-4 文件（*.mp4；*.m4v）"，即将编辑的素材输出为 MP4 格式的视频文件。

图 4-26 视频文件的输出选项

④ 单击"选项"按钮，在弹出的"视频保存选项"对话框中可查看视频格式的相关参数。选择"常规"选项卡，主要需要设置视频帧的大小，其余可采用默认值。帧大小的设置应根据素材中素材的帧大小设置输出视频的帧大小，以保证视频输出的清晰度。在"压缩"选项卡中，设置视频的压缩格式，即视频类型和视频的数据速率，音频的类型和采样频率等。

⑤ 单击"确定"按钮，完成"视频保存选项"的设置。

⑥ 单击"保存"按钮，完成视频输出的设置，开始输出视频文件。

4.5 医学常用软件介绍

4.5.1 医院信息管理系统

医院信息管理系统，即 Hospital Information System，简称 HIS 系统，是指利用计算机软硬件技术、网络通信技术等现代化手段，对医院及所属各部门提供病人诊疗信息和行政管理信息的收集、存储、处理、提取和数据交换的能力并满足授权用户的功能需求的平台。

医院信息管理系统分为行政管理系统和事务处理两大部分，其中行政管理系统包括人事管理系统、财务管理系统、后勤管理系统、医疗设备管理系统等子系统；事务管理是医院的主要业务，又可细分为门诊管理、住院管理、药品管理、病案管理等子系统。

医院信息管理系统是现代化医院运营的必要技术支撑和基础设施，实现医院信息管理系统的目的就是为了以更现代化、科学化、规范化的手段来加强医院的管理，提高医院的工作效率，改进医疗质量。

4.5.2 统计学软件

目前在医学院校和临床的科学研究中常用的统计学分析软件主要是 SAS 和 SPSS 这 2 种。SAS 是英文 Statistical Analysis System 的缩写，即统计分析系统，是国际最为流行的一种大型统计分析系统，被誉为统计分析的标准软件；SPSS 是英文 Statistical Package for the Social Science 的缩写，即社会学统计程序包，是仅次于 SAS 的统计软件工具包。

在医学研究领域，经常应用 SAS 和 SPSS 的统计分析功能进行数据集的建立和整理、统计描述、统计推断以及统计表达。

在医学中最为常见的 2 种资料类型分别是定量资料和分类资料，对于定量资料，在 SPSS 软件中可以利用 Descriptive Statistics 过程进行描述性统计，而 SAS 软件可以利用 means、summary、univariate 等过程进行描述性统计；对于分类资料，SPSS 软件可利用 crosstab 过程进行描述性统计，SAS 软件可以利用 FREQ 过程进行描述性统计。

SPSS 软件和 SAS 软件均可进行 t 检验、方差分析、非参数检验、回归分析等用于医学数据的统计推断，也可通过卡方检验对分类资料进行统计推断。

SPSS 软件和 SAS 软件均可绘制条图、线图、散点图、直方图、圆图、箱式图等对分析结果进行统计表达。

应用统计分析软件对临床试验过程中所获得的大量医学数据进行处理，能快速准确地得到统计结果，这为医学科研提供了强有力的支持。

小　结

本章主要讲述了 WinRAR、Acrobat、Snagit、会声会影这 4 个工具软件的基本操作方法。通过学习，应掌握 WinRAR 创建压缩文件与解压缩文件的方法；掌握 Acrobat 创建 PDF 文件的方法；掌握 Snagit 定时器的使用以及截取滚动屏幕、菜单等内容的方法；掌握会声会影制作影片的一般流程，能够编辑简单的视频文件。

使用计算机的过程就是应用各种软件、工具等完成任务、实现目标的过程，掌握一些常用工具、软件的使用，可以提高工作效率，培养学习计算机的兴趣。

思　考　题

1. 常见的压缩文件格式有哪些？WinRAR 都能压缩成哪些格式的压缩文件？
2. Adobe Acrobat 的"查找"和"搜索"功能有什么区别？
3. Snagit 在捕获图像时都包括哪些捕获类型？
4. 会声会影制作视频的一般步骤是什么？
5. 会声会影能够支持哪些类型的素材？

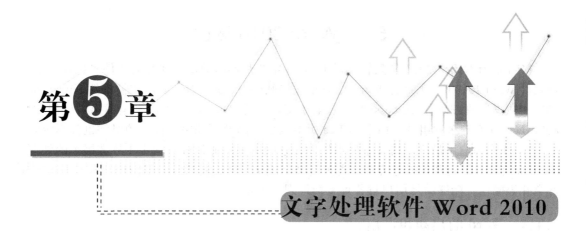

第**5**章

文字处理软件 Word 2010

导读

本章共分为 7 个小节：第 1 节对 Word 进行了概述，介绍了其启动和退出的方法、窗口的组成和几个基本的相关概念；第 2 节至第 6 节讲述了 Word 中常用的编辑功能，包括文档的基本操作、格式化设置、图文混排和表格制作等；第 7 节介绍了 Word 的一些高级功能，包括样式、目录、审阅和修订以及邮件合并等。

内容结构图

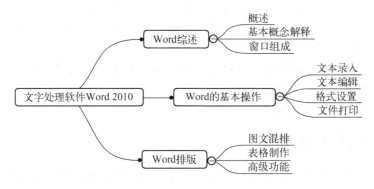

学习目标

- 掌握：Word 文件的基本操作、文档的编辑与格式化、表格的编辑与格式化、图像与文字混合排列的相关操作。
- 熟悉：Word 应用软件窗口的组成和基本操作、目录的生成、文档的审阅与修订。
- 了解：Word 的邮件合并。

5.1 Word 2010 概述

Microsoft Office 2010 是微软公司于 2010 年 7 月推出的新一代办公软件，包含文字处理软件 Word 2010（以下简称 Word）、电子表格软件 Excel 2010、演示文稿软件 PowerPoint 2010、数据库管理软件 Access 2010、电子邮件软件 Outlook 2010 和桌面出版应用软件 Publisher 2010 等多种组件。由于 Office 版本众多，因此不同版本包含的组件也各不相同。

Word 作为应用最广泛的文字处理软件，它的主要功能是进行文字（或文档）的处理。Word 拥有简单、直观的操作界面，可进行文字编辑、文档排版、表格制作、图文混排、邮件合并等操作，能够满足用户对各种文档处理的要求。

5.1.1 Word 的启动和退出

文字处理软件 Word、电子表格软件 Excel 和演示文稿软件 PowerPoint 是 Office 办公软件的三大核心组件，软件界面和操作方法有很多相似之处。掌握其中一个应用软件的用法后，对于学习其他应用软件会有很大帮助。

1．Word 的启动

作为 Windows 环境下的应用软件，Word 的启动方法有以下几种：

① 依次选择"开始"→"所有程序"→Microsoft Office→Microsoft Word 2010 命令。

② 双击桌面上的"Word 2010"快捷方式图标。

③ 双击已创建的 Word 文档。

2．Word 的退出

退出 Word 的方法有以下几种：

① 单击 Word 窗口标题栏右上角的"关闭"按钮 ██ × 。

② 双击 Word 窗口标题栏左侧的"控制菜单"图标 ██，或单击控制菜单图标，在弹出的下拉菜单中选择"关闭"命令。

③ 右击 Word 窗口的标题栏，在弹出的快捷菜单中选择"关闭"命令。

④ 选择"文件"→"退出"命令。

⑤ 使用【Alt+F4】组合键。

5.1.2 Word 窗口的组成

Word 窗口主要由标题栏、功能区、导航窗格、编辑区、滚动条、状态栏、视图工具栏组成，如图 5-1 所示。

1．标题栏

标题栏位于窗口的顶端，由"控制菜单"按钮 ██、"快速访问工具栏" ██ ♈ ♈ ▾ 、正在编辑的文档名、程序名和窗口"控制按钮"组成。

"控制菜单"按钮位于标题栏最左侧，单击此按钮，弹出下拉菜单，选择相应的命令可对窗口执行还原、最小化和关闭等操作。

"快速访问工具栏"提供了一些常用的命令按钮。默认显示"保存"、"撤销"和"恢复" 3 个按钮，用户可根据自身的需求对按钮进行添加和删除。自定义快速访问工具栏的方法：

在"快速访问工具栏"的下拉列表中选择需要添加的命令，如果添加的命令不在列表中，则需要选择"其他命令"选项，弹出"Word 选项"对话框，如图 5-2 所示，在右侧的列表框中添加新的命令。

图 5-1　Word 窗口界面

图 5-2　自定义快速访问工具栏

标题栏最右侧的"控制按钮"从左至右依次为"最小化"按钮▭、"最大化/还原"按钮▣和"关闭"按钮✕，单击按钮即可进行相应的操作。

2．功能区

功能区由"文件"、"开始"、"插入"、"页面布局"、"引用"、"邮件"、"审阅"、"视图"和"加载项"九个选项卡组成。功能区的布局为用户提供了常用命令的直观访问方式，极大地提高了 Word 的可操作性。

"文件"选项卡执行与文档相关的基本操作，包括"打开"、"保存"、"另存为"、"关闭"和"打印"等命令，以及 Word 相关设置的"选项"命令。其他选项卡对命令进行了不同的分组显示，如图 5-3 所示。部分组的右下角有一个"对话框启动器"按钮▫，单击此按钮会弹出相应的对话框，在对话框中可进行更多的操作。用户可以单击功能区右上角的"功能区最小化"按钮︿和"展开功能区"按钮﹀将功能区最小化和展开，并且可以单击"帮助"按钮❓搜索相关帮助。

图 5-3　功能区

3．导航窗格

导航窗格为用户提供了精确的导航功能，使用户能够轻松查找并定位到想查阅的段落或特定的对象。导航方式有 4 种：标题导航、页面导航、关键字（词）导航和特定对象导航。显示"导航窗格"的方法：在"视图"选项卡上"显示"组中，选中"导航窗格"复选框。

4．编辑区

编辑区是显示并对文档进行编辑的主要区域。在编辑区中，有个闪烁的竖光标称为插入点，用来显示当前输入位置。

5．滚动条

滚动条包括水平滚动条和垂直滚动条，由滚动滑块和滚动箭头组成，用户可以通过鼠标轮控制、鼠标拖动控制或键盘控制，实现上、下、左、右工作区的调整。

6．状态栏

状态栏显示当前文档的各种编辑状态，包括页码、字数统计、拼音、语法检查和改写（或插入）等。

7．视图工具栏

在视图工具栏右侧，用户可通过单击"缩小"按钮⊖和"放大"按钮⊕来调整文档编辑区的显示比例，也可以直接拖动比例滑块进行调整。视图工具栏左侧的按钮▤▥▦▧▨分别代表页面视图、阅读版式视图、Web 版式视图、大纲视图和草稿 5 种视图模式。

视图模式即文档的显示方式，不同的视图模式对应于不同的编辑目的，从而突出显示文档的某些内容。

（1）页面视图

页面视图充分体现了 Word 文档"所见即所得"的特点，是程序默认也是用户使用最广泛的一种视图模式。在页面视图中，可以进行编辑文本、插入图片、页面布局等操作，是打印效果的真实显示。

（2）阅读版式视图

阅读版式视图对视图方式进行了优化，便于用户在计算机上以最大的空间阅读文档。

（3）Web 版式视图

Web 版式视图是显示文档在 Web 浏览器中的外观，它通过网页的形式显示文档，以便于用户联机阅读。

（4）大纲视图

大纲视图使用缩进文档标题的形式表示标题在文档结构中的级别，可以清晰地显示文档的结构，主要用于较长文档的编辑。

（5）草稿

草稿中用户只能看到标题和正文，取消了页面边距、分栏、页眉页脚和图片等元素，是最节省计算机系统硬件资源的视图方式，比较适用于大量文本的输入操作。

5.1.3　Word 的基本概念

为了更好地理解和学习，下面介绍几个 Word 中常用的概念。

1．字符

Word 中汉字、数字、字母和标点符号等统称为字符，是格式设置的基本单位。

2．段

Word 中的段落是以段落标记"↵"区分的。段落标记一般在一个段落的尾部显示，包含了该段落的格式信息，通过按【Enter】键产生。

段落标记在 Word 中是默认显示的，用户可以通过设置来显示或隐藏段落标记，具体操作步骤如下：

① 选择"文件"→"选项"命令，弹出"Word 选项"对话框，选择"显示"选项，如图 5-4 所示。

② 在右侧"始终在屏幕上显示这些格式标记"组中不选中"段落标记"复选框，单击"确定"按钮，返回 Word 编辑窗口。

③ 单击"开始"选项卡上"段落"组中的"显示/隐藏编辑标记"按钮 ，按钮黄亮显示即为"显示编辑标记"状态（段落标记为编辑标记的一种）；如果按钮没有黄亮显示则为"隐藏编辑标记"状态，段落标记不再显示。

3．节

节是划分 Word 文档的一种方式，是文档格式化的最大单位，不同的节可以进行不同的页面布局。Word 默认整篇文档为一节，故整篇文档的页面设置是相同的。"分节符"是划分节的符号，它存储了"节"的格式设置信息。用户可以单击"开始"选项卡上"段落"

组中的"显示/隐藏编辑标记"按钮 ⵑ 显示或隐藏"分节符"。如果在 Word 的文档中插入了分节符，则在页面设置、分栏排版等操作中，可以设置操作应用于"本节"。

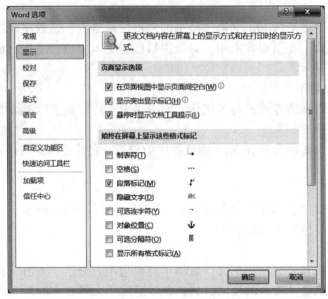

图 5-4 "Word 选项"对话框

5.2 Word 的基本操作

5.2.1 文档的文件操作

Word 文档的文件操作主要包含文档的创建、保存、打开、关闭和加密。

1. 文档的创建

用户可以创建空白的 Word 文档，也可以创建系统自带的模板文档。创建新的空白 Word 文档的方法有多种，下面介绍几种常用方法：

① 在桌面或文件夹空白区域右击，在弹出的快捷菜单中选择"新建"→"Microsoft Word 文档"命令，桌面或文件夹中即出现名为"新建 Microsoft Word 文档.docx"的空白文档。

② 选择"文件"→"新建"命令，在弹出的新窗口中双击"空白文档"按钮，系统会自动创建一个名为"文档 1"的空白文档。

③ 单击"快速访问工具栏"中的"新建"按钮 ，可快速创建新的空白文档。

④ 使用【Ctrl+N】组合键，也可创建新的空白文档。

Word 提供了多种用途的文档模板供用户选择。例如，简历模板、报表模板、书信模板、博客文章模板等。借助这些模板，用户可以快速地创建出外观精美、格式专业的 Word 文档。选择"文件"→"新建"命令，在打开的"可用模板"区域中可单击"博客文章"或"书法字帖"按钮。同样地，可以单击"样本模板"按钮，在打开的众多模板中选择一个模板，如图 5-5 所示，双击此模板或者单击"创建"按钮，即可创建一个新的模板文档。

另外，Office 网站还提供了证书、奖状、名片、简历等特定功能模板，用户的计算机联网后，可以搜索 Office Online 上的模板，并可下载使用。

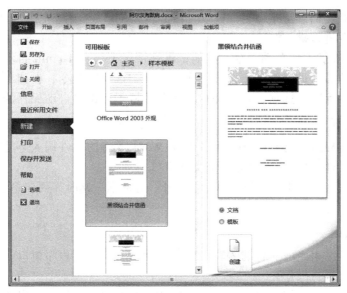

图 5-5　新建模板文档

2．文档的保存

Word 提供了多种保存文档的方法，用户应在文档编辑的过程中或编辑后及时保存。常用的保存方法有以下几种：

① 选择"文件"→"保存"命令。

② 单击"快速访问工具栏"中的"保存"按钮 🖫 。

③ 使用【Ctrl+S】组合键。

如果要保存的文档是新建文档，系统则会弹出"另存为"对话框，如图 5-6 所示。用户可在此对话框中更改文档的文件名、保存位置和保存类型，Word 2010 的文件扩展名为".docx"。

图 5-6　"另存为"对话框

若用户需要对文档进行重命名、更改文档类型和位置等操作，也可以通过选择"文件"→"另存为"命令进行操作。

Word 为用户提供了"自动保存"功能，默认情况下每隔 10 min 自动保存一次，用户也可以根据自身的需求进行修改。选择"文件"→"选项"命令，在弹出的"Word 选项"对话框中，选择"保存"选项，在"保存文档"区域中可设置自动保存的时间。

3．文档的打开

打开文档是将磁盘上已有的 Word 文件或 Word 支持的文件调入应用程序窗口进行编辑。每打开一个文件，Word 则建立一个文档窗口。

选择"文件"→"打开"命令，弹出"打开"对话框，此时需要向系统提供文件类型、文件位置和文件名等信息。

4．文档的关闭

关闭文档是指结束当前文档的编辑工作，返回 Word 应用程序窗口，这时仍然可以对其他未关闭的文档进行操作。

选择"文件"→"关闭"命令可以结束当前文档的编辑工作，返回 Word 应用程序窗口，这时仍然可以对其他未关闭的文档进行操作。如果对当前文档进行过修改操作而未保存，则系统会弹出"询问"对话框，提示保存文件。

直接单击 Word 右上角"窗口控制按钮"的"关闭"按钮，也会关闭当前文档。如果没有其他文档在编辑，则将退出 Word。

5．文档的加密

用户可以通过以下 2 种方法对 Word 文档进行加密：

① 选择"文件"→"信息"命令，在"保护文档"下拉列表中选择"用密码进行加密"命令，在弹出的"加密文档"对话框中输入密码即可完成加密。

② 选择"文件"→"另存为"命令，弹出"另存为"对话框，如图 5-6 所示，选择"工具"下拉列表中的"常规选项"命令，在弹出的"常规选项"对话框中可以设置并修改密码。

注意：如果想要取消密码，用户只需按照上述操作，在"加密文档"对话框或"常规选项"对话框中将密码删除即可。

5.2.2　文档的编辑

Word 文档的基本编辑主要包括以下几个部分：文本的输入，文本的选取，移动、复制和删除文本，撤销和恢复。

1．文本的输入

用户在输入文本之前，首先需要确定插入点的位置。在 Word 的编辑窗口中，会出现一个垂直闪烁的光标，称为插入点，用户可在此开始输入文档内容。

文本输入过程中，当文字到达一行的边界时会自动跳转到下一行。如果输入的文本未到达一行的边界可以按【Shift+Enter】组合键来换行，这时会产生标记 ↓，但这只是一整段的段内换行，如果想另起一段，需要按【Enter】键。

2. 文本的选取

在 Word 文档编辑过程中，通常需要对某部分文本进行格式设置、移动、复制、删除等一系列操作，在这之前首先需要选取文本对象。常见选取文本的情况有以下几种：

① 选取连续区域的文本：通过拖动鼠标选取文本是最常见、最灵活的办法。用户在要选定的本文开始处按住鼠标左键不放，并往下拖动，到结束处再释放。被选取的文本将以反白显示，如图 5-7 所示。如果所要选取的文本比较长，不方便拖动鼠标，则可以在文本的起始处单击，然后按住【Shift】键的同时单击准备选取文本的结尾处。

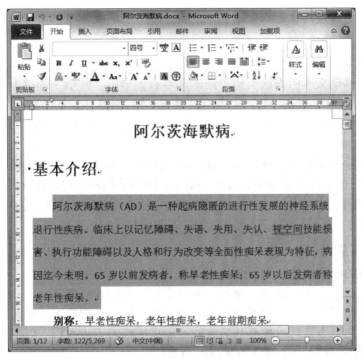

图 5-7　文本的选取

② 选取一个单词：双击该单词。

③ 选取一行或多行文本：将鼠标光标移至该行的左侧，鼠标指针变为指向右上方的箭头 ⤢ 时，单击即可选取该行。如果单击后按住鼠标左键不放，拖动鼠标向上或向下移动，即可选取多个连续的行。

④ 选取一个句子：按住【Ctrl】键，在该句的任何位置单击。

⑤ 选取一个段落或多个段落：将鼠标光标移至该段落的左侧，鼠标指针变为指向右上方的箭头 ⤢ 时，双击即可选取该段。如果在双击后按住鼠标左键不放，拖动鼠标向上或向下移动，即可选取多个相邻的段落。也可在段落的任何位置三击选取段落。

⑥ 选取矩形文本（不包含表格单元格中的内容）：按住【Alt】键，拖动鼠标。

⑦ 选取不相邻的文本：选取一部分文本后，按住【Ctrl】键，再选取其他部分文本。

⑧ 选取整篇文档：将鼠标光标移至文档正文的左侧，鼠标指针变为指向右上方的箭头 ⤢ 时，三击；或按住【Ctrl】键的同时单击；还可以使用【Ctrl+A】组合键选取整篇文档。

3．移动、复制和删除文本

（1）移动文本

在文档编辑过程中，难免会遇到文本位置颠三倒四的情况，用户可以通过移动文本进行调整。移动文本的方法：首先选取文本，单击"开始"选项卡上"剪贴板"组的"剪切"按钮 ✂剪切（或按【Ctrl+X】组合键），然后将光标移动到目标位置，单击"剪贴板"组的"粘贴"按钮 📋（或按【Ctrl+V】组合键）。

如果近距离移动文本，则可以直接将选取的文本用鼠标拖动到目标位置。

注意：选取文本后，在选取文本区域右击，在弹出的快捷菜单中也会出现剪切、复制和粘贴命令。

（2）复制文本

复制文本与移动文本的方法类似，选取文本后，单击"开始"选项卡上"剪贴板"组的"复制"按钮 📋复制（或按【Ctrl+C】组合键），然后到目标位置粘贴即可。

如果近距离复制文本时，按住【Ctrl】键后，再将所选取的文本拖动到目标位置。

（3）删除文本

选取需要删除的文本后，按【Backspace】键或者【Delete】键。如果需要删除的文本比较少，可以将光标定位在文本中，按【Backspace】键或者【Delete】键进行删除。【Backspace】键与【Delete】键的区别：【Backspace】键删除的是光标前面的文本，【Delete】键删除的是光标之后的文本。

4．撤销和恢复

在文档编辑的过程中，Word 能自动记录最近执行的操作，如果进行了不正确的操作而想返回到原来的状态，可以通过"撤销"或"恢复"功能进行更正。

单击"快速访问工具栏"中的"撤销"按钮 ↩，可以撤销最近一步的操作。选择"撤销"下拉列表中的命令，可以按照从后到前的顺序撤销若干步操作，但不能撤销不连续的操作步骤。也可按【Ctrl+Z】组合键执行撤销操作。

执行"撤销"操作后，还可以通过"恢复"命令将文档还原到最新的状态。单击"快速访问工具栏"中的"恢复"按钮 ↪，或者按【Ctrl+Y】组合键。

5.2.3　查找和替换

在编辑文本时，难免会遇到需要在大篇幅文本中查找多次出现的某个词语或某个错别字，如果人工逐个查找和修改，效率会很低并且很容易遗漏。Word 提供了强大的查找和替换功能，不仅可以查找和替换文本，还可以查找和替换文本格式、段落标记、分页符等。

1．查找

单击"开始"选项卡上"编辑"组中的"查找"按钮 🔍查找（或按【Ctrl+F】组合键），文档的左侧会出现"导航"窗格，在"搜索框"中输入需要查找的文本，查找到的对象会以黄色突出显示，并且在导航窗格中会显示出每个对象所在的位置，如图 5-8 所示。

如果需要对文本进行更加详细的查找，选择"查找"下拉列表中的"高级查找"命令，弹出"查找和替换"对话框，如图 5-9 所示，单击"更多"按钮，可以对格式、特殊符号等进行相应的查找。

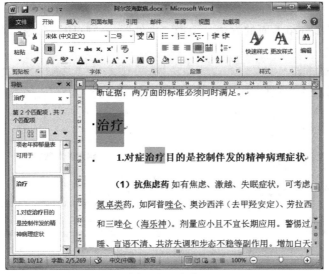

图 5-8　查找

图 5-9　"查找和替换"对话框

2．替换

单击"开始"选项卡上"编辑"组中的"替换"按钮 <img alt="替换" /> 替换（或按【Ctrl+H】组合键）。在弹出的"查找和替换"对话框中输入需要查找以及替换的内容，单击"更多"按钮，同样可以对要查找或替换的内容进行格式设置。

5.2.4　打印预览和打印

用户在打印之前可以通过"打印预览"功能查看打印效果，以便对文档的页面布局进行及时调整。

进入打印预览和打印界面的方法：选择"文件"→"打印"命令，系统会弹出图 5-10 所示界面。

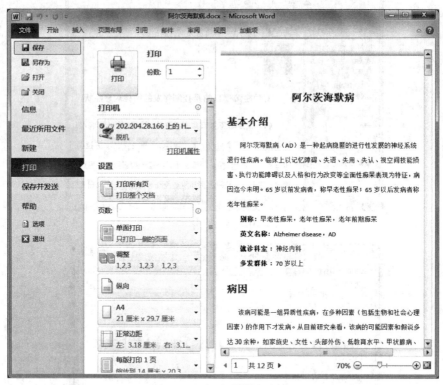

图 5-10　打印预览与打印

界面右半部分显示的是文档的打印预览效果，可以进行快速翻页以及调整预览文档的显示比例。确认文档无误后，可以选择打印机和打印的份数并进行其他一些页面的设置。设置完毕后，单击"打印"按钮即可完成打印任务。

有 2 种比较快捷的方法进入打印预览和打印界面，按【Ctrl+P】组合键，或者单击"快速访问工具栏"中的"打印预览与打印"按钮或"快速打印"按钮。

5.3　Word 的格式设置

为了使 Word 文档更加美观和形象，用户可以对文档进行一系列的格式设置，包括文本格式、段落格式、添加项目符号和编号、边框和底纹等。

5.3.1　字符的格式化

字符的格式化主要包括设置字符的字体、字形、字号、颜色、效果和字符间距等。"开始"选项卡上的"字体"组提供了多个设置字符格式的命令按钮，如图 5-11 所示，移动鼠标光标到相关命令按钮，会显示该按钮的功能说明，用户可在选取文本后单击这些命令按钮对文本进行设置。

如果需要更高要求的操作，单击"字体"组中的"对话框启动器"按钮，弹出"字体"对话框，如图 5-12 所示，在此对话框中可选择相应的命令进行设置。

图 5-11 "字体"组

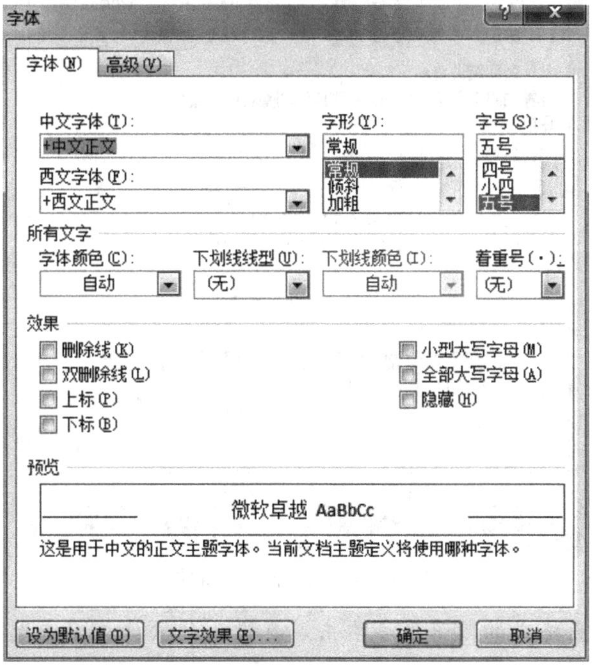

图 5-12 "字体"对话框

注意：选中需要设置格式的字符后，在选定区域右击，在弹出的快捷菜单中选择"字体"命令，也可弹出"字体"对话框。

5.3.2 段落的格式化

段落的格式化主要包括段落的对齐方式、段落缩进、段落间距和行间距的设置等。用户可以通过单击"开始"选项卡上"段落"组中的相关按钮进行设置，如图 5-13 所示。

图 5-13 "段落"组

如果需要进一步的设置，单击"开始"选项卡上"段落"组中的"对话框启动器"按钮 ，弹出"段落"对话框，如图 5-14 所示，在此对话框中可选择相应的命令进行设置。

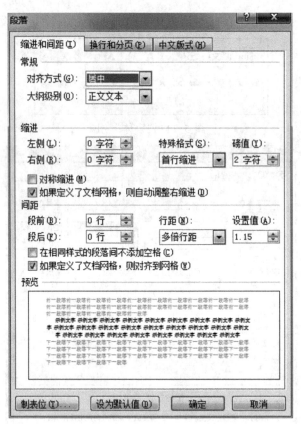

图 5-14 "段落"对话框

注意：在需要设置格式的段落区域右击，在弹出的快捷菜单中选择"段落"命令，也可弹出"段落"对话框。

1. 对齐方式的设置

段落的对齐方式是指段落内容在文档的左右边界之间的横向排列方式。Word 中段落的对齐方式共有 5 种，用户可以直接单击"段落"组提供的"对齐方式"按钮或者在"段落"对话框中设置。这 5 种对齐方式及其在"段落"组中对应的按钮分别为左对齐 ≣、居中对齐 ≣、右对齐 ≣、两端对齐 ▇ 和分散对齐 ▇。

2. 段落缩进的设置

段落的缩进是指调整文本与页面边界之间的距离。在图 5-14 所示的"段落"对话框"缩进"组中，可设置缩进方式和相应的缩进量。单击"段落"组中"减少缩进量"按钮 ▇ 或"增加缩进量"按钮 ▇，每次可缩进一个字符。

段落的缩进共有 4 种形式：左缩进、右缩进、首行缩进和悬挂缩进。

左（或右）缩进指设置整个段落左（或右）端距离页面左（右）边界的起始位置，是将整个段落向右（或左）缩进一定距离。

首行缩进是指将段落的首行从左侧向右缩进一定的距离，而段落的其他各行都保持不变。这种缩进方式方便用户阅读并区分文章段落结构，中文的每个段落通常首行缩进 2 个字符。

悬挂缩进是相对于首行缩进而言的，是将段落除首行之外的其他行从左侧向右缩进一定的距离。这种缩进方式常用于项目符号和编号列表。

3．段落间距的设置

段落间距指段落与段落之间的距离。在图 5-14 所示的"段落"对话框"间距"组中，可通过微调按钮设置间距值，也可直接输入精确的间距值。

另外，在"段落"组"行与段落间距"的下拉列表中，单击"增加段前间距"按钮 $\underline{\underline{\underline{\bullet}}}$ 增加段前间距(B) 或"增加段后间距"按钮 $\overline{\overline{\overline{\overline{\overline{\bullet}}}}}$ 增加段后间距(A) ，每次可增加 12 磅。

4．段落行距的设置

段落行距是指行与行之间的距离。用户可在图 5-14 所示的"段落"对话框"行距"组中进行设置。另外，选择"开始"选项卡上"段落"组"行与段落间距"的下拉列表中的命令，可设置相应的行距，选择数字"1.0"即将本段行距设置为"1.0 倍行距"。

5.3.3　项目符号和编号

项目符号和编号是放在文本前的符号或序号，应用对象是段落。用户可以直接添加 Word 提供的项目符号和编号，也可以根据需求自定义项目符号和编号。

1．项目符号

项目符号能使文档中并列的项目更加清晰、更有条理地显示，添加项目符号的步骤如下：

① 选取文档中需要添加项目符号的若干个段落或将光标定位在段落中。

② 在"开始"选项卡上"段落"组"项目符号"下拉列表中提供了多种类型的符号，如图 5-15 所示，选择需要的项目即可。

③ 如需自定义项目符号，选择"项目符号"下拉列表中的"定义新项目符号"命令，弹出"定义新项目符号"对话框，如图 5-16 所示。用户可在此对话框中设置更多类型的项目符号。

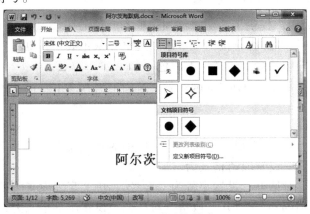
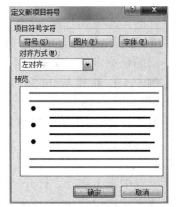

图 5-15　项目符号库　　　　　图 5-16　"定义新项目符号"对话框

2．编号

编号能为文档中的内容进行排序，使其条理分明、层次清晰。Word 提供了自动更新编号的功能，以便用户系统并完整地编辑。添加编号的步骤如下：

① 选取文档中需要添加编号的若干个段落。

② 在"开始"选项卡上"段落"组"编号"下拉列表中提供了多种类型的编号，选择一种编号单击即可。

③ 如需自定义编号格式，选择"编号"下拉列表中的"定义新编号格式"命令，弹出"定义新编号格式"对话框，用户可在此对话框中进行自定义设置。

注意： 在需要添加项目符号或编号的段落区域右击，弹出快捷菜单，可在"项目符号"和"编号"子菜单列表中选择相应的项目符号和编号。

5.3.4 边框和底纹

为文档中的文本或段落添加边框和底纹，不仅能突出重点，还能起到美化文档的效果。选择"开始"选项卡上"段落"组"下框线"下拉列表中的"边框和底纹"命令，弹出图 5-17 所示的"边框和底纹"对话框，在此对话框中进行边框和底纹的设置。

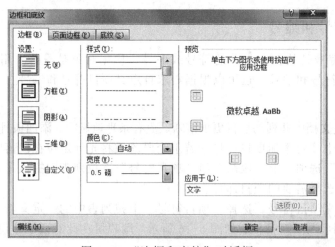

图 5-17 "边框和底纹"对话框

"开始"选项卡上的"字体"组为用户提供了为文本添加边框和底纹的按钮，用户可单击"字符边框"按钮 Ⓐ 和"字符底纹"按钮 Ⓐ 直接为文本添加边框和灰色底纹，也可选择"以不同颜色突出显示文本"下拉列表中的命令选择所需颜色。

【**例 5-1**】 新建 Word 文档并重命名为"高血压.docx"。在文档中输入文本并格式化文档，效果如图 5-18 所示。

【**解**】 具体操作步骤如下：

① 选中标题"高血压"，选择"开始"选项卡上"字体"组中的相应命令，设置字体格式为"小二、下划线、倾斜、加粗"，设置段落格式为"居中"。

② 选中正文部分，打开"字体"对话框，设置字号为"五号"；中文字体设置为"宋体"；西文字体设置为"Times New Roman"。打开"段落"对话框，设置段落格式为首行缩进 2 字符、多倍行距值为"1.15"。

③ 选中正文第一段文本，打开图 5-17 所示的"边框和底纹"对话框，选择"设置"组中的"方框"选项，在"样式"组中选择第一种样式，将颜色设置为"紫色"，宽度设置为"1.5"磅，选择"应用于"下拉列表中的"段落"命令。切换到"底纹"选项卡，将颜色设置为"橙色"，选择"应用于"下拉列表中的"文字"命令。

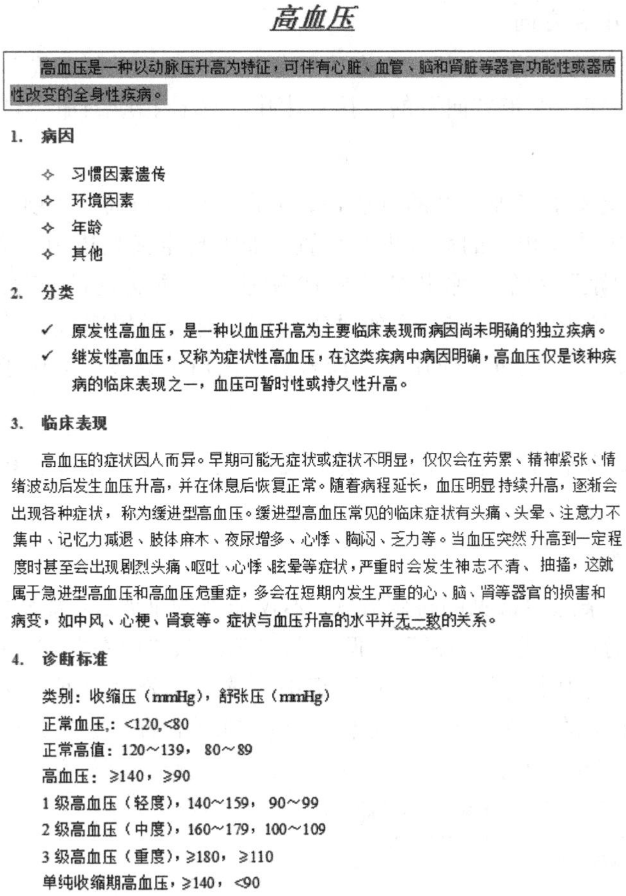

高血压

高血压是一种以动脉压升高为特征，可伴有心脏、血管、脑和肾脏等器官功能性或器质性改变的全身性疾病。

1. 病因

✧ 习惯因素遗传
✧ 环境因素
✧ 年龄
✧ 其他

2. 分类

✓ 原发性高血压，是一种以血压升高为主要临床表现而病因尚未明确的独立疾病。
✓ 继发性高血压，又称为症状性高血压，在这类疾病中病因明确，高血压仅是该种疾病的临床表现之一，血压可暂时性或持久性升高。

3. 临床表现

高血压的症状因人而异。早期可能无症状或症状不明显，仅仅会在劳累、精神紧张、情绪波动后发生血压升高，并在休息后恢复正常。随着病程延长，血压明显持续升高，逐渐会出现各种症状，称为缓进型高血压。缓进型高血压常见的临床症状有头痛、头晕、注意力不集中、记忆力减退、肢体麻木、夜尿增多、心悸、胸闷、乏力等。当血压突然升高到一定程度时甚至会出现剧烈头痛、呕吐、心悸、眩晕等症状，严重时会发生神志不清、抽搐，这就属于急进型高血压和高血压危重症，多会在短期内发生严重的心、脑、肾等器官的损害和病变，如中风、心梗、肾衰等。症状与血压升高的水平并无一致的关系。

4. 诊断标准

类别：收缩压（mmHg），舒张压（mmHg）
正常血压,：<120,<80
正常高值：120～139， 80～89
高血压：≥140，≥90
1 级高血压（轻度），140～159， 90～99
2 级高血压（中度），160～179，100～109
3 级高血压（重度），≥180， ≥110
单纯收缩期高血压，≥140， <90

图 5-18　高血压

④ 选中“病因”这一段（包括段落标记），设置字体格式为“加粗、蓝色”。选择“开始”选项卡上“段落”组“项目符号”下拉列表中的“1.2.3.……”编号类型，打开“段落”对话框，设置“段前、段后”间距为“0.5 行”。双击“开始”选项卡上“剪贴板”组中的“格式刷”按钮 格式刷，分别选取“分类”、“临床表现”和“诊断标准”所在段，再次单击“格式刷”按钮回到文档正常编辑状态。

⑤ 选中第三段至第六段，选择“开始”选项卡上“段落”组“项目符号”下拉列表中的项目符号 ✧；选中第八段至第九段，为其添加项目符号 ✓ 。

5.4 Word 的页面布局

为了使打印效果更加美观，用户可以通过页面布局对文档进行相应的设置。页面布局包括页面设置、分页和分节、页眉和页脚设置。

5.4.1 页面设置

编辑 Word 文档的目的通常是在打印纸上将文档打印出来，页面设置主要包括对纸张大小和方向、页边距、分栏排版和页面背景等设置。

1．设置纸张大小和方向

Word 默认纸张的大小为"A4"，方向为"纵向"，在"页面布局"选项卡上"页面设置"组"纸张大小"和"纸张方向"的下拉列表中，选择相应的命令进行设置。

2．设置页边距

Word 为用户预定义了多种类型的页边距，可在"页面布局"选项卡上"页面设置"组"页边距"下拉列表中选择相应的命令进行设置。如需自定义页边距，选择"页边距"下拉列表中的"自定义边距"命令，弹出如图 5-19 所示的"页面设置"对话框。在"页边距"选项卡中，用户可设置上、下、左、右的页边距值。对于设置完成的页边距值，用户可以将其应用于"整篇文档"，也可以应用于"插入点"之后，通过"应用于"下拉列表中的命令进行选择。

注意：单击"页面布局"选项卡上"页面设置"组中的"对话框启动器"按钮 ，可打开"页面设置"对话框。

3．设置分栏排版

"分栏"是报纸和杂志中常见的排版方式，不仅能节约纸张，还能使打印效果更加美观。Word 预定义了 5 种分栏方式："一栏"、"两栏"、"三栏"、"偏左"和"偏右"。具体操作步骤：在"页面布局"选项卡上"页面设置"组中，选择"分栏"下拉列表中的相应选项即可。如果需要更高要求的设置，选择"分栏"下拉列表中的"更多分栏"选项，弹出"分栏"对话框，如图 5-20 所示。

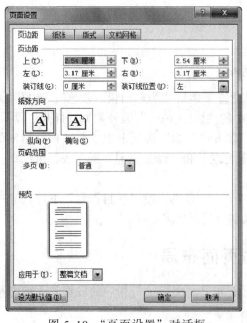

图 5-19 "页面设置"对话框

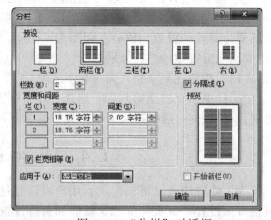

图 5-20 "分栏"对话框

在"分栏"对话框中，用户可以设置需要的栏数，也可以自定义分栏的宽度和间距。若选中"分隔线"复选框，则栏与栏之间会出现一条黑色的分隔线，使得界限更加清晰。

4．设置页面背景

在 Word 文档中，用户除了可以设置页面边框和水印图标，还可为页面背景设置填充效果，包括纯色颜色填充、渐变颜色填充、纹理填充和图片填充等效果。

【例 5-2】 为文档"高血压.docx"设置页面背景，效果如图 5-21 所示。

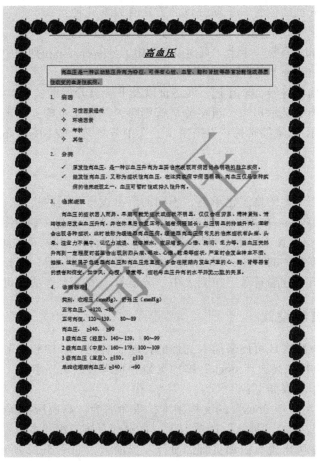

图 5-21 【例 5-2】效果图

【解】 具体操作步骤如下：

① 创建文档"高血压.docx"的文档副本，重命名为"高血压-页面设置.docx"。

② 打开此文档，单击"页面布局"选项卡上"页面背景"组中的"页面边框"按钮，弹出"边框和底纹"对话框，选择"艺术型"下拉列表中的第一种样式，单击"确定"按钮。

③ 在"页面布局"选项卡上"页面背景"组中，选择"页面颜色"下拉列表中的一种颜色。

④ 选择"页面布局"选项卡上"页面背景"组"水印"下拉列表中的"自定义水印"命令，弹出"水印"对话框。选择"文字水印"单选按钮，在"文字"文本框中输入文字"高血压"，"颜色"设置为"红色"，其他选项为默认设置。

5.4.2　分页和分节

Word 将整篇文档默认为一节进行页面设置，若需要对文档不同部分设置不同的版面或者对文档重新分页，则需要对文档执行分页和分节的操作。

1. 分页

在 Word 编辑过程中，当文档中的文字或图形到达一页的末尾时，Word 会自动跳转到新的一页。如果用户需要在特定的位置对文档强制分页，可以通过手动分页的方法实现。将光标定位到需要分页的位置，手动分页的方法有以下几种：

① 单击"插入"选项卡上"页"组中的"分页"按钮。

② 选择"页面布局"选项卡上"页面设置"组"分隔符"下拉列表中的"分页符"选项。

③ 使用【Ctrl+Enter】组合键。

分页符是一种编辑符号，标记上一页终止以及下一页开始的位置，如需要删除分页符，需要将分页符在文档中显示出来，再将分页符删除，其操作步骤：单击"开始"选项卡上"段落"组中的"显示/隐藏编辑标记"按钮 ，选中分页符，按【Backspace】键或【Delete】键即可删除。

2. 分节

作为 Word 文档最大的格式化单位，不同的节可设置不同的格式，包括纸张的大小和方向、页边距、页面边框、页眉和页脚、打印机纸张来源等。为文档分节主要通过插入"分节符"实现，Word 中设置了"下一页"、"连续"、"偶数页"和"奇数页"4 种不同功能的分节符。插入"分节符"的方法：将光标定位在需要分节的位置，选择"页面布局"选项卡上"页面设置"组"分隔符"下拉列表中"分节符"的某个选项即可。

5.4.3 页眉和页脚设置

文档的页眉和页脚区域可用来插入文档的标题、页码、日期和章节等附加信息。

【例 5-3】 为文档"高血压.docx"添加页眉和页脚效果。

【解】 具体操作步骤如下：

① 创建文档"高血压.docx"的文档副本，重命名为"高血压-页眉和页脚.docx"。

② 打开此文档，选择"插入"选项卡上"页眉和页脚"组"页眉"下拉列表中的"编辑页眉"命令，功能区出现页眉和页脚"设计"选项卡，如图 5-22 所示。

图 5-22　页眉和页脚工具"设计"选项卡

③ 在页眉的编辑区输入文字"高血压"，单击"设计"选项卡上"导航"组中的"转至页脚"按钮，光标即转到页脚编辑区域。

④ 选择"设计"选项卡上"页眉和页脚"组"页码"下拉列表中"页面底端"子菜单中的"加粗显示的数字 1"命令，将页码格式修改为"第 1 页，共 1 页"并将其文本格式设置为"五号、加粗"。

⑤ 单击"设计"选项卡上"关闭"组中的"关闭页眉和页脚"按钮，或者双击文档编

辑区即可退出页眉和页脚的编辑。

5.5　Word 的图文混排

为了使文档更加生动有趣，可以在文档中插入图片、剪贴画、图形、艺术字、公式和文本框等对象，还能对插入的对象进行相应的格式设置。

5.5.1　图片和剪贴画

Word 2010 为用户提供了图片编辑功能，包括设置图片大小、调整图片亮度和对比度、调整颜色、设置艺术效果等。

1．插入图片

将光标定位到插入图片的位置，单击"插入"选项卡上"插图"组中的"图片"按钮，在弹出的"插入图片"对话框中找到目标图片，单击"插入"按钮，即完成插入图片操作。用户也可以直接复制图片到文档中。

2．插入剪贴画

Word 预置了"剪贴画"素材库，用户可以直接插入素材库中的图片。单击"插入"选项卡上"插图"组中"剪贴画"按钮，弹出"剪贴画"任务窗格。在"搜索"文本框中输入描述所需剪贴画的单词或词组进行搜索，如需要限定搜索结果的媒体类型，可单击"结果类型"框中的箭头进行选择。选中插入的剪贴画后，单击该剪贴画右侧的下三角按钮，弹出快捷菜单，通过选择相应的命令执行插入、复制、从剪辑管理器中删除等操作。

3．图片格式化

图片插入到文档时，文档会将图片自动缩放显示。选中插入的图片，功能区会出现图片工具"格式"选项卡，如图 5-23 所示，用户可以通过该选项卡中的命令进行图片的格式化设置。

图 5-23　图片工具/"格式"选项卡

【例 5-4】在文档"高血压.docx"中插入剪贴画，并对剪贴画进行格式化设置。

【解】　具体操作步骤如下：

① 创建文档"高血压.docx"的文档副本，重命名为"高血压-图片格式化.docx"。

② 打开此文档，将光标定位到插入剪贴画的位置，单击"插入"选项卡上"插图"组中的"剪贴画"按钮，在弹出的"剪贴画"任务窗格"搜索文本"文本框中输入"医生"，单击"搜索"按钮，双击第一个剪贴画即可将其插入到文档中。

③ 选中该剪贴画，单击"格式"选项卡上"大小"组中的"对话框启动器"按钮，弹出"布局"对话框，具体设置如图 5-24 所示。切换到"文字环绕"选项卡，将"环绕方式"设置为"浮于文字上方"。

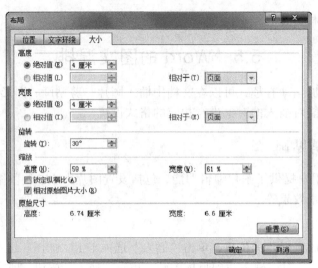

图 5-24 "布局"对话框

④ 选中剪贴画，选择"图片样式"组中"圆形对角，白色"样式。

⑤ 选择"图片效果"下拉列表中的"映像"选项，在其子菜单"映像变体"组中选择"半映像，4 pt 偏移量"命令。

⑥ 在"调整"组"颜色"下拉列表中，选择"重新着色"组中的"红色，强调文字颜色 2 深色"命令。

5.5.2 形状和 SmartArt 图形

除了可以插入图片和剪贴画，用户还可以通过 Word 提供的绘图工具进行图形的绘制，并可以对图形进行一系列格式化设置。

1. 插入形状

单击"插入"选项卡上"插图"组中的"形状"按钮，在弹出的形状列表中，用户可以绘制线条、矩形、圆形等基本图形，也可以绘制箭头、公式形状、流程图、标注等图形。选中插入的形状，功能区会出现绘制工具"格式"选项卡，用户可以通过选项卡上的命令对图形进行形状排列、形状样式等格式化设置。

【例 5-5】利用绘图工具绘制如图 5-25 所示的"房子"。

【解】 具体操作步骤如下：

① 在形状列表中，选择"三角形"命令绘制房顶，依次选择"矩形"、"直线"和"椭圆"命令绘制房子其他部分，并将绘制的图形拼接在一起。

② 选中"窗户"形状，右击，在弹出的快捷菜单中选择"添加文字"命令，在形状中输入文字"窗户"。

③ 选中房顶部分，在"格式"选项卡上"形状样式"组中，将"形状填充"下拉列表中填充颜色设置为"橙色，强调文字颜色 6，淡色 40%"。

④ 按住【Shift】键，依次选中绘制的形状，单击"格

图 5-25 【例 5-5】效果图

式"选项卡上"形状样式"下拉列表中"彩色轮廓-黑色,深色 1"样式,将光标移动到图形所在的位置,右击,在弹出的快捷菜单中选择"组合"命令。

⑤ 选中组合后的图形,在"格式"选项卡上"形状样式"组中,选择"形状效果"下拉列表中的"发光"选项,在其子菜单中选择"发光变体"组中的"蓝色,18 pt 发光,强调文字颜色 1"命令。

2. 插入 SmartArt 图形

为使文档信息表达的更加直观、形象和有效,用户可以在文档中插入 SmartArt 图形。SmartArt 图形包括了列表、流程、循环、层次结构、关系、矩阵、棱锥图和图片 8 种类型,用户可根据需求进行选择。

【例 5-6】 制作网上看病预约的流程图,效果如图 5-26 所示。

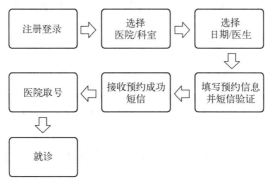

图 5-26 【例 5-6】效果图

【解】 具体操作步骤如下:

① 单击"插入"选项卡上"插图"组中的 SmartArt 按钮,弹出"选择 SmartArt 图形"对话框,在左侧列表框中选择"流程"选项,右侧窗格中选择"基本蛇形流程"命令,单击"确定"按钮。

② 在插入的流程图一侧弹出文本输入的对话框,在对话框中,输入完一项文本后,按【Enter】键进行下一项文本的输入。

③ 选中插入的图形,选择 SmartArt 工具"设计"选项卡上"SmartArt 样式"下拉列表中的"三维"组中的"优雅"命令。

5.5.3 公式和对象

在医学统计过程中,经常需要在文档中插入数学公式,Word 内置了公式编辑器以完成公式的编辑。除了公式外,整个文档也可以作为插入对象嵌入到文档中。

1. 插入公式

单击"插入"选项卡上"符号"组中的"公式"按钮 π,功能区会出现公式工具"设计"选项卡,如图 5-27 所示,用户可以选择此选项卡中命令进行公式的编辑。

【例 5-7】在文档中输入公式 $\lim\limits_{x \to 0} \sqrt{x^2 - 2x + 5} \pm \max\limits_{0 \leqslant x \leqslant 1} xe^{-x^2}$。

【解】 操作步骤如下:

① 在"设计"选项卡上"结构"组中,选择"极限和对数"下拉列表中的"函数"选

项，在其子菜单中选择"极限"命令。

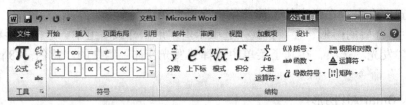

图 5-27 公式工具/"设计"选项卡

② 在"极限"函数下标处输入表达式"$x \to 0$"，将光标定位到函数位置，单击"结构"组中的"根式"按钮，选择"平方根"命令，在根式内部输入表达式"$x^2 - 2x + 5$"。

③ 单击"符号"组中的"加减"按钮 ±。

④ 单击"结构"组中的"极限和对数"按钮，在弹出的下拉列表中选择"极大值示例"命令。

2. 插入对象

除了图片和公式，整个文档也可以作为对象插入到 Word 文档中，并且可以在原文档中编辑。

【例 5-8】 新建 Word 文档，在文档中插入【例 5-1】建立的文档"高血压.docx"。

【解】 操作步骤如下：

① 将光标定位到插入文件的位置，单击"插入"选项卡上"文本"组中的"对象"按钮，弹出"对象"对话框。

② 选择"由文件创建"选项卡，如图 5-28 所示，单击"浏览"按钮。

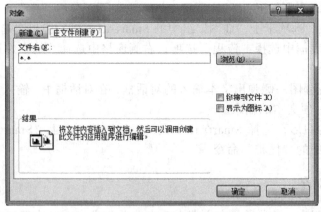

图 5-28 "对象"对话框

③ 在弹出的"浏览"对话框中，找到目标文档"高血压.docx"，单击"插入"按钮，即可将目标文档插入。

④ 用户在阅读过程中，双击该文件即可打开文档"高血压.docx"并进行编辑。

5.5.4 文本框和艺术字

作为插入对象，文本框和艺术字可以放置在文档的任意位置，并可以移动位置和调整大小。

1．插入文本框

文本框通常用于为图片或图形添加注释和一些说明性的文字。Word 提供了多种预设格式的文本框，用户也可以绘制并为其设置格式。

【**例 5-9**】 在文档"高血压.docx"中插入文本框，并对文本框进行格式化设置。

【**解**】 操作步骤如下：

① 创建文档"高血压.docx"的文档副本，重命名为"高血压-文本框.docx"。

② 打开此文档，选择"插入"选项卡上"文本"组"文本框"下拉列表中的"绘制竖排文本框"选项。按住鼠标左键拖动，在文档的空白部分绘制出文本框。

③ 在文本框中输入"高血压危害大，保持健康远离它"。将文本框中的文本设置格式为"华文楷体、红色、小四、加粗"。

④ 选中文本框，在"格式"选项卡上"大小"组中将文本框大小设置为"高 4.5 cm，宽 3 cm"。在"格式"组中，设置文本框的"填充颜色"为"黄色"，"形状轮廓"为"无轮廓"。

2．插入艺术字

艺术字为文字赋予艺术效果并以图形的形式表现，可起到美化文档的效果。

【**例 5-10**】 在文档中插入艺术字。

【**解**】 操作步骤如下：

① 创建文档"高血压.docx"的文档副本，重命名为"高血压-艺术字.docx"。

② 打开此文档，将光标定位在标题行并删除原有标题。

③ 选择"插入"选项卡上"文本"组"艺术字"下拉列表中"第 4 行，第 1 列"的样式，并在文本框中输入文字"高血压"。

④ 选中艺术字，功能区显示绘图工具"格式"选项卡，选择"艺术字样式"组"文本效果"下拉列表中的"转换"选项，在其子菜单中选择"弯曲"组中的"波形 1"命令，最终效果如图 5-29 所示。

图 5-29 艺术字

5.6 Word 的表格操作

在 Word 文档中，用户可以创建表格、编辑表格、设置表格格式并对表格中的数据进行计算。

5.6.1 创建表格

Word 提供了多种创建表格的方法，包括插入表格、绘制表格和文字转换为表格。

1. 插入表格

单击"插入"选项卡上"表格"组中的"表格"按钮,将光标移动到下拉列表中的网格上,选择所需的行、列数,单击之后表格便会插入到文档中。如需插入的表格超过网格设定的范围,用户可选择"表格"下拉列表中的"插入表格"命令,弹出如图 5-30 所示的对话框,在对话框中设置行、列数,单击"确定"按钮即可。

2. 绘制表格

通过绘制表格功能可以自定义需要的表格,具体步骤如下:

图 5-30 "插入表格"对话框

① 选择"插入"选项卡上"表格"组"表格"下拉列表中的"绘制表格"命令,光标变成铅笔形状 ∅。

② 将光标定位到需要绘制表格的位置,按住鼠标左键并向右下角拖动,当出现的虚线框达到适合的大小时释放鼠标左键,绘制表格外边框。

③ 使用相同的方法绘制表格内部需要的行线和列线,如图 5-31 所示。

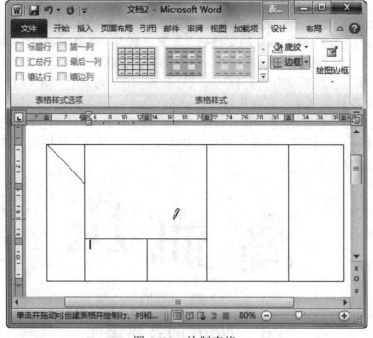

图 5-31 绘制表格

3. 文字转换为表格

对于 Word 文档中一些比较有规律的内容,即文字内容之间是以逗号、空格和段落标记等一些特定符号分隔的,可以将文本直接转换为表格。

【例 5-11】 将文档"高血压.docx"中最后 8 行文本转换成表格。

【解】 操作步骤如下:

① 创建文档"高血压.docx"的文档副本,重命名为"高血压-文字转换为表格.docx"。

② 打开此文档，选取最后 8 行文本，在"插入"选项卡"表格"组中，选择"表格"下拉列表中的"文本转换成表格"命令，弹出图 5-32 所示的对话框。

③ 在"将文字转换成表格"对话框中，设置如图 5-32 所示的参数，单击"确定"按钮，即将文本转换成表格。

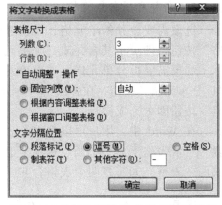

5.6.2 编辑表格

表格的编辑主要包括以下几个部分：表格的选取，插入或删除行、列，合并和拆分单元格，调整行高和列宽。

图 5-32 "将文字转换成表格"对话框

1．表格的选取

编辑表格的对象可以是整个表格，也可以是单元格、行和列，常见选取对象的情况和方法如下：

① 选取单元格：移动鼠标到需要选定的单元格左侧，当鼠标指针变为指向右上方的黑色箭头 ➹ 时，单击，即可选取该单元格。

② 选取行：移动鼠标到需要选定的行左侧，当鼠标指针变为指向右上方的白色箭头 ➷ 时，单击，即可选取该行。

③ 选取列：移动鼠标到需要选定的列上方，当鼠标指针变为指向下方的黑色箭头 ↓ 时，单击，即可选取该列。

④ 选取整个表格：移动鼠标到需要选定的表格左上角或者右下角，出现 ⊞ 或 □ 按钮，单击任一按钮即可选中整个表格。

选取连续的单元格、行或列，只需在选定一个对象后，按住鼠标左键不放，拖动鼠标向上或向下移动。如果选取不连续的对象，需要在选定一个对象之后，按住【Ctrl】键，再选取另一个或多个对象。

2．插入或删除行、列

将光标定位到需要插入行、列的位置，在表格工具"布局"选项卡上"行和列"组中，单击"在上方插入"按钮、"在下方插入"按钮、"在左侧插入"按钮和"在右侧插入"按钮完成插入行、列的操作，如图 5-33 所示。

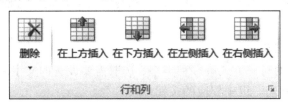

图 5-33 "行和列"组

如果需要删除行、列，则选取需要删除的对象后选择"行和列"组"删除"下拉列表中的相应命令进行删除。

3．合并和拆分单元格

选取需要合并的单元格，单击表格工具"布局"选项卡上"合并"组中的"合并单元格"按钮，即可将其合并成一个单元格。

如果需要拆分单元格，选取单元格，单击表格工具"布局"选项卡上"合并"组中的"拆分单元格"按钮，在弹出的"拆分单元格"对话框中设置拆分的行数和列数，单击"确定"按钮即可完成操作。

在 Word 中，用户可以将整个表格进行拆分和合并。将光标定位到需要拆分表格的位置，单击表格工具"布局"选项卡上"合并"组中的"拆分表格"按钮，即可将表格拆分成两个表格。如需将两个表格合并，只需删除表格之间的内容（包括段落标记）即可。

注意：选取对象后，右击，在弹出的快捷菜单中会出现"插入"、"删除单元格"和"合并单元格"等命令，用户可选择相应的命令进行操作。

4．调整行高和列宽

移动光标到行（或列）的边框位置，当鼠标指针变成 ÷ 或 ⊣⊢ 标记时，按住鼠标左键上、下（或左、右）拖动，行（或列）的边框显示成一条虚线，当虚线到达合适的位置释放鼠标左键即可。

如果需要对表格的行高和列宽进行精确的设置，则选取需要调整的对象后在表格工具"布局"选项卡"单元格大小"组中，选择相应的命令进行设置。

5.6.3 设置表格格式

编辑完表格内容后，为使表格更加美观和形象，可对表格的边框、文字对齐方式等进行相应的设置。

1．套用表格样式

Word 预置了多种漂亮的表格样式，用户可通过套用这些样式快速对表格格式化。选取表格或将光标定位在表格内，在表格工具"设计"选项卡上"表格样式"组中的样式库中，可选择一种样式应用到当前表格。

2．设置边框和底纹

选取需要添加边框和底纹的对象后，在表格工具"设计"选项卡上"表格样式"组中，选择"下框线"下拉列表中的"边框和底纹"命令，在弹出的"边框和底纹"对话框中进行相应的设置。

3．设置文本对齐方式

Word 表格中文字的对齐方式有多种类型，选取需要设置的文字后，单击表格工具"布局"选项卡上"对齐方式"组中相应的按钮即可。

5.6.4 表格的计算

在 Word 中，可以对表格中的数据进行求和、求平均数等简单的数学计算。通常情况下，在表格的底部或者右侧留出空白的一行或一列显示计算结果。

具体操作步骤如下：

① 将光标定位在需要存放结果的单元格。

② 单击表格工具"布局"选项卡上"数据"组中的"公式"按钮。

③ 在"公式"对话框中，选择"粘贴函数"下拉列表中的函数命令，如图 5-34 所示，选择需要的函数，单击"确定"按钮，可得到计算的结果。

图 5-34 "公式"对话框

5.7 Word 的高级功能

5.7.1 样式

样式是指设置好的一组格式特征，包含字符格式和段落格式。它存储了字体名称、字号、颜色、段落间距和对齐方式等格式，用户对选定的字符和段落应用某种样式后，选定的对象即可快速地设置成样式中预设的格式。

1. 应用样式

Word 中预置了多种样式和样式集，样式可以应用于选取的文本或段落，样式集可用于设置整篇文档。在"开始"选项卡上"样式"组中，选择"更改样式"下拉列表中的"样式集"选项，可在弹出的菜单中选择需要的样式集，如图 5-35 所示。

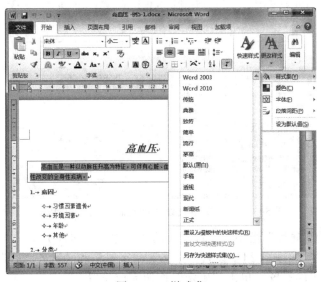

图 5-35 样式集

【**例 5-12**】 为文档"高血压.docx"中的文本应用样式。

【**解**】 操作步骤如下：

① 创建文档"高血压.docx"的文档副本，重命名为"高血压-样式.docx"。

② 打开此文档，删除文档中的编号"1.、2.、3.、4."。

③ 选中第二自然段中的文字"病因"，在"开始"选项卡上"样式"组中，单击按钮，弹出下拉列表如图 5-36 所示。在样式库中，选择"明显引用"样式。

④ 依次选中文本"分类"、"临床表现"和"诊断标准"并对其应用"明显引用"样式。

注意：移动光标到样式按钮时，选中的文本会显示样式的预览效果。

图 5-36　样式库

2．创建样式

除了应用 Word 中预置的样式，用户可以根据需求自定义新的样式。操作步骤如下：

① 单击"开始"选项卡上"样式"组中的"对话框启动器"按钮 ，弹出"样式"窗格。

② 单击"样式"窗格中的"新建样式"按钮 ，弹出"根据格式设置创建新样式"对话框，如图 5-37 所示。

图 5-37　"根据格式设置创建新样式"对话框

③ 在对话框的"属性"组中，设置样式的"名称"、"样式类型"、"样式基准"和"后续段落样式"等；在"格式"组中设置"字体"、"字号"和"对齐方式"等；单击"格式"按钮，可进行进一步的设置。单击"确定"按钮完成设置。

④ 如果需要对新定义的样式进行修改，将光标移动到自定义样式的按钮处，右击，在弹出的快捷菜单中选择"修改"命令，同样弹出图 5-37 所示的对话框，可在此对话框中进一步修改。

5.7.2 目录

生成目录是毕业生撰写毕业论文过程中必不可少的一步，Word 提供了自动生成目录的方法。目录具有超链接功能，移动鼠标到目录上，按住【Ctrl】键，鼠标指针变成手形 时单击，Word 界面会跳转到相应的位置。

【例 5-13】 为文档"高血压.docx"创建目录。

【解】 操作步骤如下：

① 创建文档"高血压.docx"的文档副本，重命名为"高血压-目录.docx"。

② 打开此文档，依次选中文本"病因"、"分类"、"临床表现"和"诊断标准"，单击"开始"选项卡上"样式"组中的"标题 1"按钮。

③ 将光标定位在需要插入目录的位置，在"引用"选项卡上"目录"组中，选择"目录"下拉列表中的"自动目录 1"命令，目录生成效果如图 5-38 所示。

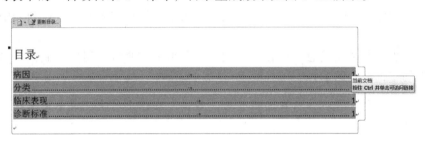

图 5-38　目录生成效果

5.7.3 审阅与修订

Word 提供了审阅文档的功能，可以协助用户进行插入批注和修订文档等工作，这主要通过"审阅"选项卡中的命令实现，如图 5-39 所示。

图 5-39　"审阅"选项卡

1. 添加批注

在审阅文档的过程中，通常需要对文档中的某些内容添加一些注释，可通过添加批注的方法实现。不仅可以为文档添加文本批注信息，还可以将表格、图片、音频等作为添加批注的对象。

为文档添加批注信息只是用带颜色的括号将批注的内容标记起来，并没有对原文档的内容进行修改。添加批注的方法：选中需要添加批注的文本，单击"审阅"选项卡上"批注"组中的"新建批注"按钮，在批注框中添加需要的文本即可，如图 5-40 所示。

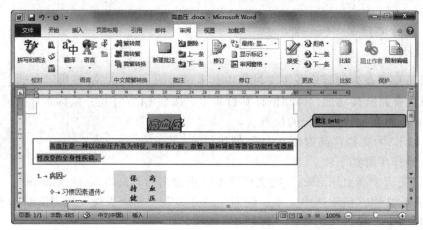

图 5-40　添加批注

如果需要对添加的批注进行修改，只需单击"批注框"所在的位置，即可进行编辑。如果需要删除批注，在"审阅"选项卡"批注"组中，选择"删除"下拉列表中相应的命令即可。

如果用户想隐藏批注信息，可在"审阅"选项卡上"修订"组中，撤销"显示标记"下拉列表中的"批注"的选择。

注意： 将光标定位在批注所在的位置后，右击，在弹出的快捷菜单中选择"删除"命令也可删除批注信息。

2. 修订文档

在"审阅"选项卡上"修订"组中，选择"修订"下拉列表中的"修订"选项即可启动修订功能。在修订状态下，"修订"按钮呈现高亮状态，用户可以对原文档中的内容进行删除、修改、插入等操作，并且执行的每一项操作都会被标记出来，如图 5-41 所示。如果想要退出"修订"状态，再次单击"修订"按钮即可。

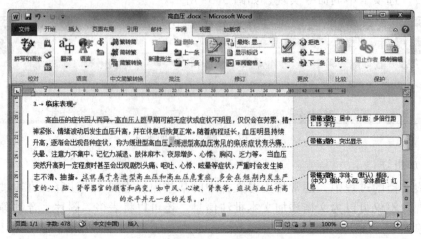

图 5-41　修订文档

文档的原作者在查阅修订的内容时，可以对修订的内容接受或拒绝。具体操作步骤如下：

① 如果接受修订：将光标定位在需要接受的修订处，单击"审阅"选项卡"更改"组中的"接受"按钮；如果接受全部的修订内容，选择"接受"下拉列表中的"接受对文档的所有修订"命令。

② 拒绝修订：将光标定位在需要拒绝的修订处，单击"审阅"选项卡"更改"组中的"拒绝"按钮；如果拒绝全部的修订内容，选择"拒绝"下拉列表中的"拒绝对文档的所有修订"命令。

注意：将光标定位在需要接受或拒绝的修订的位置后，右击，在弹出的快捷菜单中选择相应的命令也可接受或拒绝修订。

5.7.4 邮件合并

邮件合并功能主要应用于批量打印信封、邀请函、工资条、准考证等信息，这类文档的内容均由一部分固定不变的内容和变化的内容 2 部分组成。例如，邀请函上的人名是变化的，而邀请函的具体内容是不变的。邮件合并的主要操作步骤如下：

① 建立主文档。"主文档"即为固定不变的主体内容，例如，工资条的标题、信封上发件人的地址、准考证上考场须知等。

② 准备数据源。"数据源"即为变化的内容，一般为含有标题行的数据记录表，例如，要发送邀请函的名单，信封上的"姓名"、"邮编"和"地址"等。

③ 主文档和数据源准备完毕后，即可通过邮件合并功能将数据源的内容插入到主文档中。

【例 5-14】 利用已给的"邀请人名单"，对表格中的每一位受邀人发送邀请函。

【解】 操作步骤如下：

① 新建 Word 文档，重命名为"邀请函.docx"，并在文档中输入图 5-42 所示的内容。

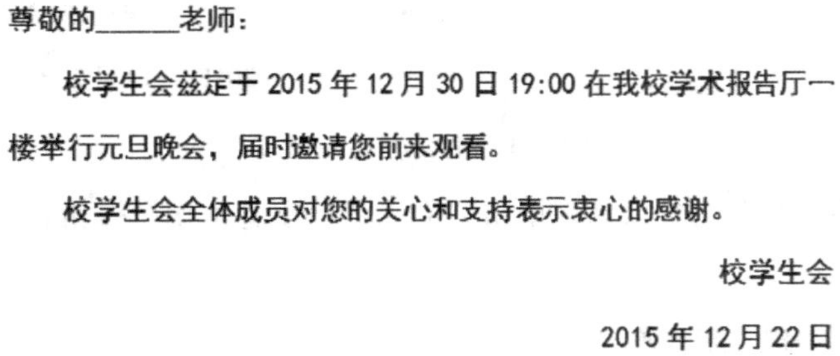

尊敬的＿＿＿老师：

　　校学生会兹定于 2015 年 12 月 30 日 19:00 在我校学术报告厅一

楼举行元旦晚会，届时邀请您前来观看。

　　校学生会全体成员对您的关心和支持表示衷心的感谢。

校学生会

2015 年 12 月 22 日

图 5-42　邀请函

② 将光标定位于"尊敬的"文本之后，在"邮件"选项卡上"开始邮件合并"组中，选择"开始邮件合并"下拉列表中的"邮件合并分布向导"选项，在窗口的右侧弹出"邮件合并"窗格，如图 5-43 所示。

③ 在"选择文档类型"组中选择"信函"单选按钮，单击"下一步：正在启动文档"按钮。

④ 在弹出的新任务窗格中，在"选择开始文档"组中的选择"使用当前文档"单选按钮，单击"下一步：选取收件人"按钮。

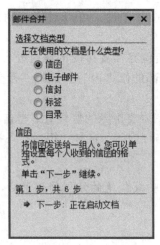

图 5-43 "邮件合并"任务窗格

⑤ 在弹出的新任务窗格中，单击"使用现有列表"组中的"浏览"按钮 浏览…，弹出"选取数据源"对话框；找到文档"邀请人名单.xlsx"，并单击"打开"按钮，弹出"选择表格"对话框；选择"Sheet1"，单击"确定"按钮，弹出"邮件合并收件人"对话框，单击"确定"按钮。

⑥ 返回"邮件合并"任务窗格，单击"下一步：撰写信函"按钮。

⑦ 在弹出的新任务窗格中，单击"其他项目"按钮，弹出"插入合并域"对话框，依次单击"插入"按钮和"关闭"按钮，此时主文档显示效果如图 5-44 所示。

> 尊敬的___《姓名》___老师：
>
> 校学生会兹定于 2015 年 12 月 30 日 19:00 在我校学术报告厅一
>
> 楼举行元旦晚会，届时邀请您前来观看。
>
> 校学生会全体成员对您的关心和支持表示衷心的感谢。
>
> 校学生会
>
> 2015 年 12 月 22 日

图 5-44 主文档显示效果

⑧ 返回"邮件合并"任务窗格，单击"下一步：预览信函"按钮，预览效果如图 5-45 所示。

> 尊敬的___李建强___老师：
>
> 校学生会兹定于 2015 年 12 月 30 日 19:00 在我校学术报告厅一
>
> 楼举行元旦晚会，届时邀请您前来观看。
>
> 校学生会全体成员对您的关心和支持表示衷心的感谢。
>
> 校学生会
>
> 2015 年 12 月 22 日

图 5-45 预览效果

⑨ 在弹出的新任务窗格中，单击"完成合并"按钮。

⑩ 在弹出的新任务窗格中，单击"编辑单个信函"按钮，在弹出的对话框中选择"全部"命令，单击"确定"按钮。

小　结

相比于之前的版本，Word 2010 取消了传统的菜单操作方式，使用功能区取代，极大地提高了可操作性。本章在讲述知识点的同时，结合相应例题以提升应用知识和技能解决类似问题的综合能力。Word 的功能非常强大，本章涉及的只是其中最基本的一部分，希望读者尽可能地掌握。

思　考　题

1. 样式和模板有什么异同？
2. 怎样将图片的版式设置为"浮于文字上方"？
3. 如何使用"选择性粘贴"？
4. 与 Word 类似的文字处理软件还有哪些？

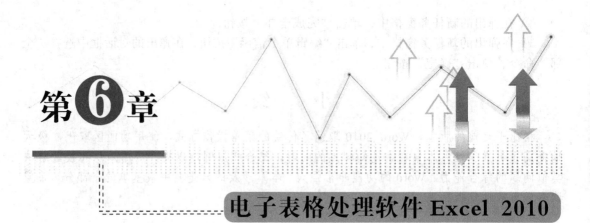

第**6**章

电子表格处理软件 Excel 2010

导读

Excel 是一款很常用的电子表格处理软件，它拥有强大的数据计算和分析能力，无论是日常生活简单的数学计算，还是复杂的专业数据分析都有着强大的功能。本章共分为 8 小节：第 1 小节是 Excel 概述，从 Excel 的启动和退出、窗口的组成、基本概念等方面初步介绍电子表格软件；第 2 小节至第 8 小节由浅到深逐步讲述 Excel 的具体操作方法和其强大的数据分析、管理功能，包括工作簿和工作表的基本操作，公式和函数的使用，图表的绘制等主要内容。

内容结构图

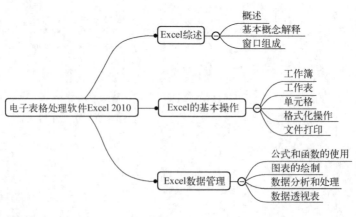

学习目标

- 掌握：工作簿、工作表、单元格的基本操作，如工作表的创建，表格的格式化，图表的绘制等操作。

● 熟悉：能够使用 Excel 提供的公式和函数处理和分析简单的数学问题。

● 了解：数据透视表、数据清单以及复杂数据处理函数的使用。

6.1　Excel 2010 概述

Microsoft Excel 2010（以下简称 Excel）是 Microsoft 公司推出的一款电子表格处理软件，用于对数据进行计算、分析和处理。主要功能包括表格功能、数据分析管理、图表展示、宏、数据库等。它不仅可以制作各式各样的表格和图表，还提供了丰富的数据处理函数和数据清单功能，能够胜任复杂的数据综合管理、数据分析和科学计算等工作。可以通过 Web 页来发布和共享数据。它是集表格处理、图形图表处理、数据管理以及数据分析于一体的集成软件。

6.1.1　Excel 的启动和退出

Excel 的启动和退出与 Word 类似，下面给出几种常用方法。

1．Excel 的启动

Excel 启动的几种常用方法如下：

① 选择"开始"→"所有程序"→Microsoft Office→Microsoft Excel 2010 命令。

② 双击打开已有的 Excel 文档，启动 Excel 应用程序，同时打开该文档。

③ 双击桌面 Excel 快捷方式图标。

2．Excel 的退出

Excel 退出的几种常用方法如下：

① 单击 Excel 窗口标题栏左侧控制菜单图标，在弹出的下拉菜单中选择"关闭"命令。

② 单击 Excel 窗口标题栏右上角的"关闭"按钮。

③ 选择"文件"→"退出"命令。

6.1.2　Excel 窗口的组成

启动 Excel 后，工作界面如图 6-1 所示。

Excel 窗口界面主要由标题栏、快速访问工具栏、命令功能区、编辑栏、名称框、工作区、工作表标签栏、视图工具栏、状态栏等组成。其中标题栏、菜单栏等部分与 Word 类似，因此不再重复，在这里只介绍和 Word 界面不相同的内容。

1．名称框和编辑栏

名称框和编辑栏是位于命令功能区下方的一个长条形区域，如图 6-2 所示。

① 名称框：显示当前活动单元格的地址，如 B10，表示当前的活动单元格在第 10 行第 2 列。

② 编辑按钮：包括"取消"按钮■、"确认"按钮■和"插入函数"按钮■。"取消"按钮用于取消当前单元格中输入的内容；"确认"按钮用于完成当前单元格输入的内容；"插入函数"按钮主要用于打开"插入函数"对话框，并选择相应的函数进行插入。

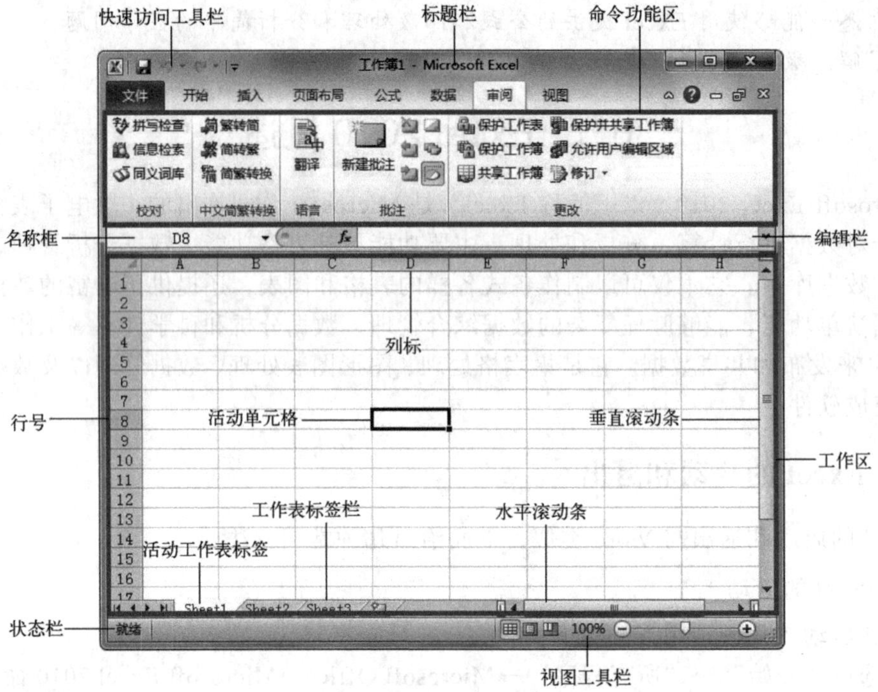

图 6-1 Excel 窗口界面

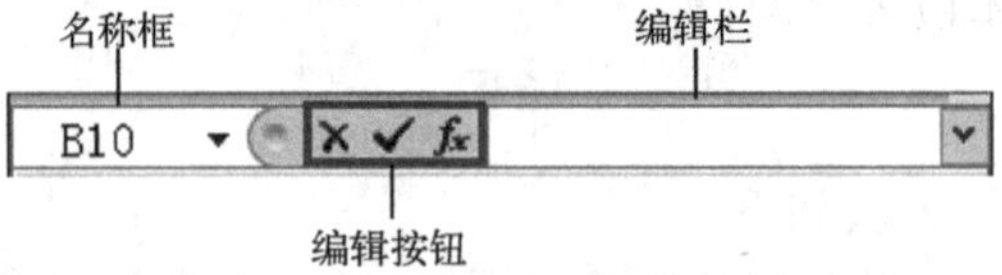

图 6-2 “名称框”和“编辑栏”

③ 编辑栏：编辑栏主要用来显示、编辑单元格的数据和公式。在单元格内输入或编辑数据的同时编辑框也会显示其内容。

注意：如果要展开编辑栏，可以单击最右边的按钮；如果要折叠编辑栏，则只需要单击该位置的按钮即可。

2. 行号和列标

一张工作表是由列、行相交形成的单元格组成的，单元格在工作表中的位置用单元格地址来表示。列标在前，行号在后的组合方式可以唯一确定一个单元格在工作表中的位置，如 A2、D3、F56 等。列标使用 A～Z、AA～AZ、BA～BZ、……、XFA～XFD 等字母表示，共 2^{14}（16 384）列；行号用数字 1～9 表示，共 2^{20}（1 048 576）行；因此每张工作表的单元格总数为 $2^{14}\times2^{20}$。

行和列交叉的左上角有一个空白框，称为“全选”按钮。单击它可以选中当前工作表中的所有单元格。

3. 工作表标签

工作表标签用于在不同的工作表之间进行切换，主要包括工作表滚动按钮和工作表标签，如图 6-3 所示。

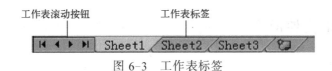

工作表滚动按钮　　　　　　工作表标签

图 6-3　工作表标签

系统默认每个新建的工作簿有 3 张工作表，名称分别是 Sheet1、Sheet2 和 Sheet3，可以使用工作表标签对其进行添加、删除、复制、移动和重命名等操作。每个工作簿所能容纳的最大工作表数和系统内存容量有关。

注意：如果要查看所有工作表的名称，可以在工作表滚动按钮的位置右击，在弹出的快捷菜单中列出了所有工作表的名称。

6.1.3　Excel 的基本概念

为了更好地学习 Excel，介绍 Excel 中经常要用到的几个概念。

1．工作簿

Excel 以工作簿为单位处理和存储数据，它是由工作表、图表等组成的。启动 Excel 程序后会自动建立一个新的工作簿，默认的文件名是"工作簿 1"，其扩展名为.xlsx。一个工作簿可以包含多张工作表，但插入工作表的最大数由系统内存容量决定。

2．工作表

工作表是由行、列交叉的单元格组成的。新建的工作簿默认有 3 个工作表，名称分别是 Sheet1、Sheet2 和 Sheet3。修改默认工作表的个数可以选择"文件"→"选项"命令，弹出"Excel 选项"对话框，选择"新建工作簿时"组中"包含的工作表数"右侧的微调框进行修改。在工作表标签中白色显示的为当前工作表，用户可以其进行各种操作。

3．单元格和活动单元格

单元格是工作表的基本单位，一张工作表最多由 $2^{14} \times 2^{20}$ 个单元格组成。当前选定的单元格称为活动单元格，四周以黑色方框突出显示，是用户输入、编辑数据的地方。每个单元格中的字符显示个数与单元格的宽度有关，但在编辑栏中则可以显示全部的内容。

4．单元格地址

单元格地址是指单元格在工作表中的坐标位置，由单元格所在的列标和行号组成。用英文字母来表示列标、用数字来表示行号。单个单元格地址的引用例如 A2、G7 等。单元格区域地址的引用，例如 A1:C2，表示以 A1 和 C2 两个单元格为对角线的长方形区域。不同工作表的单元格地址引用，例如 Sheet3!C5，表示 Sheet3 工作表中的 C5 单元格。不同工作簿的单元格地址引用，例如[Book2.xlsx]Sheet2!D3，表示 Book2 工作簿 Sheet2 工作表中的 D3 单元格。

6.2　工作簿的基本操作

Excel 处理的所有数据都存放在工作簿中。Excel 的工作簿以文件的形式存在外存储器上，文件扩展名为.xlsx。

6.2.1　工作簿的文件操作

1．新建工作簿

创建新工作簿的方法如下：

① Excel 启动后，系统自动建立一个名为"工作簿 1"的空白工作簿。

② 单击"快速访问工具栏"上的"新建"按钮，或按【Ctrl+N】组合键，也可以创建一个新的空白工作簿。

③ 选择"文件"→"新建"命令，打开"新建"任务列表窗格，然后根据需要，可以建立空白工作簿。也可以利用窗格中的"样本模板"或"Office.com 模板"创建新的空白工作簿，如图 6-4 所示。新建的工作簿分别按照工作簿 1、工作簿 2、工作簿 3……的顺序进行命名。

图 6-4　"新建"任务列表窗格

2．工作簿的保存

保存工作簿是指将其以文件的形式保存在磁盘上，Excel 默认的保存类型为*.xlsx。保存的方法与 Word 相似。单击"快速访问工具栏"上的"保存"按钮，或者选择"文件"→"保存"或"另存为"命令，也可以使用【Ctrl+S】组合键。

注意：对于一个从未保存过的工作簿，使用上述方法后都会弹出"另存为"对话框，在此可以选择保存的位置、名称、类型等。但对于一个已经保存过的工作簿再次进行保存时只有选择"文件"→"另存为"命令才可以再次弹出"另存为"对话框，选择新的位置、名称或类型，其他方法只能以原文件名在原路径上进行保存。

3. 工作区的保存

在编辑 Excel 工作簿时，有时需要同时打开多个工作簿进行编辑。如果每次都逐个打开和保存会显得较为烦琐，通过保存工作区的操作可以实现一次性同时打开工作区中包含的多个工作簿上次保存前的操作状态。因此"工作区"可以理解成某个时间点 Excel 的窗口布局。工作区文件中保存了所有打开工作簿的信息，包括它们的地址、窗口大小和屏幕位置。

创建工作区的方法：单击"视图"选项卡中的"保存工作区"按钮，弹出"保存工作区"对话框，如图 6-5 所示。在左侧窗格选择保存路径，在"文件名"后的文本框中输入文件名（默认的文件名为"resume.xlw"），单击"保存"按钮。当前的窗口布局将以工作区"*.xlw"的类型保存在磁盘上。下次直接打开此文件则可以恢复保存前的窗口布局。

图 6-5 "保存工作区"对话框

4. 工作簿的打开和关闭

（1）工作簿的打开

工作簿的打开方法如下：

① 单击"快速访问工具栏"上的"打开"按钮，或按【Ctrl+O】组合键，也可以选择"文件"→"打开"命令，弹出"打开"对话框，找到文件在磁盘上的具体位置，双击即可。

② 选择"文件"→"最近所用文件"命令，在右侧的"最近使用的工作簿"下拉列表框中选择需要的文档，双击即可。

（2）工作簿的关闭

关闭工作簿分为退出 Excel 程序和关闭当前工作簿文档窗口 2 种情况。

① 退出 Excel 程序：选择"文件"→"退出"命令，将关闭所有已经打开的 Excel 文

档，并退出 Excel 程序窗口。或者使用标题栏左侧控制菜单的"关闭"命令和右侧的"关闭"按钮，也可退出当前程序。

② 关闭当前工作簿：选择"文件"→"关闭"命令，或按下【Ctrl+W】组合键，则关闭当前打开的工作簿窗口，但不退出 Excel 程序。

6.2.2 工作簿的隐藏与保护

1．工作簿的隐藏

工作簿的隐藏可以避免其他人查看工作簿的内容。当一个工作簿被隐藏后，其工作簿的界面就隐藏起来了。

操作步骤：首先打开需要隐藏的工作簿文件，然后再单击"视图"选项卡上"窗口"组中的"隐藏"按钮，即可将当前打开的工作簿文档窗口隐藏起来。如果要取消隐藏只要单击"窗口"组中的"取消隐藏"按钮则可以恢复工作簿界面。

2．工作簿的保护

保护工作簿可以使其不被非法使用。主要通过设置"打开权限密码"和"修改权限密码"来实现。2 个密码可以根据用户的需要全部设置，也可只设置其中之一。

操作步骤如下：

① 选择"文件"→"另存为"命令，弹出"另存为"对话框。

② 在"工具"下拉列表中选择"常规选项"命令，弹出"常规选项"对话框，如图 6-6 所示。

③ 在"打开权限密码"和"修改权限密码"文本框中输入所需密码，单击"确定"按钮，系统会弹出"确认密码"对话框，如图 6-7（a）所示。

图 6-6 "常规选项"对话框

④ 在"重新输入密码"下的文本框中输入刚才所设置的"打开权限密码"，单击"确定"按钮。再次弹出"确认密码"对话框，如图 6-7（b）所示。

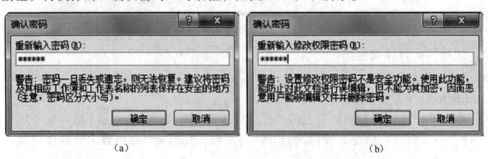

（a）   （b）

图 6-7 "确认密码"对话框

⑤ 在"重新输入修改权限密码"下的文本框中输入刚才所设置的"修改权限密码"，单击"确定"按钮，完成对工作簿的保护。

如果要取消工作簿的密码设置，可以在打开工作簿后依然按照上述步骤进行操作，只是在设置密码时，将密码设置成空值即可。

6.3 工作表的基本操作

6.3.1 工作表的编辑

1．工作表的选择

使用工作表标签可以选择需要进行编辑的工作表。

单击工作表标签可以选择当前工作表。如果屏幕大小有限，则不能显示全部工作表标签，此时可以使用工作表滚动按钮将需要的工作表标签显示出来。

单击工作表滚动按钮 ![按钮] 的 4 个按钮可以依次实现"翻到第一个工作表"、"向前翻一个工作表"、"向后翻一个工作表"和"翻到最后一个工作表"。

右击滚动按钮，在弹出的快捷菜单中，显示当前工作簿中的所有工作表名称。名称前有对勾的表示当前工作表。单击工作表名称可以切换到相应的工作表。

2．工作表的插入

新建的工作簿默认状态下只有 3 张工作表，实际编辑数据时通常不够使用，所以需要插入新的工作表，方法有以下 3 种：

① 选择"开始"选项卡上"单元格"组"插入"下拉列表中的"插入工作表"命令，即可在当前选定的工作表前插入一个新的工作表，工作表的名称会按 Sheet4、Sheet5……自动排列下去。

② 右击工作表标签，在弹出的快捷菜单中选择"插入"命令，弹出"插入"对话框，如图 6-8 所示，双击"常用"选项卡中的"工作表"按钮即可。

图 6-8 "插入"工作表对话框

③ 单击工作表标签最右边的"插入工作表"按钮 ![按钮]，或者使用【Shift+F11】组合键，也可以在当前选定的工作表前插入一张新的工作表。

3．工作表的复制和移动

Excel 允许工作表在相同或不同的工作簿之间进行移动和复制操作，可以使用"移动和复制工作表"对话框或使用鼠标直接拖动 2 种方法。

① 使用"移动和复制工作表"对话框方式：右击需要移动或复制的工作表标签，在弹

出的快捷菜单中选择"移动或复制"命令，弹出"移动或复制工作表"对话框，如图 6-9 所示。首先在"工作簿"下拉列表中选择需要移动或复制到的目标工作簿（注意如果要复制到其他工作簿中，要保证目标工作簿是打开的状态）；然后在"下列选定工作表之前"下的列表框中选择需要插入的位置；最后选中"建立副本"复选框（如果是移动操作，则不需要选中此复选框），Excel 将自动建立一个当前工作表的副本放到相应的位置中（如果是移动操作，则直接将工作表移动到目标位置。）。

图 6-9 "移动或复制工作表"对话框

② 使用鼠标直接拖动：如果是移动工作表，只需要单击需要移动的工作表标签，将其直接拖动到目标位置即可；如果是复制，则需要按住【Ctrl】键的同时拖动工作表标签到目标位置。

4．工作表的删除

删除工作表的方法如下：

① 选择"开始"选项卡上"单元格"组"删除"下拉列表中的"删除工作表"命令，即可删除当前选定的工作表。

② 右击要删除的工作表标签，在弹出的快捷菜单中选择"删除"命令即可删除工作表。

5．工作表的重命名

为了可以更好地表示工作表的主题，可以为工作表重命名。方法如下：

① 双击要重命名的工作表标签，此时工作表名称被黑色阴影覆盖，可以直接输入新的名称，也可以用【Delete】键删除原来的名称，再输入新的名称。

② 右击要重命名的工作表标签，在弹出的快捷菜单中选择"重命名"命令即可重命名工作表。

6．修改工作表标签颜色

为了突出显示某张工作表，可以给其标签添加特殊的背景颜色。右击要修改颜色的工作表标签，在弹出的快捷菜单中选择"工作表标签颜色"命令，此时会弹出"主题颜色"列表，选择需要的颜色即可。

7．工作表的隐藏

当某张工作表不希望被别人查看时，可以使用隐藏工作表功能，相应的工作表标签就被隐藏起来了。隐藏的工作表可以通过"取消隐藏"命令来恢复，方法如下：

① 选择需要隐藏的一个或多个工作表标签，右击，在弹出的快捷菜单中选择"隐藏"命令，工作表即被隐藏。此时快捷菜单中的"取消隐藏"命令被激活，选择此命令则可以弹出"取消隐藏"对话框，如图 6-10 所示。在"取消隐藏工作表"列表框中选择需要取消隐藏的工作表名称，单击

图 6-10 "取消隐藏"对话框

"确定"按钮，被隐藏的工作表标签就会恢复显示状态。

② 选择需要隐藏的一个或多个工作表标签，选择"开始"选项卡上"单元格"组"格式"下拉列表中的"隐藏和取消隐藏"命令，在弹出的下级子菜单中选择"隐藏工作表"命令，选中的工作表即被隐藏。此时子菜单中的"取消隐藏工作表"命令被激活，选择此命令也会弹出"取消隐藏"对话框，就可以取消工作表的隐藏。

8．工作表的拆分与冻结

拆分工作表就是将当前工作表窗口拆分成几个窗格，每个窗格都可以使用滚动条显示同一个工作表的不同部分。拆分时先要选择一个单元格作为拆分点，然后单击"视图"选项卡上"窗口"组中的"拆分"按钮，Excel 将以此单元格的上边框和左边框为基准将工作表划分为 4 个独立的窗口，如图 6-11 所示。取消拆分只需要再次单击"拆分"按钮即可。

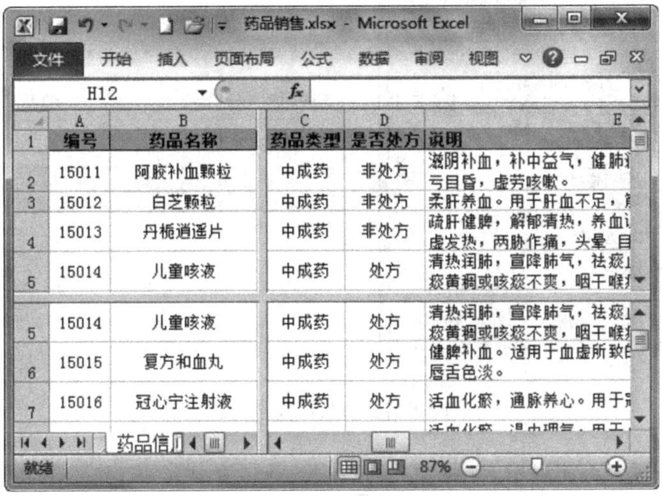

图 6-11　"拆分窗口"效果图

冻结操作可以将拆分状态下的上窗格和左窗格冻结在屏幕上，此时使用滚动条查看工作表时行标题和列标题将不会随之滚动。

操作方法：选择一个单元格作为拆分点或者直接在拆分状态下，选择"视图"选项卡上"窗口"组"冻结窗格"下拉列表中的"冻结拆分窗格"命令，也可选择下拉列表中的"冻结首行"或"冻结首列"命令。此时窗口的部分内容被冻结，托动滚动条时保持首行或首列可见。

冻结窗格后"冻结窗格"下拉列表中的"取消冻结窗格"命令被激活，选择此项命令可以取消窗格的冻结状态。

6.3.2　工作表的保护

在编辑工作表的过程中，为了避免表中的信息被他人修改，通常会用到保护工作表的操作。

1．保护工作表

具体操作步骤如下：

① 选择需要保护的工作表标签后，选择下面的操作方法之一可以打开"保护工作表"对话框，如图 6-12（a）所示。

a. 右击，在弹出的快捷菜单中选择"保护工作表"命令。

b. 单击"审阅"选项卡上"更改"组中的"保护工作表"按钮。

② 在弹出的"保护工作表"对话框中，选中"保护工作表及锁定的单元格内容"复选框，然后在"取消工作表保护时使用的密码"文本框中输入密码，并在"允许此工作表的所有用户进行"的列表框中选择允许用户操作内容的复选框。

③ 单击"确定"按钮，弹出"确认密码"对话框，在"重新输入密码"文本框中输入刚刚设置的密码，然后单击"确定"按钮。工作表保护完成。

此时的工作表只允许用户对"允许此工作表的所有用户进行"列表框中所勾选的内容进行操作。

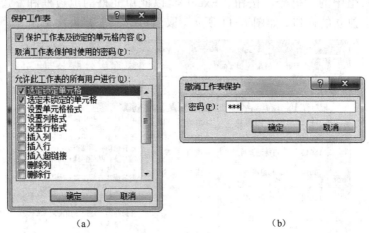

（a）　　　　　　　　　　　（b）

图 6-12　保护工作表

注意：默认情况下，Excel 会将所有单元格都设为锁定状态。解除锁定的方法：在工作表非保护状态下，单击"全选"按钮 ▰▰ 选取所有单元格，然后选择"开始"选项卡上"单元格"组"格式"下拉列表中的"设置单元格格式"命令，在弹出的"设置单元格格式"对话框中切换到"保护"选项卡，取消选中"锁定"复选框，然后单击"确定"按钮。这样所有单元格都将处于非锁定状态，用户则可以根据需要通过相同的步骤选择需要锁定的任意单元格区域了。

2. 撤销保护

具体操作步骤如下：

① 选择要撤销保护的工作表标签后，选择下面的操作方法之一可以打开"撤销工作表保护"对话框，如图 6-12（b）所示。

a. 单击"审阅"选项卡上"更改"组中的"撤销工作表保护"按钮。

b. 右击，在弹出的快捷菜单中选择"撤销工作表保护"命令。

② 在"密码"文本框中输入密码，单击"确定"按钮即可撤销该工作表的保护。

6.3.3　多工作表的操作

1. 多工作表的选定

多张工作表的选定可以分为连续多张和不连续多张工作表的选定。

① 选择连续的多张工作表时，先单击第一个工作表标签，再按住【Shift】键的同时单击最后一个工作表标签即可。

如果要选中全部工作表，可以在工作表标签上右击，在弹出的快捷菜单中选择"选择全部工作表"命令。

② 选择不连续的多张工作表时，先单击第一个工作表标签，再按住【Ctrl】键的同时依次单击其他需要的工作表标签，就可以选择不连续的多张工作表了。

2．多工作表的编辑

选定的多张工作表，Excel 会自动将其作为一个整体来操作，称为工作表组。此时第一张工作表为当前活动工作表，只要在此工作表中进行操作，工作表组中的其他工作表都会有相同的内容呈现。

3．取消多工作表的选定

当对工作表组操作完成时，需要解除它们的组合，操作方法有 2 种：

① 单击任一不在选定范围中的工作表标签即可。

② 在选定的某张工作表标签上右击，在弹出的快捷菜单中选择"取消组合工作表"命令。

6.4　单元格的编辑

6.4.1　单元格的选择

1．单个单元格与多个单元格的选择

（1）选择单个单元格

选择单个单元格只需单击需要的单元格即可；也可以在"名称框"中直接输入单元格地址；还可以使用键盘上的方向键变换当前活动单元格。

注意：按住【Ctrl】键，再按向下（上）的方向键可以将单元格定位到当前列的最后（开始）一行；按住【Ctrl】键，再按向右（左）的方向键可以将单元格定位到当前行的最后（开始）一列。

（2）选择多个单元格

多个单元格的选择分为连续和不连续 2 种。

① 选择多个连续的单元格时，先要将光标定位在需要选择的单元格区域的左上角，然后按住鼠标左键一直向右下角拖动，直到需要的单元格全部选中为止。也可以先选中左上角的单元格，然后松开鼠标，再按住【Shift】键的同时单击右下角的单元格，即选择一个连续的区域。

此时选择的连续区域中，左上角的单元格以白色显示，为活动单元格，其地址显示在名称框中，其他单元格则以反黑高亮显示。

② 选择多个不连续的单元格时，需要先选中第一个单元格，然后按住【Ctrl】键的同时单击各个需要的单元格，就可以选择不连续的多个单元格了。

此时选择的不连续区域中，最后一个选择的单元格以白色显示，为活动单元格，其地

址显示在名称框中，其他单元格则以反黑高亮显示。

2．整行和整列的选择

选择整行或整列的单元格时，只要单击行号或列标即可。连续或不连续的多行（列）的选择与选择单元格的操作方法相似，先选择一行（列），按住【Shift】键单击最后一行（列）选择连续的多行（列）或按住【Ctrl】键选择不连续的多行（列）。

3．全部单元格的选择

单击工作表左上角的"全选"按钮 ▆▆，或者按下【Ctrl+A】组合键。

4．"定位条件"的使用

选择"开始"选项卡上"编辑"组"查找和选择"下拉列表中的"定位条件"命令，可以进行一些特殊的操作，如【例 6-1】所示。

【**例 6-1**】 打开素材"成绩统计.xlsx"，选择"定位"工作表，如图 6-13 所示。选择表中所有的空白单元格，并为其添加橙色底纹，再为所有数值单元格中的成绩乘上 0.6。

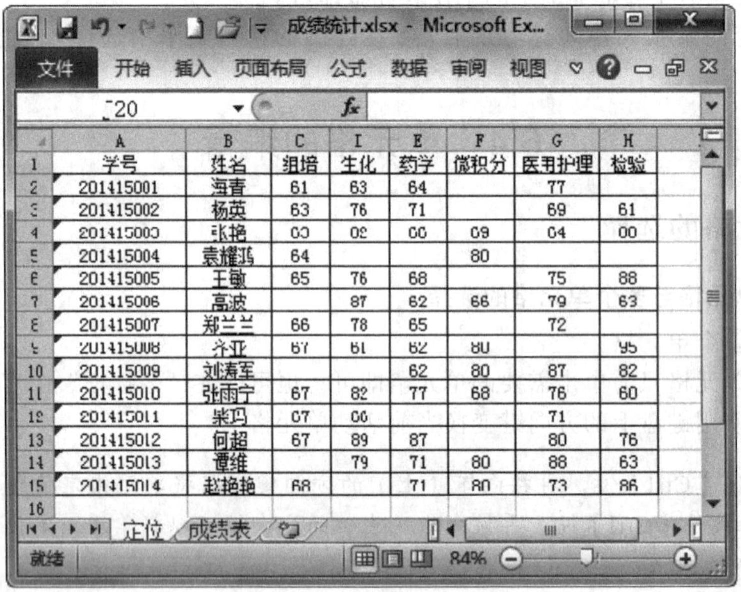

图 6-13 "定位"工作表

【**解**】 操作步骤如下：

① 单击 C2 单元格，按住【Shift】键同时单击 H15 单元格，选中 C2:H15 单元格区域。

② 选择"开始"选项卡上"编辑"组"查找与替换"下拉列表中的"定位条件"命令，弹出"定位条件"对话框，如图 6-14（a）所示。

③ 选择"空值"单选按钮，单击"确定"按钮，此时数值区域中的所有空白单元格都将被选中。

④ 选择"开始"选项卡上"字体"组"填充颜色"下拉列表中的"橙色"命令，所有的空白单元格将被填充上"橙色"。

⑤ 选择数据表外的任意一个单元格，如 B17，输入数值 0.6。

⑥ 右击 B17 单元格，在弹出的快捷菜单中选择"复制"命令。

⑦ 选中 C2:H15 单元格区域，执行步骤②的操作，在"定位条件"对话框中选中"常量"单选按钮，单击"确定"，此时数值区域的所有数值单元格将被选中。

⑧ 选择"开始"选项卡上"剪贴板"组"粘贴"下拉列表中的"选择性粘贴"命令，弹出"选择性粘贴"对话框，如图 6-14（b）所示。

⑨ 在"粘贴"组下，选中"数值"单选按钮，在"运算"组选择"乘"单选按钮，最后单击"确定"按钮完成操作。

（a）

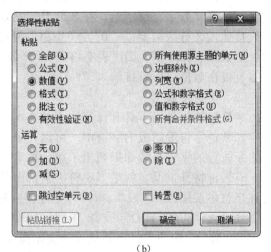
（b）

图 6-14 "定位条件"和"选择性粘贴"对话框

6.4.2 数据的输入

1．定位

Excel 输入数据前首先要定位单元格或光标的位置才能进行数据的输入，定位光标的方法有以下 2 种：

① 双击选定单元格或先选定单元格再按【F2】键，单元格中出现光标标识符"|"，此时就可以在单元格中修改或编辑数据了。

② 先选定单元格，再单击编辑栏，就可以在编辑栏中修改或编辑数据了。输入数据完成后，按【Enter】键即可完成输入，按【Esc】键则可以取消输入的内容。或者使用编辑栏上的"输入"和"取消"按钮。

2．输入数据

在单元格内定位光标后，即可输入数据。Excel 的单元格中允许输入数值型、字符型、日期和时间型、逻辑型等多种类型的数据，也可以在单元格中输入批注信息和公式。

（1）数值型数据

数值型数据是指数学上定义的实数范畴或用度量衡单位进行计量的具体数值，这类数据可以直接进行加、减、乘、除等运算，如数据 123，89.3，1.3e+5 等。此类型数据在单元格中默认为右对齐格式，当数据宽度超过列宽时将显示"#####"错误信息。

输入正数时可以省略数值前面的"+"，负数则以"-"或"（）"开始，如"-2"和"（2）"都表示负 2，并且都以第一种形式显示。如果输入的数值太大，超过了 11 位，

Excel 将以科学记数法表示，例如数值"1234567890123"输入完成时，Excel 自动将其转换成"1.23457E+12"的形式，并且小数位数的保留由列宽决定，最多保留 5 位小数。

当涉及分数、百分数、货币等数值时，可以直接将单元格设置成需要的数据类型。操作方法：先选择需要更改数据类型的单元格或单元格区域，选择"开始"选项卡上"单元格"组"格式"下拉列表框中的"设置单元格格式"命令，弹出"设置单元格格式"对话框，切换到"数字"选项卡，在"分类"列表框中选择相应的数据格式进行设置即可。如果直接输入，分数需要以"0"+"空格"开始，否则系统将其转化为日期，例如输入 1/2 时，要输入"0□1/2"（□代表空格）。带分数则可以直接录入，如"2□1/3"，"3□4/5"。百分数直接在数值后面直接输入"%"即可。

（2）字符型数据

字符型数据是指不具有计算能力的文本数据类型。它是由下划线、英文字母、汉字、数字和其他字符等组成的字符串。可以在单元格中直接输入，默认为左对齐格式。每个单元格所放置的字符个数如果超出了单元格宽度，则由右侧的相邻单元格决定显示状态。

有一种特殊情况，就是当字符串全部由数字组成时，要想使其以字符形式保存，则需要在字符串前输入"'"或"="""，才能以字符型数据存储。例如要输入字符串"0014132"，则需要输入"'0014132"或者"="0014132""。或者直接利用"设置单元格格式"对话框中的"数字"选项卡将单元格设为文本类型，否则 Excel 将会自动除去前面的 2 个"00"，以纯数字 14132 形式存储。

（3）日期和时间型数据

日期的默认输入格式为"年/月/日"或者"年-月-日"，也可以将年省略，直接输入月份和日期。时间的默认输入格式为"时:分:秒"。输入的日期和时间默认为右对齐格式。通过"设置单元格格式"对话框中"数字"选项卡"分类"列表框中的"时间和日期"选项可改变日期和时间的默认格式。

按【Ctrl+:】组合键可以获取系统日期，按【Ctrl+Shift+:】组合键可以获取系统时间。

（4）逻辑型数值

Excel 中可以输入 FALSE、TRUE 逻辑值，此类值输入后会自动变成大写，并可以进行逻辑运算。如 FALSE*FALSE=0，TRUE*FALSE=0，FALSE*0=0，TRUE*TRUE=1 等。逻辑值也经常用于条件表达式和一些公式的返回值，或者作为单元格中数据之间比较运算时自动产生的判断结果。例如，在单元格 D1 中输入数值 3，在 D2 中输入公式"=and（D1）"，得到的值为 TRUE。

（5）出错值

出错值是在单元格中输入公式或函数时，计算结果有错误的情况给出的值。例如公式"=2/0"，因为除数不能为零，所以计算结果将给出"#DIV/0!"的错误信息，如图 6-15 所示，单击"#DIV/0!"单元格左侧按钮，在弹出的下拉列表中

图 6-15 "出错值"效果图

Excel 给出关于此错误的一些解释命令供用户选择。

3．数据的快速输入

（1）按行（列）输入

如果需要按行（列）输入数据，当一个单元格的内容输入完成后按【Tab】键（或【Enter】键），光标即可按照当前单元格所在的行（列）移动。当数据输入到达行（列）的边界时，光标会自动跳转到下一行（列）的开始处。

（2）选择列表内容输入

在单元格中输入本列单元格中已有的文本内容时，可以在单元格中右击，在弹出的快捷菜单中选择"从下拉列表中选择"命令，就会在单元格的下方给出已有文本的列表，此时只要单击需要的文本内容即可。

（3）在多个单元格中输入相同的内容

为多个单元格输入相同的内容，操作方法：选择多个连续或不连续的单元格后，直接输入内容，输入完成后按【Ctrl+Enter】组合键结束输入。

（4）自动填充柄的使用

在 Excel 中选择一个单元格或者一个矩形区域后，会出现一个黑色的矩形边框，将光标移到边框右下角的黑色小方块处，光标将变成黑色的十字"+"，称为填充柄，如图 6-16（a）所示。利用填充柄用户可以很方便地输入一些有规律的序列值，如数字序列，日期时间序列等。

选定需要填充内容的起始单元格，输入起始数据。然后沿水平方向或垂直方向拖动单元格的填充柄到结束的位置，松开鼠标，在选择区域的右下角会出现"自动填充选项"按钮，单击此按钮，在弹出的下拉列表中用户可以根据需要选择相关内容，否则默认为"复制"操作。单元格的数据类型不同时，弹出的下拉列表的命令也会相应改变。

如果要让序列按照给定的步长值（相邻数据之间的差值）进行排列，需要先输入序列的前 2 个值，选定 2 个单元格后再用鼠标拖动填充柄。例如要输入一个 10 至 40 的步长为 3 的等差数列，则需要先输入前 2 个单元格的值 10 和 13；然后选定这 2 个单元格，拖动选定区域右下角的填充柄到结束位置，如图 6-16（b）所示。

 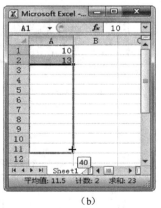

(a)　　　　　　　　　　　(b)

图 6-16　自动填充

拖动填充柄的方向决定了序列的排序方式，升序为向右、向下拖动；降序为向左、向上拖动。如果拖动的同时按住【Ctrl】键，序列将自动按照步长为 1 进行填充。

4．填充命令的使用

选择"开始"选项卡上"编辑"组中的"填充"命令，也可以实现自动填充效果。

【例 6-2】 在 A 列填充 180 至 900 的步长为 5 的等差数列。

【解】 具体操作步骤如下：

① 在序列开始第一个单元格中输入第一个数值，如在 A1 输入 180。

② 单击选中 A1 单元格。

③ 选择"开始"选项卡上"编辑"组"填充"命令下拉列表中的"系列"命令。

④ 在弹出的"序列"对话框中，如图 6-17 所示，选中序列产生在"列"单选按钮和类型中的"等差序列"单选按钮，步长值输入 5，终止值输入 900，单击"确定"按钮，完成填充 180 至 900 的步长为 5 的等差序列。

图 6-17 "序列"对话框

"填充"命令中的"向上"、"向下"、"向左"和"向右"命令可以实现单元格的复制操作。操作方法：先输入第一个单元格的内容，如 B1 中输入 20；再选定要填充的区域，如 B1：B13；最后选择"填充"中的"向下"命令，实现 B1:B13 区域复制数值 20 的操作。

5．"自定义列表"的使用

Excel 提供了"自定义列表"功能，用户只需要输入序列中的一个值，然后直接拖动填充柄填充即可。图 6-18 中，在"自定义序列"的下拉列表框中可以看到 Excel 已经预设的一些列表。如果没有满足需要的，用户可以自己定义列表。

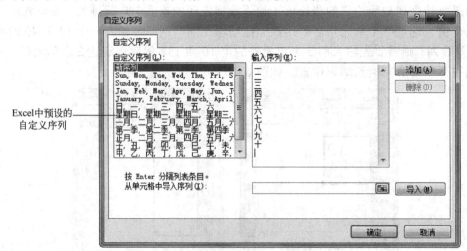

图 6-18 "自定义序列"对话框

【例 6-3】 建立一个从"一"到"十"的自定义序列。

【解】 具体操作方法如下：

① 选择"文件"→"选项"命令，弹出"Excel 选项"对话框，选择"高级"选项，在"高级"组中单击"创建用于排序和填充序列的列表"右侧的"编辑自定义列表"按钮。

② 弹出"自定义序列"对话框，如图 6-18 所示。

③ 选择"自定义序列"的下拉列表框中"新序列"选项，在右侧的"输入序列"的下拉列表框中输入序列每一项的数值，用【Enter】或逗号（注意为英文状态下的逗号）隔开。或者在"从单元中导入序列"的右侧文本框中单击，然后用鼠标拖动选取工作表中包含"一"至"十"的单元格区域，单击"导入"按钮，单元格区域内的序列也会自动输入到"输入序列"下的列表框中。

④ 单击"确定"按钮，回到"Excel 选项"对话框，再单击"确定"按钮，返回工作表界面。

⑤ 选择一个单元格如 A1，输入序列的第一个值"一"，然后拖动此单元格的填充柄，向下填充，A 列自动产生"一"到"十"的序列，如果单元格区域较长，序列将自动循环。

6.4.3 数据的有效性

数据有效性的设置可以控制用户在单元格中输入数据的类型、大小等，能够减少和预防数据输入错误的产生。例如，可以使用数据有效性显示输入数据的范围等。

【例 6-4】 在 A1:A10 单元格输入数值，要求只能输入 0 到 100 之间的整数。

【解】 操作步骤如下：

① 选定要实施数据有效性的单元格区域 A1:A10。

② 选择"数据"选项卡上"数据工具"组"数据有效性"下拉列表中的"数据有效性"命令，弹出"数据有效性"对话框，如图 6-19 所示。

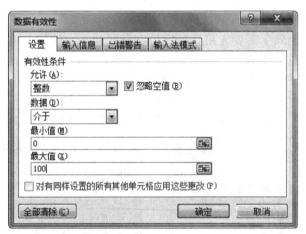

图 6-19 "数据有效性"对话框

③ 切换到"设置"选项卡，在"允许"下拉列表框中选择"整数"命令；在"数据"下拉列表框中选择"介于"命令；在"最小值"文本框中输入 0；在"最大值"文本框中输入 100。

④ 切换到"输入信息"选项卡，可以设置在选定单元格时，系统出现的信息提示。选中"选定单元格时显示输入信息"复选框，在"标题"文本框处输入"提示"，"输入信息"文本框处输入"请输入 0 至 100 间的整数"，如图 6-20（a）所示。

⑤ 切换到"出错警告"选项卡，可以设置在数据输入无效时，系统出现的警告信息。选中"输入无效数据时显示出错警告"复选框，在"样式"下拉列表框中选择一种错误提

示标志，在"标题"文本框处输入"错误"，在"错误信息"文本框处输入"输入内容有误，请输入 0 至 100 间的整数"，如图 6-20（b）所示。

⑥ 单击"确定"按钮，完成"数据有效性"的设置。

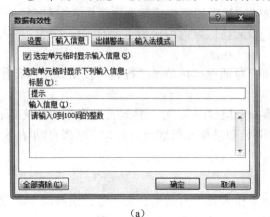

（a） （b）

图 6-20 "输入信息"和"出错警告"选项卡

如果要清除所有的有效性设置，可打开"数据有效性"对话框，单击"全部清除"按钮，再单击"确定"按钮完成操作。

6.4.4 单元格的基本操作

1．单元格的插入与删除

单元格的插入（删除）需要先将光标定位在需要插入（删除）单元格的位置，右击，在弹出的快捷菜单中选择"插入（删除）"命令；或者选择"开始"选项卡上"单元格"组中"插入（删除）"下拉列表中的"插入（删除）单元格"命令。这 2 种方法都能打开"插入（删除）"对话框，如图 6-21 所示。在对话框中选择插入（删除）之后当前单元格移动的方向，单击"确定"按钮可以完成单元格的插入（删除）的操作。

图 6-21 "插入"和"删除"对话框

2．行和列的插入与删除

行（列）的插入需要先选择插入位置的行号（列标），右击，在弹出的快捷菜单中选择"插入"命令；或者选择"开始"选项卡上"单元格"组"插入"下拉列表中的"插入工作表行（列）"命令，Excel 将默认在选定行上方（列左侧）插入新的行（列）。

行（列）的删除需要先选择删除的行（列），右击，在弹出的快捷菜单中选择"删除"

命令；或者选择"开始"选项卡上"单元格"组"删除"下拉列表中的"删除工作表行（列）"命令，当前选择的行（列）被删除。

3．单元格的清除

单元格的清除主要是指清除单元格内容、格式、批注和超链接等内容，单元格本身还存在于工作表内；而单元格的删除是指在删除单元格内容的同时删除单元格本身。

操作方法：先选中单元格或单元格区域，然后选择"开始"选项卡上"编辑"组"清除"下拉列表中满足要求的命令。

4．单元格内容的复制和移动

单元格内容的复制和移动方法很多，具体操作如下：

（1）鼠标拖动的方法

选中需要复制的单元格区域，将光标移动到区域的边框线上，当出现白色箭头状指针时，按下【Ctrl】键的同时拖动鼠标，此时光标附近会出现一个和选择区域大小相同的虚框，和光标一起移动到目标位置释放鼠标即可；如果是移动单元格，则直接拖动鼠标到目标位置释放鼠标即可。

（2）右键的方法

选中需要复制（移动）的单元格区域，右击，在弹出的快捷菜单中选择"复制（剪切）"命令；然后在目标位置的首单元格上右击，在弹出的快捷菜单中选择"粘贴"命令下满足要求的选项。

（3）使用"剪贴板"功能区命令

选中需要复制（移动）的单元格区域，单击"开始"选项卡上"剪贴板"组中的"复制（剪切）"按钮；然后单击目标位置的首单元格；再选择"开始"选项卡上"剪贴板"组"粘贴"下拉列表中满足要求的命令。

5．单元格的查找和替换

Excel 中的"查找和替换"功能和 Word 类似，当表格的数据较多时可以使用此功能找到需要的内容，也可实现内容的替换。操作方法：选择"开始"选项卡上"编辑"组"查找和替换"下拉列表中的"查找"或"替换"命令，弹出"查找和替换"对话框，如图 6-22所示。

高级查找设置区

图 6-22 "查找和替换"对话框

在"查找内容"后的文本框中输入需要查找的内容，在"替换为"文本框中输入要替换的内容。还可以单击"选项"按钮进行高级查找的设置，此时通过选择"范围"、"搜索"和"查找范围"等下拉列表中的不同命令，可以进行特殊格式的查找。

在搜索条件中可以使用通配符"*"和"?"。"*"代表多个字符，"?"代表单个字符。如查找"acd"、"asdf"和"agr"等以 a 开头的字符串，可以写成"a*"。"a??"的形式则只能查找到"acd"和"agr"。

6.5　工作表的格式化

6.5.1　行高与列宽的调整

在默认状态下，工作表中每行的行高初始值为 13.5，输入内容后，行高将自动调整为本行中最高字符的高度；每列的列宽默认为 8.38。

1. 使用鼠标调整

将光标定位在行与行（列与列）的交界处，光标形状变成双向箭头"▉"或"▉"时，按住鼠标左键，上下（左右）拖动鼠标可以改变行高（列宽）。拖动时自动显示行高（列宽）的值，调整到适合的高（宽）度后松开鼠标左键完成行高（列宽）的调整。

2. 使用菜单调整

选中需要调整高（宽）度的行（列），选择"开始"选项卡上"单元格"组"格式"下拉列表中的"行高（列宽）"命令，弹出"行高（列宽）"对话框，如图 6-23 所示。在行高（列宽）文本框中输入精确的值，单击"确定"按钮。

图 6-23　"行高"和"列宽"对话框

如果在"格式"下拉列表中选择"自动调整行高（列宽）"命令，系统将会根据单元格的内容自动调整行高（列宽）到最合适的大小。如果在"格式"下拉列表中选择"默认列宽"命令，则列的宽度恢复默认值。

6.5.2　单元格格式的设置

单元格格式的设置主要包括单元格数字、字体、边框底纹、对齐方式等的设置，主要通过"设置单元格格式"对话框来完成设置。首先选择需要设置格式的单元格或单元格区域；再选择"开始"选项卡上"单元格"组"格式"下拉列表中"设置单元格格式"命令；弹出"设置单元格格式"对话框，如图 6-24 所示，在此对话框中选择相应的选项卡来设置单元格格式。

1. "数字"选项卡

此选项卡可以设置单元格内容的数据格式。如设置数值型的小数位数、整数格式、百分比、分数等类型，还可以设置文本、日期和时间格式等。

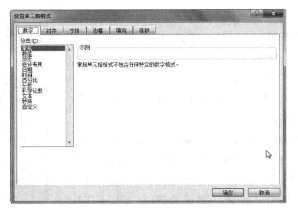

图 6-24 "设置单元格格式"对话框

选择"开始"选项卡上"数字"组中的相应命令也可以实现数据格式的设置。

2."对齐"选项卡

Excel 中不同的数据类型在单元格中有默认的对齐方式，如文本默认为左对齐，数字默认为右对齐等，用户可以通过此选项卡修改单元格内数据的对齐方式，以满足版面的需要。

这里包括文本对齐方式、文本控制、文字方向等格式的设定，还可以对单元格进行合并和拆分的操作。

选择"开始"选项卡上"对齐方式"组中的相应命令也可以实现对齐方式的设置。

3."字体"选项卡

默认情况下，单元格中的数据为"宋体"、"常规"和"12"号字。用户可以在此选项卡中修改字体、字形、字号、颜色、下划线和特殊效果等。

选择"开始"选项卡上"字体"组中的相应命令也可以实现字体格式的设置。

4."边框"选项卡

Excel 工作表中的网格线是为了输入方便而设置的，打印时是不显示的。但有时为了使表格看起来更加清晰、漂亮，需要将网络线显示出来。通过"边框"选项卡可以给选定的单元格区域加上网格线，并设置线条的样式、颜色、位置等。

选择"开始"选项卡上"字体"组"边框"下拉列表中的命令也可以实现边框的格式设置。

5."填充"选项卡

"填充"选项卡可以为单元格区域填充不同的颜色和底纹效果。

选择"开始"选项卡上"字体"组"填充颜色"下拉列表中的命令也可以实现填充效果的设置。

6."保护"选项卡

"保护"选项卡可以实现保护工作表中的部分单元格或数据的隐藏，是将工作表的某一部分单元格进行锁定，而其他单元格则可以自由编辑数据，并允许用户进行修改。

切换到该选项卡后，可以通过选择锁定或隐藏两个复选框来实现单元格的锁定和隐藏。但只有在保护工作表后，锁定单元格和隐藏数据才有效。保护工作表的方法可以参照 6.3.2 节中的内容。

【例 6-5】 打开素材"成绩统计.xlsx",选择"成绩表"工作表,为其进行格式化操作,效果如图 6-25 所示。

【解】 具体操作步骤如下:

① 选中 A1:E1 单元格区域。

② 选择"开始"选项卡中"单元格"组"格式"下拉列表中"设置单元格格式"命令。

③ 在弹出的"设置单元格格式"对话框中切换到"字体"选项卡。设置字体为"宋体",字形为"加粗",字号为"12"号,颜色为"红色"。单击"确定"按钮,返回工作表界面。

④ 选中 A1:E23 单元格区域,参照步骤②、③,打开"设置单元格格式"对话框,切换到"边框"选项卡,为单元格区域添加"预置"中的"外边框"和"内部"边框效果,单击"确定"按钮,返回工作表界面。

⑤ 参照步骤④,利用"填充"选项卡为 A2:A23 单元格区域填充淡粉色底纹,B2:E28 单元格区域填充淡蓝色底纹。

图 6-25 "成绩表"格式化效果图

6.5.3 样式的设置

当格式化单元格时,有些单元格需要应用同一种格式,这些操作就是重复的操作,因此 Excel 为用户提供了一些已经设置好的样式,方便用户直接套用,以提高工作效率。

1. 单元格样式

单元格样式就是字体、边框、底纹等格式的某种组合方式。在需要的单元格区域套用这种样式,就无需一次次地对它们进行重复的格式化操作了。

操作方法:选定单元格区域后,选择"开始"选项卡上"样式"组"单元格样式"下拉列表中的一种样式即可。

如果没有满足要求的样式,用户还可以选择下拉列表中的"新建单元格样式"命令,弹出"样式"对话框,如图 6-26 所示。在此对话框中可以创建新的样式,或修改某一现有样式。样式创建好后可应用于当前工作簿的任意一个工作表中。

当前工作簿的样式既可以应用到其他打开的工作簿中,也可以将其他工作簿中的样式复制到当前工作簿中。

操作方法:在"单元格样式"下拉列表中选择"合并样式"命令,弹出"合并样式"对话框,选择"合并样式来源"文本框中的工作簿名称,单击"确定"按钮即可将一个打开工作簿的样式复制到当前工作簿中。

2. 套用表格格式

"套用表格格式"是 Excel 提供的一些预设好的表格样式,包括表格的字体格式、底纹、填充颜色等,用户只需要选择好数据区域后,选择一种套用格式就可以快速对表格进行格式化设置。

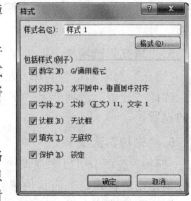

图 6-26 "样式"对话框

操作方法：选定单元格区域，选择"开始"选项卡上"样式"组"套用表格格式"下拉列表中的一种样式即可完成格式的自动套用。

3. 条件格式

条件格式可以为选定的单元格区域中满足一定条件的值设置特殊的格式，以便用户在浏览数据时可快速发现满足条件的数据内容。

操作方法：先选择需要设置条件的数据区域，然后选择"开始"选项卡上"样式"组"条件格式"下拉列表中一种格式进行设定即可。

【例 6-6】 为"成绩统计.xlsx"的"成绩表"套用"表样式中等深浅 6"的样式，并将"试卷成绩"列 70 到 80 的数值用红色字体标记出来。

【解】 具体操作步骤如下：

① 打开"成绩表"工作表，选中 A1:E23 单元格区域。选择"开始"选项卡上"样式"组"套用表格格式"下拉列表"中等深浅"组中的"表样式中等深浅 6"命令。

② 选中 E2:E23 单元格区域，选择"开始"选项卡上"样式"组"条件格式"下拉列表中"突出显示单元格规则"命令，在其子菜单中选择"介于"命令，弹出"介于"对话框，如图 6-27 所示。在"为介于以下值之间的单元格设置格式"下输入 70 和 80，"设置为"下拉列表框中选择"红色文本"命令，单击"确定"按钮，返回工作表界面。

图 6-27 "介于"对话框

③ 选中 D2:D23 单元格区域，选择"开始"选项卡上"样式"组"条件格式"下拉列表中"图标集"命令，在其子菜单中选择"形状"组的"三标志"命令。

④ 单击"确定"按钮，返回工作表界面，条件格式设置完成。

6.6 公式和函数

6.6.1 单元格的引用

单元格引用的作用在于标识工作表中单元格和单元格区域，也可以称为单元格地址引用。

根据其在数学计算中地址变化的不同可分为 3 种引用方式：相对引用、绝对引用和混合引用。

1. 相对引用

相对引用是指单元格的地址随着复制公式位置的改变而改变，Excel 中默认的引用为相对引用。例如单元格 C7 中有公式 "=A5+B6"，将此公式复制到 D7 和 C8 单元格时，单元格 D7 的公式变化为 "=B5+C6"；单元格 C8 的公式变化为 "=A6+B7"。

2. 绝对引用

绝对引用是指某一单元格在工作表中的绝对位置，当把公式复制到新位置后，单元格的地址保持不变。绝对引用要在行号和列标前加一个 "$" 符号，此时添加 "$" 的行号或列标在公式复制的过程中将不再变化。

例如，单元格 C7 有公式"=$A$5+$B$6"，当将此公式复制到 D7 和 C8 单元格时，单元格 D7 和 C8 的公式仍为"=$A$5+$B$6"。

3．混合引用

混合引用是指在单元格地址中既有相对引用又有绝对引用。例如，A$5 表示对 A 列是相对引用，第 5 行是绝对引用。例如，单元格 C7 中有公式"=$A5+B$6"，当将此公式复制到单元格 D7 和 C8 时，单元格 D7 的公式变化为"=$A5+C$6"，单元格 C8 的公式变化为"=$A6+B$6"。

在引用单元格时，反复按下【F4】键可以在相对引用、绝对引用和混合引用之间进行切换。

6.6.2 公式

Excel 允许在单元格中输入数学公式，用于解决数据的计算问题。公式主要是由运算符、常量、单元格地址、函数等组成。

1．公式的创建

在单元格中输入公式时，应先以"="开始，然后再输入公式。公式如果需要用到单元格中的数据，可直接输入单元格地址，也可以单击所需要引用的单元格，此时在公式中将自动显示该单元格的地址。输入完成后按【Enter】键或单击编辑栏上的"输入"按钮完成公式的输入。选择包含有公式的单元格，在单元格中显示的是公式的计算结果，而在编辑栏中则显示输入公式的原型。

2．运算符

Excel 允许以下 4 类运算符出现在公式中：

① 数值运算符：+（加）、-（减）、*（乘）、/（除）、^（乘方）、±（取正负）、%（百分比）。

② 文本运算符：&，作用是将一个或多个文本连接成为一个文本串。

③ 比较运算符：主要用来对 2 个数值进行比较，有<（小于）、<=（小于或等于）、>（大于）、>=（大于或等于）、=（等于）、<>（不等于）。

④ 引用运算符：用于将单元格区域进行合并运算，分别为"："、"，"和"空格"。"："，又称区域运算符，作用是生成对包括在两个引用之间的所有单元格的引用，例如"A1:B3"，表示引用以 A1 到 B3 为对角线的矩形区域中包含的所有单元格。"，"，又称联合运算符，作用是将多个引用合并为一个引用，例如"A2,A3,B1"，表示引用 A2、A3、B1 三个单元格中的数据。"空格"，又称交集运算符，作用是生成对两个引用中共有单元格的引用，例如"B7:D7 C6:C8"，表示引用的区域为 C6:C7。

这些运算符的优先级关系由高到低为引用运算符、数值运算符、文本运算符和比较运算符。

3．公式的修改

修改编辑好的公式可以单击需要修改公式的单元格，然后在编辑栏中进行修改。或者可以直接双击需要修改公式的单元格，将光标定位到单元格后，在单元格中直接进行修改。

4．公式的自动填充

如果同行或同列的一些相邻的单元格需要进行同类型的计算时，可以在第一个单元格中输入公式后，使用该单元格的填充柄对同行或同列相邻的单元格进行公式的自动填充。

但需要注意的是公式在输入时要使用单元格地址，而不要直接输入单元格内的数值，否则将不能自动填充。例如 A1、A2 单元格中存放着数值 1、2，在 A3 中输入公式求 A1 和 A2 的和，应输入"=A1+A2"而不要输入"=1+2"。

6.6.3 函数

Excel 函数是程序开发者预先定义好的公式，可以直接使用。

函数是由函数名和参数组成的，其语法格式为函数名称(参数 1,参数 2,…)，其中参数可以是常量、单元格地址、公式或其他函数。函数可以单独使用也可以插入到公式中。

对于简单的函数运算也以"="开始，然后在单元格内输入函数及参与运算的参数即可，如求和函数 SUM、求平均数函数 AVERAGE 等。复杂的函数则可以单击"公式"选项卡"函数库"组中的"插入函数"按钮，弹出"插入函数"对话框，如图 6-28 所示。在此对话框中选择需要的函数即可调出该函数的"函数参数"对话框，输入每个参数的值完成函数的录入。

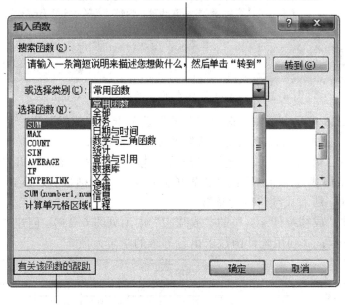

图 6-28 "插入函数"对话框

此处不再具体介绍某一种函数，在"插入函数"和"函数参数"对话框的左下角都可以看到蓝色字体显示的"有关该函数的帮助"的超链接，单击此处的超链接文本可以调出 Excel 内置的相应函数的帮助信息，用户可以通过帮助，查阅每种函数的功能、使用方法以及使用示例等。

【例 6-7】 利用公式和函数计算"成绩表"（见图 6-25）的总评成绩和排名，总评成绩=平时成绩*0.1+试卷成绩*0.9，使用 RANK 函数计算排名。

【解】 具体操作步骤如下：

① 在"成绩表"的 F1 和 G1 单元格中分别输入"总评成绩"和"排名"。

② 单击 F2 单元格，输入公式"=D2*0.1+F2*0.9"，按【Enter】键完成输入。此时 F2 单元格中给出计算的结果，编辑栏可以查看公式原型。

③ 单击 G2 单元格，单击"公式"选项卡"数据库"组中的"插入函数"按钮，弹出"插入函数"对话框。

④ 在"或选择类别"右侧的下拉列表中选择"全部"选项，然后在"选择函数"下拉列表中选择"RANK"函数，单击"确定"按钮。

⑤ 弹出"函数参数"对话框，如图 6-29 所示。在 Number 参数后输入 F2；在 Ref 参数后输入 F$2:F$28；Order 参数后输入 0，单击"确定"按钮，返回工作表界面。此时在 G2 单元格给出了"总评成绩"列的排名情况。

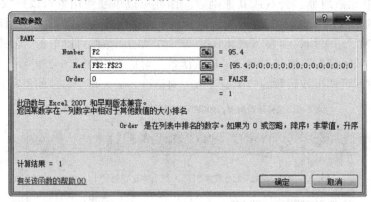

图 6-29 "RANK"函数的"函数参数"对话框

⑥ 选中 F2:G23 单元格区域，选择"开始"选项卡上"编辑"组"填充"下拉列表中的"向下"命令，公式将自动填充到此区域并显示计算结果。

⑦ 选中 F2:F23 单元格区域，选择"开始"选项卡上"单元格"组"格式"下拉列表中的"设置单元格格式"命令，弹出"设置单元格格式"对话框，切换到"数字"选项卡，设置小数位数为 0，所有成绩将变为整数。

【例 6-8】 在"成绩统计.xlsx"的"成绩表"中（见图 6-25），创建"成绩分析"数据表，如图 6-30 所示，并利用统计函数求出各等级的学生人数。

成绩分析						
总人数	优秀(A)	良好(B)	中等(C)	及格(D)	不及格(E)	最高分
	90~100分	80~89分	70~79分	60~69分	60分以下	最低分
						平均分

图 6-30 成绩分析表

【解】 具体操作步骤如下：

① 在"成绩表"中选择 A26:H27 单元格区域，单击"开始"选项卡"对齐方式"组中的"合并后居中"按钮，A26:H27 区域合并成一个大的单元格，在其中输入"成绩分析"。

② 参考步骤①，合并 A28:A29 单元格区域，并输入"总人数"。

③ 在 B28:G30 中按照图 6-30 输入相应的内容。

④ 单击 A30 单元格，在编辑栏中输入公式"=COUNT(F2:F23)"，求出总人数为 22 人。

⑤ 在 B30、C30、D30、E30、F30 单元格，分别输入以下 5 个公式：

a. =COUNTIF(F$2:F$23,">=90")

b. =COUNTIF(F2:F23,">=80")-COUNTIF(F2:F23,">=90")

c. =COUNTIF(F2:F23,">=70")-COUNTIF(F2:F23,">=80")

d. =COUNTIF(F2:F23,">=60")-COUNTIF(F2:F23,">=70")

e. =COUNTIF(F2:F23,"<60")

⑥ 参照【例 6-7】中的步骤③～⑤利用 MAX()、MIN()和 AVERAGE()函数在"H28:H30"求"总评成绩"列"F2:F23"的最低分、最高分和平均分。

6.7 数据的管理与分析

数据的管理与分析，主要是指数据清单的建立，数据的排序、筛选、分类汇总等。可使用"数据"选项卡中的各项命令来完成。

6.7.1 数据清单

1. 数据清单的概念

数据清单是行、列数据的集合，是一个包含列标题的连续数据区域。它由两部分构成，即表结构和纯数据，并且遵循更为严格的建立规则。

表结构是数据清单中的第一行，即列标题。每一行称为一条记录，每一列称为一个字段。纯数据是数据清单中的数据部分，并且不允许有非法数据出现。

在 Excel 中，创建数据清单需要遵循一定的原则，具体如下：

① 在同一个数据清单中每列的标题内容必须是唯一的，不允许重复。

② 同一列只能存放相同类型的数据。

③ 一个完整的数据清单中不允许出现空行或空列。

④ 在一个工作表上避免建立多个数据清单，因为某些数据分析功能每次只能在一个数据清单中使用。

2. 使用"记录单"命令管理数据清单

具体操作步骤如下：

① 使用"记录单"命令管理数据清单的操作方法是选定数据清单中任意一个单元格。

② 单击"快速访问工具栏"中的"记录单"按钮 ，弹出"记录单"对话框，如图 6-31 所示。默认显示的是数据清单中的第一条记录，其中带有公式的字段内容是不可编辑的，如"总评成绩"和"排名"。

③ 单击"上一条"按钮和"下一条"按钮或拖动滚动条，可在每条记录间上下移动。

④ 单击"新建"按钮，出现一个空记录的数据

图 6-31　记录单对话框

清单，可输入一条新记录。按【Tab】键（或按【Shift+Tab】组合键）依次向下（向上）

输入各项的值，新添加的记录自动放在数据清单的最后一行。

⑤ 单击"删除"按钮和"条件"按钮，可对数据清单进行删除和查找操作。

⑥ 单击 ✖ 按钮或"关闭"按钮可以关闭"记录单"对话框。

注意： 如果"快速访问工具栏"中没有"记录单"命令。可以选择"文件"→"选项"命令，弹出"Excel 选项"对话框，在"快速访问工具栏"选项中进行设置。

6.7.2 数据的排序和筛选

1. 数据排序

在 Excel 的数据清单中，可以根据一列或多列的内容对数据进行排序。

（1）对单列的数据内容进行排序

在数据清单中如果要对某列数据进行排序，只需要选择此列中的某个单元格，单击"数据"选项卡上"排序和筛选"组中的"升序" ⊞ 按钮或"降序" ⊞ 按钮，即可以将数据清单中的所有记录按照此列进行升序或降序的重新排列。

（2）对多列的数据内容进行排序

当单列的数据有重复值时，只依据此列进行排序，重复值的记录将不能区分。这就要需要结合其他列对数据进行排序了，具体操作方法如下：

① 选中数据清单中的任意一个单元格。

② 单击选择"数据"选项卡上"排序和筛选"组中的"排序"按钮，弹出"排序"对话框，如图 6-32 所示。

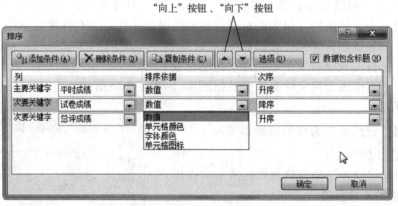

图 6-32 "排序"对话框

③ 选中"数据包含标题"复选框（默认是选中状态）。此选项可以在关键字选择时给出列标题，便于数据的排序。

④ 默认情况下，Excel 只给出"主要关键字"，单击"添加条件"按钮可以添加多个"次要关键字"。添加关键字后，可以指定用于排序的列标题、排序依据和次序。

⑤ 如果要删除或复制关键字可以单击"删除条件"按钮或"复制条件"按钮。

⑥ 如果要改变关键字的顺序可以单击"向上"按钮或"向下"按钮。

⑦ 设定好排序条件后单击"确定"按钮，完成操作。

⑧ 在排序时 Excel 还提供了一些特殊的排序功能，如区分大小写、按列或行排序、按

字母或笔画排序等。这些设置则需要单击"选项"按钮，在弹出的"排序选项"对话框中进行设置，如图6-33所示。

图6-33 "排序选项"对话框

2. 数据筛选

数据筛选是指将数据清单中符合条件的记录显示出来，不符合的部分隐藏起来。Excel提供了"自动筛选"和"高级筛选"两种方式。

（1）自动筛选

自动筛选是简单条件的筛选。操作方法：选中数据清单中任意一个单元格，然后单击"数据"选项卡上"排序和筛选"组中的"筛选"按钮。此时在数据清单的标题行每个列标题所在单元格的右侧都会出现一个黑色的下拉箭头▼，此箭头称为"筛选器箭头"。

单击需要筛选的列标题的"筛选器箭头"按钮，在下拉列表中直接选择符合条件的复选框，单击"确定"按钮后，不符合条件的记录被自动隐藏。此时"筛选器箭头"按钮将变为 ，表示此列进行了筛选。另外，在筛选的结果中还可以再进行二次筛选，筛选的结果将是两次筛选条件的组合。

如果要取消自动筛选，恢复原来的数据内容，可在"筛选器箭头"按钮的下拉列表中，选择"全选"复选框。或者选择"从?中清除筛选"命令，"?"为当前列的列标题。

筛选时Excel还提供了按颜色筛选、自定义筛选等特殊的筛选格式，也可以在"筛选器箭头"按钮的下拉列表中进行选择。

（2）高级筛选

高级筛选可以进行比较复杂的数据筛选。单击"数据"选项卡上"排序和筛选"组中的"高级"按钮，在弹出的"高级筛选"对话框中可进行相关设置。一般分为3个步骤进行，具体操作步骤如下：

① 指定筛选的条件区域，条件区域一般放在数据清单的上方或下方的空白处，与数据清单至少隔开一个空行。第一行要求输入筛选数据列的标题，然后在列标题的下面输入筛选的条件。

② 指定需要筛选的数据源。

③ 指定存放筛选结果的单元格区域。

【例6-9】 利用"自动筛选"筛选出"成绩统计.xlsx"中的"成绩表"中班级为"信息"和"临床"的所有学生。利用"高级筛选"筛选出班级为"信息"并且"排名"在前10的学生，并将筛选结果存放的数据表的下方空白位置。

【解】 具体操作步骤如下：

① 单击数据表中的任意一个单元格，单击"数据"选项卡上"排序和筛选"组中的"筛选"按钮。

② 单击"班级"单元格的"筛选器箭头"按钮，在下拉列表中选中"信息"和"临床"复选框，如图6-34所示，单击"确定"按钮。

③ 在工作表的开头插入3个空白行(也可以在工作表的任意空白位置输入)。在C1:D2单元格区域中输入筛选的条件，如图6-34所示。筛选的条件为班级是"信息"并且"排名"在前10的学生。

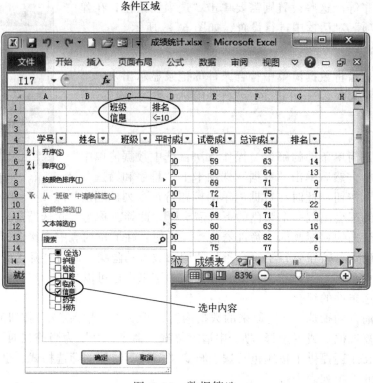

图 6-34 数据筛选

④ 选中数据清单中的任意一个单元格。单击"数据"选项卡"排序和筛选"组中的"高级"按钮,弹出的"高级筛选"对话框,如图 6-35 所示。

⑤ 选中"方式"组下的"将筛选结果复制到其他位置"单选按钮。

⑥ "列表区域"会自动选取数据清单区域的单元格地址,也可以重新进行选择。单击"条件区域"后的编辑框,用鼠标在工作表中直接拖选条件区域。单击"复制到"后的编辑框,在工作表空白区域中选择目标区域的首单元格。

图 6-35 "高级筛选"对话框

⑦ 选中"选择不重复的记录"复选框,筛选时重复的记录将只显示一条。

⑧ 单击"确定"按钮,返回工作表界面,完成数据的高级筛选。

6.7.3 分类汇总与合并计算

1. 分类汇总

分类汇总是指对数据清单中某一字段同一类别的数据进行计算、分析等操作。需要注意的是创建分类汇总的数据表必须具有列标题,即每列都要有字段名;分类汇总前要先对需要分类的字段进行排序。

【例 6-10】 对"成绩统计.xlsx"中的"成绩表"进行分类汇总,求每个班级同学"总评成绩"的平均值。

【解】 具体操作步骤如下:

① 选择数据清单中的"班级"列的任意一个单元格。单击"数据"选项卡"排序和筛选"组中的"升序"按钮,数据清单将以"班级"为主关键字做升序的排序。

② 单击"数据"选项卡上"分级显示"组中的"分类汇总"按钮,弹出"分类汇总"对话框,如图 6-36 所示。

③ 在"分类字段"下拉列表中选择"班级"命令;在"汇总方式"下拉列表中选择"平均值"命令;在"选定汇总项"下拉列表中选中"总评成绩"复选框。

④ 单击"确定"按钮,返回工作表界面,显示分类汇总界面,如图 6-37 所示。

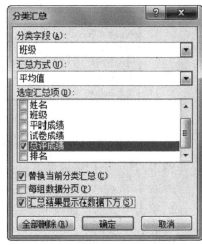

图 6-36 "分类汇总"对话框

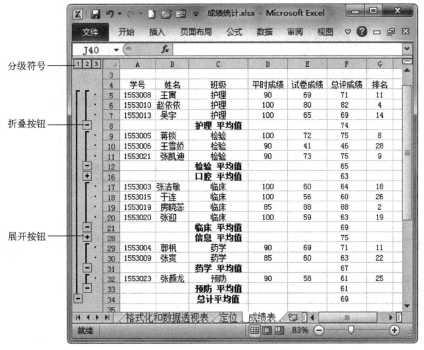

图 6-37 "分类汇总"效果图

2. 合并计算

数据合并就是把来自不同数据区域的数据进行合并计算。它具备非常强大的合并功能,包括求和、平均值、计数等一系列合并计算功能。可以单击"数据"选项卡上"数据工具"组中的"合并计算"按钮来完成。合并计算要求两个表结构相同,列标题相同,记录内容可以不同。

【例 6-11】 打开素材"药品销售.xlsx"工作簿中的"销售 1"表[见图 6-38(a)]和"销售 2"表[见图 6-38(b)],对它们进行合并计算,求出所有药品的销售总量。

药品名称	销售量（瓶或盒）
阿胶补血颗粒	200
白芝颗粒	150
丹栀逍遥片	300
儿童咳液	500
复方和血丸	100

药品名称	销售量（瓶或盒）
阿胶补血颗粒	340
白芝颗粒	600
复方和血丸	450
百服宁	300
银黄颗粒	500
蓝芩口服液	800

（a）　　　　　　　　　　　　　　　　（b）

图 6-38　"销售 1"表和"销售 2"表

【解】　具体操作步骤如下：

① 右击 Sheet3 工作表标签，将工作表重命名为"销售总表"，选择 A1 单元格。

② 单击"数据"选项卡"数据工具"组中的"合并计算"按钮，弹出"合并计算"对话框，如图 6-39 所示。

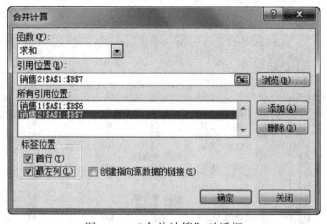

图 6-39　"合并计算"对话框

③ 在"合并计算"对话框"函数"的下拉列表中选择"求和"命令，单击"引用位置"下的编辑栏，选择"销售 1"表中的数据区域（包括标题栏），单击对话框中的"添加"按钮。

④ 利用同样的方法，将"销售 2"表中的数据区域也添加到引用位置。

⑤ 选中"首行"和"最左列"复选框。单击"确定"按钮。

⑥ 求和后的数据表，首列没有标题行，自行添加就可以了。

6.7.4　数据的图表化

将数据图表化可以使数据的分析更加清晰明了，较数据更直观，用户更易于接受。

1. 创建图表

Excel 中的图表分为"嵌入式"图表和"独立式"图表两种。"嵌入式"图表是作为一个对象嵌入在一个工作表中，用鼠标可以移动它，或者改变它的大小；"独立式"图表又称工作表图表，就是整个工作表作为一个大的图表，默认的工作表名称为"Chart 1"。

"嵌入式"图表和"独立式"图表可以相互转化，创建好图表后单击图表工具"设计"

大学计算机应用基础

选项卡上"位置"组中的"移动位置"按钮，弹出"移动图表"对话框，选择图表要移动的位置即可。

Excel 提供了很多种图表类型，每一种还有其子类型，用户可以根据需要来选择。单击"插入"选项卡"图表"组右下角的"对话框启动器"按钮，在弹出的"插入图表"对话框中可以选择图表类型。

2．编辑图表

创建好图表后，Excel 命令功能区出现一组"图表工具"选项卡包括"设计"、"布局"和"格式"3 个子选项卡。用户可以通过 3 个子选项卡里的命令对图表进行编辑、修改、格式化等操作。

【例 6-12】 为"成绩统计.xlsx"工作簿中的"成绩分析"表创建饼图，并对图表进行格式化操作。

【解】 具体操作步骤如下：

① 打开"成绩统计.xlsx"工作簿，选择"成绩表"工作表标签，选中图 6-40 中的 B31:F31 和 B33:F33 两个不连续的数据区域。

图 6-40 "成绩分析"表数据内容

② 选择"插入"选项卡上"图表"组中"饼图"下拉列表中的"三维饼图"子图表中的"分离型三维饼图"选项，Excel 自动生成了一个嵌入式饼图。

③ 单击选中图表，选择"设计"选项卡"图表布局"组中"布局 2"选项。

④ 单击"图表标题"文本框，将图表标题的内容改为"成绩分析"。

⑤ 切换到"布局"选项卡，单击"标签"组中的"数据标签"按钮，在下拉列表框中选择"数据标签外"命令。

⑥ 选择"布局"选项卡上"当前所选内容"组，选择最上方下拉列表框中的"绘图区"选项。然后单击它下方的"设置所选内容格式"按钮，弹出"设置绘图区格式"对话框。

⑦ 在左侧列表框中选择"填充"选项，右侧选中"渐变填充"单选按钮。在"预设颜色"的下拉列表中选择"麦浪滚滚"选项，单击"关闭"按钮即可。

⑧ 选择"布局"选项卡上"当前所选内容"组最上方下拉列表框中的"图表区"选项，然后单击它下方的"设置所选内容格式"按钮，弹出"设置图表区格式"对话框。

⑨ 在左侧列表框中选择"阴影"选项，右侧选择"预设"下拉列表"内部"组中"内

部居中"选项。"颜色"选择"绿色","虚化"设为"61 磅","角度"设为"106°",单击"关闭"按钮即可。

⑩ 使用步骤⑨中同样的方法打开"系列 1 数据标签"的"设置数据标签格式"对话框,选择"标签选项"选项,在右侧的"标签包括"组中,选中"值"复选框,单击"关闭"按钮即可。

⑪ 在图表中添加文本框,输入"总人数:22 人",放在图表的下方即可。最终效果如图 6-41 所示。

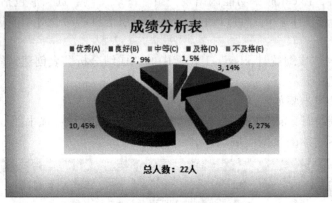

图 6-41 "成绩分析"饼图图表

6.7.5 数据透视表

数据透视表是基于数据清单建立的一种交互式报表,可以对大量数据进行快速汇总、分析、浏览等操作。使用户从不同的角度查看数据,并且可随时根据数据源的改变自动更新数据。

1. 数据透视表的创建

创建数据透视表的具体操作步骤如下:

① 选择数据清单中的某一个单元格,Excel 将依据此数据清单创建数据透视表。如果不在某个数据清单范围内,请确保该区域具有列标题或表中显示了标题,并且该区域中没有空行。

② 选择"插入"选项卡上"表格"组"数据透视表"下拉列表中的"数据透视表"命令。

③ 弹出"创建数据透视表"对话框,选中"选择一个表或区域"单选按钮,在"表/区域"文本框中输入单元格区域地址,Excel 会自动给出数据清单的单元格区域,但也可以键入不同的区域或使用为该区域定义的名称。

④ 在"选择放置数据透视表的位置"中选择新建的透视表放置的位置。若放置在新工作表中,并以单元格 A1 为起始位置,则选中"新工作表"单选按钮;若放置在现有工作表中的特定位置,则选中"现有工作表"单选按钮,然后在"位置"文本框中指定放置区域的首单元格地址。

⑤ 单击"确定"按钮后,新建的数据透视表将添加至指定位置并显示数据透视表字段列表,以便用户可以添加字段、创建布局以及自定义数据透视表。

2．数据透视表的编辑

数据透视表建立后，在功能区将出现"数据透视表工具"选项卡，包含"选项"和"设计"两个子选项卡。用户可以浏览每个选项卡提供的命令对数据透视表进行编辑，也可以通过右击某些特定数据透视表元素来访问它们所提供的选项和功能。

【**例 6-13**】 利用"成绩表"创建数据透视表，求"平时成绩"不同分数的总人数。

【**解**】 具体操作步骤如下：

① 打开"成绩统计.xlsx"工作簿，选择"成绩表"数据清单中任意单元格。

② 选择"插入"选项卡上"表格"组"数据透视表"下拉列表中的"数据透视表"命令，弹出"创建数据透视表"对话框。

③ 在"表/区域"文本框中自动给出了数据清单的单元格区域。

④ 在"选择放置数据透视表的位置"下选中"现有工作表"单选按钮，在"位置"文本框处输入存储位置的首单元格地址。

⑤ 单击"确定"按钮，在新位置创建一个数据透视表。

⑥ 在右侧"数据透视表字段列表"对话框中，如图 6-42（a）所示。将"班级"字段拖动到"行标签"的位置，"平时成绩"字段拖动到"列标签"的位置，"姓名"字段拖动到"数值"的位置。

⑦ 单击工作表的空白单元格，数据透视表创建完成，如图 6-42（b）所示。最后原路径、原文件名保存文档。

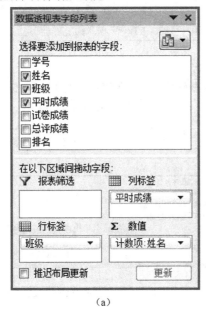

	（a）			（b）		

图 6-42　数据透视表

6.8　页面设置与打印

6.8.1　页面设置

打印工作表前要进行页面设置，单击"页面布局"选项卡上"页面设置"组右下角的"对话框启动器"按钮，弹出"页面设置"对话框，如图 6-43 所示。在此对话框中可以通过"页面"、"页边距"、"页眉/页脚"和"工作表"4 个选项卡对页面格式进行设置。

1．设置页面

使用"页面"选项卡中的命令可以设置纸张打印的方向，工作表页面的缩放比例，选取打印纸张的大小，以及设置打印质量等。

2．设置页边距

在页边距选项卡中可以分别输入上、下、左、右距离页边距的精确的数值，还可以设置页眉和页脚距离页边距的位置。

居中方式中的"水平"复选框和"垂直"复选框分别可以设置工作表打印区域在纸张中的水平居中和垂直居中效果。

3．设置页眉和页脚

页眉和页脚一般包含与当前文档相关的一些参考信息，如工作表的名称、页码，创建的时间、位置、作者等。

"页眉/页脚"选项卡中的"页眉（页脚）"的下拉列表中给出了一些预设好的页眉（页脚），用户可以直接选择需要的样式，如图 6-44 所示。也可以单击"自定义页眉"和"自定义页脚"按钮，创建符合自己需要的页眉和页脚。

图 6-43 "页面设置"对话框　　　　　图 6-44 "页眉/页脚"选项卡

4．设置工作表打印区域

"工作表"选项卡可以对工作表的内容进行打印设置，如图 6-45 所示。"打印区域"可以选择工作表的特定区域进行打印。"打印标题"可以选择"顶端标题行"和"左端标题列"的内容，使工作表看起来更加清晰明了。还可以选择"网格线"、"行号列标"和"批注"等辅助信息让打印出来的工作表更加便于理解。

大学计算机应用基础

图 6-45 "页面设置"对话框中的"工作表"选项卡

6.8.2 分页预览

1. 插入分页符

分页预览可以分为自动分页和人工分页 2 种。如果一张工作表内容很多，一张页面显示不了全部的内容，Excel 会自动根据纸张大小将工作表分页。如果用户不满足此种分页效果，则可以插入人工分页符。插入分页符的步骤如下：

① 单击新一页起始行（列）的行号（列标）或该行（列）的最左（上）边的单元格。

② 单击"页面布局"选项卡"页面设置"组中的"分隔符"按钮。

③ 在弹出的下拉列表中选择"插入分页符"命令。

④ 此时在新页起始行（列）的上（左）边框出现一条水平（垂直）虚线表示分页成功。

如果插入分页符时不是一行最左或一列最上的单元格，将会在选定单元格的上边框和左边框各出现一条分页的虚线。

如果要删除水平（垂直）分页线，可以选择水平（垂直）分页线下面（右边）的一行（列）中的某个单元格，然后选择"页面布局"选项卡上"页面布局"组"分隔符"下拉列表中的"删除分页符"命令。

2. 分页预览

分页之后可以在分页预览下查看分页效果。操作方法：单击"视图"选项卡上"工作簿视图"组中的"分页预览"按钮，此时虚线变为蓝色粗实线状态。每页区域中都有暗淡页码显示，此时也可进行分页符的插入和删除操作，操作方法和上面相同。也可以在"分页预览"视图下，直接用鼠标拖动分页线到窗口的最上（下）方或最左（右）边来删除分页线。

另外在分页预览时，如果在页面设置时设置了打印区域，则可以看到打印区域被蓝色粗线框住，为浅色背景，非打印区域为深色背景。

单击"视图"选项卡上"工作簿视图"组中的"普通"按钮，回到普通视图状态。

6.8.3　打印工作表

页面格式设好之后，可以通过打印预览查看打印效果。操作步骤：选择"文件"→"打印"命令，在窗口的最右边显示出打印预览效果。如果满足要求，则可以在打印"份数"的微调按钮中输入数值，并选择一款打印机，在"设置"组选择相应的命令，最后单击"打印"按钮即可完成打印。

小　结

Excel 电子表格的功能非常强大，本章也只是介绍了一些常用功能，还有很多部分没有讲到，其中一些高深的数据处理功能对于普通工作者并不常用。只希望通过本章的学习激起读者对于 Excel 的学习兴趣。

思　考　题

1. 列举出 Excel 的 2 种启动和退出的方法。
2. 简述 Excel 窗口的基本组成。
3. 写出 2 种工作表重命名的方法。
4. 在电子表格数据统计中，通常以图表的形式表现出来，试简述图表的作用及其常见的类型。
5. 如何在 Excel 单元格 A1 至 A10 中，快速输入等差数列 1，3，5，7，…，33？试写出操作步骤。

大学计算机应用基础

第 **7** 章

演示文稿制作软件 PowerPoint 2010

 导读

本章共分为 6 小节：第 1 小节介绍了 PowerPoint 中的几个基本概念；第 2 小节和第 6 小节重点讲述了演示文稿的基本操作，包括新建、保存和打印；第 3 小节至第 5 小节讲述了幻灯片的基本操作，包括外观设计、内容编辑和幻灯片放映。

内容结构图

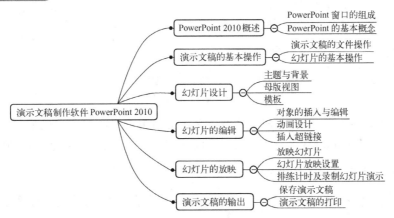

学习目标

● 掌握：制作演示文稿的基本方法。
● 熟悉：演示文稿添加动画效果的方法。
● 了解：演示文稿的打印方法。

7.1 PowerPoint 2010 概述

PowerPoint 2010（以下简称 PowerPoint）主要用于制作具有多媒体效果的幻灯片，常

应用于演讲、教学、会议、产品展示等方面。利用 PowerPoint 可以轻松制作包含文字、图形、表格、声音和视频等对象的多媒体演示文稿。

7.1.1　PowerPoint 窗口的组成

PowerPoint 窗口界面分为 5 个区域：大纲视图区、幻灯片备注区、功能区、幻灯片视图区和状态栏，如图 7-1 所示。

图 7-1　PowerPoint 窗口界面

功能区是 PowerPoint 操作的核心区域，旨在帮助用户快速找到完成某项任务所需的命令，它包含 PowerPoint 2003 及更早版本中的选项卡和工具栏上的命令，如图 7-2 所示。

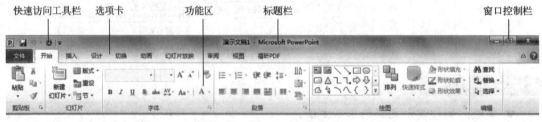

图 7-2　PowerPoint 功能区

7.1.2　PowerPoint 的基本概念

1. 演示文稿与幻灯片

用 PowerPoint 创建的文件就是演示文稿，其扩展名是 .pptx。一个演示文稿通常由若干张幻灯片组成，制作一个演示文稿的过程实际上就是制作一张张幻灯片的过程。

2. 幻灯片对象与版式

一张幻灯片由若干对象组成，所谓对象是指插入到幻灯片中的文本、图片、剪贴画以及形状、SmartArt图形、图表、视频和音频等各种元素。

幻灯片版式包含要在幻灯片上显示的全部内容的格式设置、位置和占位符。占位符是版式中的容器，可容纳如文本（包括正文文本、项目符号列表和标题）、表格、图表、SmartArt图形、影片、声音、图片及剪贴画等内容。PowerPoint 提供了 11 种版式，如图 7-3 所示。一个演示文稿的每一张幻灯片都可以根据需要选择不同的版式，PowerPoint 也允许用户自己修改版式。

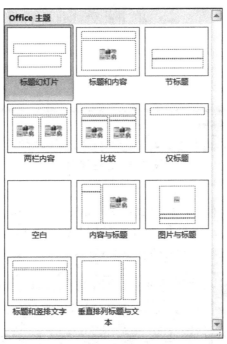

图 7-3　幻灯片版式

3. 演示文稿视图

演示文稿视图是指用于查看各种幻灯片的方式。在 PowerPoint 工作界面右下角有 4 个功能按钮 ⊞⊞⊠♀，分别是"普通视图"、"幻灯片浏览"、"阅读视图"和"幻灯片放映"。单击这些视图按钮，用户可在各视图之间进行切换。

（1）普通视图

普通视图是 PowerPoint 的默认视图方式，用于编辑演示文稿总体结构或编辑单页幻灯片及大纲，如图 7-4 所示。

普通视图包含 3 个窗格：幻灯片/大纲浏览窗格、幻灯片窗格和备注窗格。在幻灯片/大纲浏览窗格的大纲选项卡下只能看到占位符里的文本，看不到文本框和其他对象；幻灯片选项卡下则以缩略图的形式显示幻灯片，可以移动或删除幻灯片。幻灯片窗格可以编辑当前幻灯片的各项内容，在幻灯片放映时可以全屏幕显示。备注窗格可以键入对当前幻灯片的补充说明，在幻灯片放映时不显示。

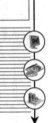

幻灯片/大纲浏览窗格　　　　幻灯片窗格　　　　备注窗格

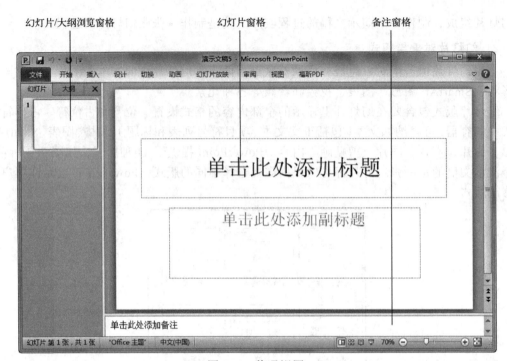

图 7-4　普通视图

（2）幻灯片浏览

幻灯片浏览可以看到所有幻灯片的缩略图，如图 7-5 所示。在该视图下，可以用鼠标直接拖动调整幻灯片的顺序；按住【Ctrl】键的同时拖动鼠标，可以进行幻灯片的复制。

图 7-5　幻灯片浏览

（3）阅读视图

阅读视图是在保留 Windows 窗口底部任务栏环境下，一种最大窗口显示的动态视图模式，如图 7-6 所示。

图 7-6　阅读视图

（4）幻灯片放映

在幻灯片放映视图中，幻灯片以全屏幕方式显示，并同时呈现用户设置的动画效果。

7.2　演示文稿的基本操作

7.2.1　演示文稿的文件操作

1. 演示文稿的创建

创建新演示文稿的方法有以下 3 种：

① PowerPoint 启动后，默认新建一个名为"演示文稿 1"的空白演示文稿。

② 单击"快速访问工具栏"上的"新建"按钮，或按【Ctrl+N】组合键，也可以创建一个新的空白演示文稿。

③ 选择"文件"→"新建"命令，打开"新建"任务列表窗格，然后根据需要新建一个演示文稿，如图 7-7 所示。新建的演示文稿分别按照演示文稿 1、演示文稿 2、演示文稿 3……的顺序命名。

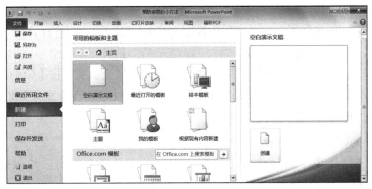

图 7-7　新建演示文稿窗口

2．演示文稿的保存

保存演示文稿是指将其以文件的形式保存在磁盘上。PowerPoint 默认的文件扩展名为.pptx。可以单击"快速访问工具栏"上的"保存"按钮；选择"文件"→"保存"命令和"另存为…"命令；按【Ctrl+S】组合键进行演示文稿的保存。

3．打开现有的演示文稿

打开已存在的演示文稿可以单击"快速访问工具栏"上的"打开"按钮；或按【Ctrl+O】组合键；也可以选择"文件"→"打开"和"最近所用文件"命令。

4．演示文稿的关闭

关闭演示文稿分为退出 PowerPoint 应用软件和关闭当前演示文稿 2 种。

退出 PowerPoint 应用软件：选择"文件"→"退出"命令将关闭所有已经打开的 PowerPoint 文档，并退出 PowerPoint 窗口。若关闭时还有演示文稿操作没有保存，则会出现是否保存更改的提示。

关闭当前演示文稿：选择"文件"→"关闭"命令（或按【Ctrl+W】组合键），则关闭当前打开的演示文稿窗口，但不退出 PowerPoint 应用软件。

7.2.2 幻灯片的基本操作

1．新建幻灯片

新建幻灯片的操作步骤如下：

① 选择"开始"选项卡，单击"幻灯片"组中的"新建幻灯片"按钮，或按【Ctrl+M】组合键，默认插入一张版式为"标题和内容"的新幻灯片。

② 选择"幻灯片"组中的"版式"命令，在弹出的"版式"列表框中根据需要选择某种版式。

新建的幻灯片中有多个虚线方框，这些方框称为"占位符"。只要单击这些区域，其中的文字提示信息就会消失，用户即可添加文本、表格、图表、SmartArt 图形、图片、剪贴画及媒体剪辑等对象。

通常在幻灯片占位符中输入文本，如果需要添加额外的文本，用户也可使用文本框，但是文本框中的文本不会在大纲窗格中显示，其格式也不受母版控制。

2．移动幻灯片

移动幻灯片的操作步骤如下：

① 将演示文稿切换至幻灯片浏览视图方式，单击选择一张幻灯片或按下【Ctrl】键（【Shift】键）的同时单击选择多张不连续（连续）的幻灯片。

② 按住鼠标左键不放，将鼠标指针拖动到指定的位置上。或者按【Ctrl+X】组合键进行剪切；再在指定位置单击，将插入点移动到目的位置，按【Ctrl+V】组合键进行粘贴。

3．复制幻灯片

复制幻灯片的操作步骤如下：

① 将演示文稿切换至幻灯片浏览视图方式，单击选择一张幻灯片或按下【Ctrl】键（【Shift】键）的同时单击选择多张不连续（连续）的幻灯片。

② 按住鼠标左键不放，同时按下【Ctrl】键，将鼠标指针拖动到指定的位置上。或者按【Ctrl+C】组合键进行复制；再在指定位置单击，将插入点移动到目的位置，按【Ctrl+V】组合键进行粘贴。

4．删除幻灯片

要删除一张幻灯片，可使用下面的方法：

① 在"幻灯片/大纲浏览"窗格中，单击需要删除的幻灯片，然后按【Delete】键。

② 在幻灯片浏览视图方式下，单击需要删除的幻灯片，然后按【Delete】键。

5．隐藏幻灯片

将暂时不用的幻灯片隐藏起来，可使用下面的方法：

① 在"幻灯片/大纲浏览"窗格中，或在幻灯片浏览视图中，选择要隐藏的幻灯片，右击，在弹出的快捷菜单中选择"隐藏幻灯片"命令，此时在该幻灯片左上角或右下角的编号出现一个带斜线的方框数字。

② 选择要隐藏的幻灯片，在"幻灯片放映"选项卡上，单击"设置"组中的"隐藏幻灯片"按钮。

如果要将隐藏的幻灯片显示出来，重复上述步骤即可。

7.3　幻灯片设计

7.3.1　主题与背景

主题可以快速更改幻灯片中不同对象的外观，包括一个或多个与主题颜色、匹配背景、主题字体和主题效果协调的版式。

PowerPoint 中有丰富的内置主题，用户可以在新建演示文稿时选择使用，如图 7-8 所示。

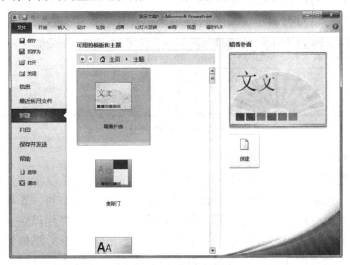

图 7-8　应用主题

在"设计"选项卡上的"主题"组中，列出了一系列的主题，如图 7-9 所示。单击所需要的主题，将其应用到当前演示文稿中。如果对主题的局部效果不满意，可对主题的"颜色"、"字体"和"效果"进行更改。

图 7-9 "主题"组

（1）颜色

主题颜色包括文字、背景、强调文字和超链接颜色。单击"颜色"按钮，在下拉列表中可以选择内置颜色组合，也可以新建主题颜色。

（2）字体

主题字体包括标题文字和正文文字的字体格式。单击"字体"按钮，在下拉列表中可以选择内置字体组合，也可以新建主题字体。

（3）效果

主题效果主要是设置幻灯片中图形线条和填充效果的组合，包含了多种常用的阴影和三维设置组合。

在"设计"选项卡上的"背景"组中，选择"背景样式"下拉列表中的内置样式，可以打开"设置背景格式"对话框，自定义背景样式，如图 7-10 所示。

图 7-10 "设置背景格式"对话框

7.3.2 母版视图

PowerPoint 中有幻灯片母版、讲义母版和备注母版 3 种母版视图，如图 7-11 所示。使用母版视图，用户可以对与演示文稿关联的每个幻灯片、备注页或讲义做整体样式改动。

图 7-11 母版视图

1. 幻灯片母版

幻灯片母版是幻灯片层次结构中的顶层幻灯片，它存储有关演示文稿的主题和幻灯片版式的所有信息，包括背景、颜色、字体、效果、占位符的大小和位置等。

每个演示文稿至少包含一个幻灯片母版，用户可以更改幻灯片母版。使用幻灯片母版可以对演示文稿中的每张幻灯片进行统一的样式更改，包括对以后添加到演示文稿中的幻灯片的样式更改。当演示文稿包括大量幻灯片时，幻灯片母版尤其有用，可以方便快捷地为多张幻灯片上设置相同的格式或样式，为用户节省时间。

幻灯片母版视图左侧窗格的第一个缩略图是幻灯片母版，下面是一组与幻灯母版相关联的幻灯片版式；右侧窗格则是幻灯片母版编辑窗格，如图 7-12 所示。

图 7-12 幻灯片母版视图

在幻灯片母版视图中，任何给定的幻灯片母版都有几种默认版式与其相关联，用户可以根据需要从中选择合适的版式。每个幻灯片版式的设置方式都不同，然而与给定幻灯片母版相关联的所有版式均包含相同的样式或主题（如背景、颜色、字体和效果）。如果希望演示文稿中包含 2 种或更多种不同的样式或主题，则需要为每种不同的主题插入一个幻灯片母版。

最好在开始制作各张幻灯片之前创建幻灯片母版，如果先创建了幻灯片母版，则添加到演示文稿中的所有幻灯片都会基于该幻灯片母版和相关联的版式。

2．讲义母版

讲义母版用于控制幻灯片以讲义形式打印的格式，如增加页码、页眉和页脚等，可利用"讲义母版"工具栏控制在每页纸中打印幻灯片的个数。

3．备注母版

PowerPoint 为每张幻灯片设置了一个备注页，供用户添加备注。备注母版用于控制注释的显示内容和格式，使注释有统一的外观。

7.3.3　模板

PowerPoint 模板是一个或一组幻灯片的模式或设计图。模板可以包含版式、主题颜色、主题字体、主题效果、背景样式，甚至可以包含内容。

用户可以在新建演示文稿时选择"样本模板"或者在 Office.com 上搜索模板，如图 7-13 所示。也可以创建一个包含一个或多个幻灯片母版的演示文稿，然后将其另存为 PowerPoint 模板（.potx 或 .pot）文件，并使用该文件创建其他演示文稿。

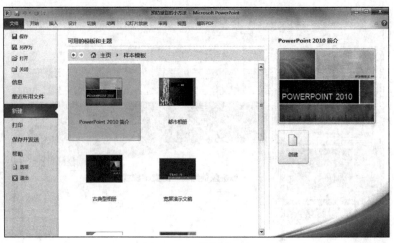

图 7-13　模板窗口

7.4　幻灯片的编辑

7.4.1　对象的插入与编辑

在演示文稿中插入剪贴画、图片和艺术字，可以美化幻灯片。为了改善幻灯片在放映时的视听效果，可在幻灯片中加入多媒体对象，如音乐、电影、动画等，增强演示文稿的感染力。

1. 图片或剪贴画

（1）插入图片或剪贴画

插入图片或剪贴画可以使用包含内容的版式，然后选择相应图标，如图 7-14 所示。

图 7-14　包含内容的版式

也可以在"插入"选项卡上的"图像"组中，选择相应命令，如图 7-15 所示。

（2）编辑图片或剪贴画

在幻灯片中双击要设置格式的图片或剪贴画，PowerPoint 将自动打开图片工具的"格式"选项卡，可以对图片或剪贴画进行设置，如图 7-16 所示。

图 7-15 "插入"选项卡

图 7-16 图片工具选项卡

2．插入表格

在 Word 或 Excel 中创建表格并设置表格的格式后，用户可以将此表格粘贴到 PowerPoint 演示文稿中而不必调整表格的外观或格式。将表格添加到演示文稿后，可使用 PowerPoint 中新的表格功能快速更改表格样式或添加效果。

在"插入"选项卡上的"表格"组中，选择"表格"下拉列表中的选项可以根据需要插入或绘制表格，如图 7-15 所示。

3．插入图表或 SmartArt 图形

PowerPoint 中所有可用的图表都统称为 SmartArt 图形。SmartArt 图形使用图表显示各种类型的关系，可以直观地表示各种概念和想法，并且 SmartArt 图形的视觉效果与演示文稿很协调。用户可以在各 SmartArt 图形变体之间进行更改，还可以自定义现有的 SmartArt 图形类型。

将 SmartArt 图形添加到演示文稿中最快捷的方法是应用一个包含 SmartArt 图形占位符的幻灯片版式，如图 7-14 所示；然后在占位符中单击"插入 SmartArt 图形"按钮，弹出"选择 SmartArt 图形"对话框，如图 7-17 所示。还可以在"插入"选项卡上的"插图"组中，单击 SmartArt 按钮来插入 SmartArt 图形，如图 7-15 所示。

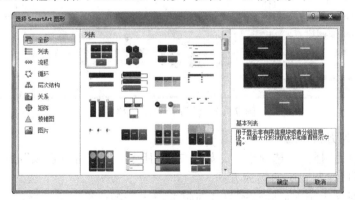

图 7-17 选择 SmartArt 图形

在 PowerPoint 中，组织结构图实际上是一种 SmartArt 图形，用户可以在"选择 SmartArt 图形"对话框中的"层次结构"类别中选择一种组织结构图类型。

4．插入音频剪辑

为了突出重点，用户可以在演示文稿中添加音频，如音乐、旁白、原声摘要等。在幻灯片上插入音频剪辑时，将显示一个表示音频文件的图标◀ᵢ。

（1）添加音频剪辑

添加音频剪辑的具体操作步骤：单击要添加音频剪辑的幻灯片，选择"插入"选项卡上"媒体"组"音频"下拉列表中的"剪贴画音频"或"录制音频"选项，可以将所需的音频剪辑直接嵌入到演示文稿中。如果在下拉列表中选择"文件中的音频"，将弹出"插入音频"对话框，如图7-18所示。选择需要的音频文件，单击"插入"按钮，所需的音频剪辑将直接嵌入到演示文稿中；也可以单击"插入"按钮右侧的下三角按钮，在弹出的下拉列表中选择"链接到文件"选项，只插入文件链接。

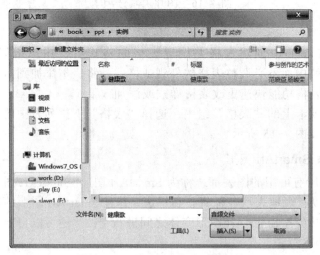

图7-18 "插入音频"对话框

（2）设置音频图标格式

在幻灯片上，选择音频剪辑图标◀ᵢ，在音频工具的"格式"选项卡下，选择相应工具可以美化图标，如图7-19所示。

图7-19 设置音频图标格式

（3）设置音频剪辑的播放选项

在音频工具的"播放"选项卡下，如图7-20所示，在"音频选项"组"开始"列表中选择不同选项可以控制音频的播放方式。

① "单击时"表示在放映该幻灯片时需要单击音频剪辑来手动播放。

② "自动"表示在放映该幻灯片时将自动开始播放音频剪辑。

③ "跨幻灯片播放"表示在演示文稿中单击切换到下一张幻灯片时播放音频剪辑。

要连续播放音频剪辑直至用户停止，需要选中"循环播放，直到停止"复选框。循环播放时，声音将连续播放，直到转到下一张幻灯片为止。如果一个较长的音频文件只想播放其中一段，可以使用剪裁音频来完成。

图 7-20　设置音频剪辑的播放选项

注意：如果添加了多个音频剪辑，则会层叠在一起，并按照添加顺序依次播放。如果希望每个音频剪辑都在单击时播放，需要在插入音频剪辑后拖动声音剪辑图标，将它们依次分开。

5．插入视频剪辑

和以前版本不同，在将视频插入到 PowerPoint 2010 演示文稿后，视频会成为演示文稿文件的一部分，而不再是文件路径的链接，因此不会在移动演示文稿时出现视频文件缺失的问题。

（1）添加视频剪辑

PowerPoint 支持的视频格式有.swf、.asf、.avi、.mpg、.wmv 等，其他格式的视频需要转换格式后才能插入到幻灯片中。插入视频剪辑可以使用包含内容的版式，然后单击"插入媒体剪辑"图标，如图 7-14 所示。也可以在"插入"选项卡的"媒体"组中，单击"视频"按钮，在弹出的列表中选择"文件中的视频"、"来自网站的视频"或"剪贴画音频"命令。

（2）设置视频图标格式

在幻灯片上，选择插入的视频剪辑，在视频工具的"格式"选项卡下，选择相应工具则可以美化图标，如图 7-21 所示。

图 7-21　设置视频图标格式

（3）设置视频剪辑的播放选项

在视频工具的"播放"选项卡下，如图 7-22 所示，在"视频选项"组"开始"列表中选择不同选项可以控制视频的播放方式。

图 7-22　设置视频剪辑的播放选项

7.4.2 动画设计

动画可使演示文稿更具动态效果，并有助于提高信息的生动性。演示文稿提供了 2 种动画方式：幻灯片间切换的动画效果；幻灯片内图片、文字、表格、图表等对象在幻灯片播放时的进入、强调、退出和路径等动画效果。

1. 设置幻灯片间切换的动画效果

幻灯片间切换效果是一张幻灯片变换到下一张幻灯片时在"幻灯片放映"视图中出现的动画效果。用户可以设置切换时间、添加声音，甚至还可以对切换效果的属性进行自定义设置。

具体操作步骤如下：

① 单击要设置切换效果的幻灯片。

② 在"切换"选项卡的"切换到此幻灯片"组中，选择要应用的幻灯片切换效果的选项，如图 7-23 所示。

图 7-23　幻灯片切换

"换片方式"默认是选中"单击鼠标时"复选框，若要在经过指定时间后自动切换幻灯片，需要在"切换"选项卡的"计时"组中，选择"设置自动换片时间"复选框，并在后面的微调框中设置所需的时间。

默认情况下，只对当前幻灯片设置切换效果。如果想使演示文稿中的所有幻灯片应用相同的切换效果，需要在"切换"选项卡的"计时"组中，单击"全部应用"按钮。

2. 设置幻灯片内动画效果

幻灯片内的动画设计是指在演示幻灯片时，随着演示的进展，逐步显示片内不同层次、对象的内容。设置幻灯片内的动画效果需要在"普通视图"模式下进行，切换到"动画"选项卡进行设置，如图 7-24 所示。

图 7-24　"动画"选项卡

在"动画"选项卡"动画"组中默认显示 10 种用户常用的"进入"效果，单击右侧的"其他"按钮，可以显示 4 种不同类型的动画效果，如图 7-25 所示。

① "进入"效果：可以使对象逐渐淡入焦点、从边缘飞入幻灯片或者跳入视图中。

② "强调"效果：强调效果包括使对象缩小或放大、变换颜色或沿着其中心旋转等。

③ "退出"效果：包括使对象飞出幻灯片，从视图中消失或者从幻灯片中旋出。

④ "动作路径"效果：动作路径效果可以使对象上下移动、左右移动或者沿着星形、

圆形、线条或路径移动（与其他效果一起）。

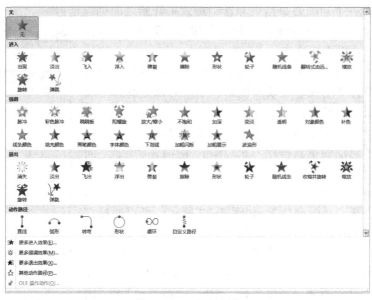

图 7-25　动画效果

（1）设置幻灯片对象的动画方式

进入、强调、退出、动作路径 4 种动画方式的设置方法相似，操作步骤如下：

① 在幻灯片中选择要设置动画的对象，在"动画"选项卡"动画"组中选择需要的动画效果选项。

② 在"动画"组中单击"效果选项"按钮，修改选中的动画效果，还可以打开"效果选项"对话框，对动画效果进行更详细的设置，例如"飞入"效果对话框，如图 7-26 所示。

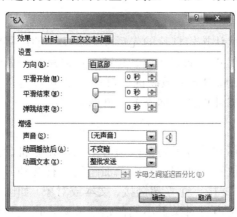

图 7-26　"飞入"效果对话框

（2）设置动画的执行方式

选择动画效果后，还要设置动画的执行方式才能完成一个动画的完整设置，有 2 种操作方法：

① 在"计时"组中设定：

a. 开始：设置开始动画的开始时间。（单击时、与上一动画同时、上一动画之后）。

b. 持续时间：指定动画效果的时间长度。

c. 延迟：在一个动画效果结束和新动画效果开始之间创建延迟。

② 在"高级动画"组中单击"触发"按钮设置触发模式。

（3）对动画效果重新排序

幻灯片上的动画对象显示一个数字，用来指示对象的动画播放顺序。如果有 2 个或多个动画效果，用户可以更改每个动画效果的播放顺序，有 2 种操作方法：

① 在幻灯片上，单击某个对象，然后在"动画"选项卡上"计时"组中的"对动画重新排序"下，单击"向前移动"或"向后移动"按钮。

图 7-27　动画窗格

② 在"动画"选项卡上的"高级动画"组中，单击"动画窗格"按钮，打开"动画窗格"，如图 7-27 所示。可以通过在列表中向上或向下拖动对象来更改顺序，或者单击要移动的项目，然后使用"动画窗格"上的"重新排序"、"向上"或"向下"的按钮。用户还可以单击"动画窗格"中的对象，然后在"计时"组中的"对动画重新排序"下，单击"向前移动"或"向后移动"按钮。

注意：多个对象使用相同动画时，可以使用"动画"选项卡中"高级动画"组中的"动画刷"按钮进行快速设置。

（4）取消动画设置

选中要取消动画的对象，单击"动画"组中"无"按钮即取消该对象的动画设置。

7.4.3　插入超链接

演示文稿在播放时，默认按幻灯片的先后顺序放映，超链接能够改变放映顺序，让用户来控制幻灯片的放映。在 PowerPoint 中，超链接可以是从一张幻灯片到同一演示文稿中另一张幻灯片的链接（如指向自定义放映的超链接），也可以是从一张幻灯片到不同演示文稿中另一张幻灯片、电子邮件地址、网页或文件的连接。

1. 创建超链接

幻灯片放映时当鼠标移到设置了超链接的对象上，光标将会变成手形，单击就可以跳转到超链接设置的相应位置。在幻灯片中添加超级链有 2 种方式：

① 将某个对象作为超链接点建立超链接，文本或对象（如图片、图形、形状或艺术字）上都可以创建超链接，但是声音对象上不能创建超链接。代表超链接起点的文本会添加下划线，并且显示成系统配色方案指定的颜色。在幻灯片视图中选择代表超链接起点的文本或其他对象，在"插入"选项卡的"链接"组中，单击"超链接"按钮，将弹出"插入超链接"对话框，如图 7-28 所示。

② 在幻灯片视图中选择代表超链接起点的文本或其他对象，在"插入"选项卡的"链接"组中，单击"动作"按钮，将弹出"动作设置"对话框，如图 7-29 所示，在其中可设置要完成的动作。

图 7-28 "插入超链接"对话框　　　　图 7-29 "动作设置"对话框

2．编辑超链接

右击已经加入超链接的对象，在弹出的快捷菜单中选择"编辑超链接"命令，弹出"编辑超链接"对话框或"动作设置"对话框，改变超链接的位置或内容即可。

3．删除超链接

右击已经加入超链接的对象，在弹出的快捷菜单中选择"取消超链接"命令即可快速删除超链接。

7.5　幻灯片的放映

放映是一份演示文稿制作的最终目标，演示文稿中的动画效果和超链接都需要在幻灯片放映时才能激活。

7.5.1　幻灯片放映的方法

播放演示文稿时，可以在全屏模式下逐一显示每张幻灯片，这称为"幻灯片放映"。进入幻灯片放映的方法有以下几种：

① 按下【F5】键，演示文稿总是从第一张幻灯片开始播放。

② 在"幻灯片放映"选项卡的"开始放映幻灯片"组中单击"从头开始"按钮，演示文稿从第一张幻灯片开始放映；单击"从当前幻灯片开始"按钮，可以从当前幻灯片开始放映，如图 7-30 所示。

③ 单击幻灯片编辑窗口右下角的"幻灯片放映"按钮，从当前幻灯片播放。

图 7-30　"幻灯片放映"选项卡

播放演示文稿时，演讲者可以使用鼠标绘出下划线、圆形或突出显示幻灯片上的文本，增强表达效果。操作方法：在幻灯片放映状态下右击，在弹出的快捷菜单中选择"指针选项"子菜单中的"笔"选项，光标形状更改为红色圆点，此时使用鼠标在幻灯片上书写即可。

单击最后一张幻灯片时，将转到黑色屏幕，此时显示"放映结束，单击鼠标退出"。用户单击后，演示文稿将停止播放，并返回到编辑窗口。如果需要在演示过程中提前退出，可以按住键盘左上角的【Esc】键，结束放映，而不用等到幻灯片播放完毕。如果用户已在幻灯片上书写，则在幻灯片放映结束时，将弹出图 7-31 所示的对话框。

图 7-31　保存书写对话框

单击"保留"按钮，返回到保留用户所写内容的编辑窗口。在编辑窗口中，用户可以检查书写的内容。单击"放弃"按钮删除书写内容并返回到编辑窗口。

注意：开始放映幻灯片时，光标将会隐藏；移动鼠标光标就会显示；停止移动鼠标时，光标会再次隐藏。

7.5.2　幻灯片放映设置

一份演示文稿可能用于不同场合，用户可以根据需要设置不同的放映方式，还可以在播放时隐藏某些幻灯片。

1．设置放映方式

PowerPoint 内置了 3 种放映类型，在默认情况下，系统按照预设的"演讲者放映（全屏幕）"方式来放映幻灯片，用户还可以选择另外 2 种放映类型："观众自行浏览（窗口）"和"在展台浏览（全屏幕）"。

① 演讲者放映（全屏幕）：以全屏幕形式显示，在幻灯片放映时，可单击、按【N】键、【Enter】键、【PgDn】键或【→】、【↓】顺序播放；要回到上一个画面可按【P】键、【PgUp】键或【←】键、【↑】键。在幻灯片放映过程中，演讲者具有完整的控制权，可以根据设置采用人工或自动方式放映，也可以暂停演示文稿的放映，对幻灯片中的内容做标记，还可以在放映过程中录下旁白，这种方式较为灵活。

② 观众自行浏览（窗口）：以窗口形式显示，在播放过程中，不能通过单击进行放映，用户可以利用滚动条或"浏览"选项卡显示所需的幻灯片。

③ 在展台浏览（全屏幕）：在放映前，一般先利用"幻灯片放映/排练计时"将每张幻灯片放映的时间规定好，在放映过程中，除了保留鼠标指针用于选择屏幕对象外，其余功能全部失效（连中止也要按【Esc】键）。

具体操作步骤如下：

打开要设置放映方式的演示文稿，在"幻灯片放映"选项卡的"设置"组中，单击"设置幻灯片放映"按钮，在弹出的"设置放映方式"对话框中，根据需要设置好各个选项，单击"确定"按钮即可，如图 7-32 所示。

"放映幻灯片"组提供了幻灯片放映的范围：全部、部分和自定义放映。自定义放映是通过"幻灯片放映"选项卡中的"自定义放映"命令，组织演示文稿中的某些幻灯片以某种顺序组成，并以一个自定义放映名称命名。

若选中"循环放映，按 ESC 键终止"复选框，可使演示文稿自动放映，一般用于在展台上自动重复地放映演示文稿。

"换片方式"组供用户选择换片方式是手动还是自动。

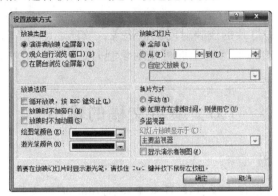

图 7-32 "设置放映方式"对话框

2. 隐藏幻灯片

如果要使演示文稿中的某张幻灯片在放映期间不显示，则可以隐藏该幻灯片。操作步骤："普通视图"或"幻灯片浏览"视图下，选中要隐藏的幻灯片，在"幻灯片放映"选项卡的"设置"组中，单击"隐藏幻灯片"按钮即可。再次单击"隐藏幻灯片"按钮可取消隐藏。

如果隐藏了幻灯片，则在导航窗格中该幻灯片上会显示隐藏幻灯片图标◌。如果之前向所有幻灯片中添加了幻灯片编号，则隐藏的幻灯片仍然包含在幻灯片计数中。

7.5.3 排练计时及录制幻灯片演示

幻灯片制作完毕后，如果想录制每张幻灯片的放映时间，可以使用"排练计时"功能，录制每张幻灯片所用的放映时间。

具体操作方法如下：

在"幻灯片放映"选项卡的"设置"组中，单击"排练计时"按钮，开始放映幻灯片，并在屏幕左上角显示计时框，如图 7-33（a）所示。

计时框中第一个时间值表示当前幻灯片的放映时间，第二个时间值表示整个演示文稿的放映时间，当幻灯片放映时间走到目标值时，单击按钮 ➡，设定第二张幻灯片的放映时间，以此类推，对每张幻灯片的放映时间进行设置，完毕后按下【Esc】键，在弹出的提示框中单击"是"按钮，如图 7-33（b）所示。

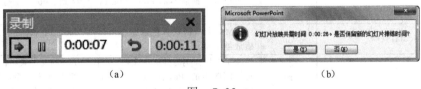

(a)   (b)

图 7-33

"录制幻灯片演示"功能不但可以记录幻灯片的放映时间，记录幻灯片播放时通过使用鼠标右键来实现的"激光笔"移动和"绘图笔"所做标记的过程，还可以逐页录制旁白并将声音文件嵌于演示文稿中。

具体操作方法如下：

在"幻灯片放映"选项卡的"设置"组中，单击"录制幻灯片演示"按钮，弹出"录制幻灯片演示"对话框，如图7-34所示。

录制过程中，每页幻灯片的放映时间都被记录，"幻灯片浏览"视图下在幻灯片编号边上即可显示录制时这页幻灯片的放映时间。

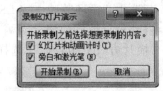

图7-34 "录制幻灯片演示"对话框

7.6 演示文稿的输出

7.6.1 保存演示文稿

PowerPoint 2010 默认保存文件类型为 PowerPoint 演示文稿，扩展名.pptx，这需要 PowerPoint 2007 及以上版本才能打开。在实际使用时，用户需要根据情况选择合适的保存类型以解决在其他计算机上无法播放或效果不佳等兼容性问题。

PowerPoint 2010 支持许多文件类型，常见文件类型如表7-1所示。

表7-1 PowerPoint 2010 支持的常见文件类型

文件类型	扩展名	用于保存
PowerPoint 演示文稿	.pptx	PowerPoint 2010 或 2007 演示文稿默认文件格式
启用宏的 PowerPoint 演示文稿	.pptm	包含 Visual Basic for Applications (VBA) 代码的演示文稿
PowerPoint 97-2003 演示文稿	.ppt	可以在早期版本的 PowerPoint（从 97 到 2003）中打开的演示文稿
PDF 文档格式	.pdf	保留了文档格式并允许共享文件，但是不能编辑
XPS 文档格式	.xps	一种新的电子文件格式，用于以文档的最终格式交换文档
PowerPoint 设计模板	.potx	可用于对将来的演示文稿进行格式设置的 PowerPoint 2010 或 2007 演示文稿模板
启用宏的 PowerPoint 设计模板	.potm	包含预先批准的宏的模板，这些宏可以添加到模板中以便在演示文稿中使用
PowerPoint 97-2003 设计模板	.pot	可以在早期版本的 PowerPoint（从 97 到 2003）中打开的模板
Office 主题	.thmx	包含颜色主题、字体主题和效果主题的定义的样式表
PowerPoint 放映	.ppsx	始终在幻灯片放映视图（而不是普通视图）中打开的演示文稿
启用宏的 PowerPoint 放映	.ppsm	包含预先批准的宏的幻灯片放映，可以从幻灯片放映中运行这些宏
PowerPoint 97-2003 放映	.pps	可以在早期版本的 PowerPoint（从 97 到 2003）中打开的幻灯片放映
Windows Media 视频	.wmv	WMV 文件格式可在诸如 Windows Media Player 之类的多种媒体播放器上播放
大纲/RTF	.rtf	演示文稿大纲为纯文本文档，可提供更小的文件大小，并能够和具有不同版本的 PowerPoint 或操作系统的其他人共享不包含宏的文件。使用这种文件格式不会保存备注窗格中的任何文本
PowerPoint 图片演示文稿	.pptx	其中每张幻灯片已转换为图片的 PowerPoint 2010 或 2007 演示文稿。将文件另存为 PowerPoint 图片演示文稿将减小文件大小，但是会丢失某些信息

7.6.2 演示文稿的打印

幻灯片打印一般通过"文件"选项卡设置，在"文件"选项卡中选择"打印"命令，如图 7-35 所示。

图 7-35 "文件"选项卡中选择"打印"命令

设置打印份数并选择打印机，系统默认打印"整页幻灯片"，即每页打印一张幻灯片，为节约纸张和打印机墨水，用户可打印演示文稿讲义（每页打印 1 张、2 张、3 张、4 张、6 张或 9 张幻灯片），如图 7-36 所示。

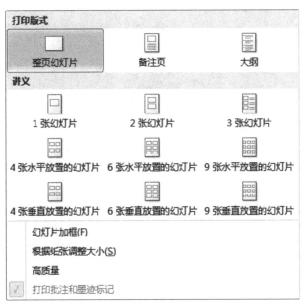

图 7-36 设置打印版式

小　结

本章介绍了 PowerPoint 的基础知识，包括窗口界面组成，各类选项卡、功能区。然后通过案例，介绍了演示文稿的创建、保存、美化、输出等基本操作，重点说明了文本、图像、音频、视频等对象插入幻灯片以及格式编辑的方法，然后展示了动画设置、幻灯片切换的方法。

思　考　题

1. 是否可以让一张幻灯片上的两幅图片同时产生动作？
2. 演示文稿放映时，如何改变幻灯片的播放顺序？

大学计算机应用基础

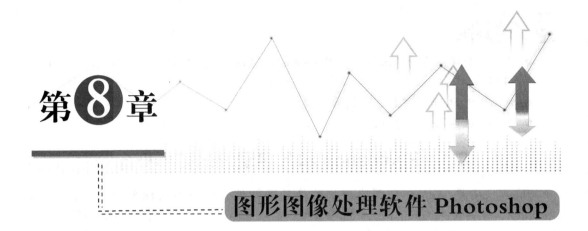

第8章

图形图像处理软件 Photoshop

导读

图像是信息的主要载体之一，根据需要创作、处理图像也就成为交换信息的重要途径。在知识爆炸的当代信息社会，了解数字图像的概念，掌握基本的图像创建和处理方法已经成为当代大学生必备的计算机基本常识和技能，本章在阐述数字图像基本概念的基础上以Photoshop 软件为例，详细介绍了创建和处理数字图像的基本方法。本章共分为 4 小节：第 1 小节从数字图像的基本概念开始，介绍了什么是数字图像、数字图像的颜色模式、Photoshop 的图像颜色模式，然后简单介绍了常用的图像格式；第 2 小节至第 4 小节重点讲述了用 Photoshop 软件绘制和处理图像的操作方法，按照由浅入深的规律，从 Photoshop CS6 的工作界面开始，介绍了文件操作、基本图像操作、图像颜色的调整；图层的概念、图层的操作和设置方法；路径、通道和滤镜的概念和使用方法。

内容结构图

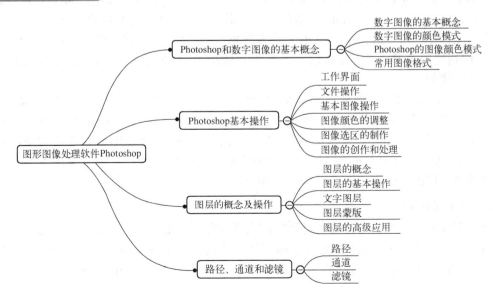

- ● 掌握：数字图像的基本概念，用 Photoshop 编辑和处理图像的基本操作，层的概念及操作。
- ● 熟悉：Photoshop 路径、通道和滤镜。
- ● 了解：医学图像的特点。

8.1 Photoshop 和数字图像的基本概念

Photoshop 是 Adobe 公司推出的图像处理软件，它与矢量图形绘图软件 Adobe Illustrator，排版软件 Adobe InDesign 等其他产品一起组成了面向设计、网络和视频领域的工作环境，称为 Adobe 创意套件（Adobe Creative Suite）。用 Photoshop 软件进行图像的编辑和处理操作常被简称为 PS 图像。本章以 Adobe 公司于 2012 年 4 月发布的 Photoshop CS6 为例，介绍数字图像的基本概念和用 Photoshop CS6 进行图像绘制、处理的基本操作方法。

8.1.1 数字图像的基本概念

图像处理可以视为信号处理在图像中的具体应用，目前大多数的图像是以数字形式存储的，因此图像处理一般是指数字图像处理（Digital Image Processing，DIP）。数字图像处理是将图像信号转换成数字信号，并利用计算机算法对其进行计算，以实现特定目标的过程。在学习如何编辑、处理数字图像之前，有必要了解其相关的基本概念。

1. 数字图像

数字图像是以二维数字组形式表示的图像。值得注意的是，人类视觉能辨别的图像，被限制于电磁波的可见光波长范围内，所以很多情况下，图像对于人眼来说是模糊的甚至是不可见的。数字图像可以表达大部分可见或者不可见的图像，甚至可将许多红外线、X光等形成的不可见物理图像映射到人类的可视范围，使得图像可见。

最基本的数字灰度图像在计算机中是由一个二维函数 $f(x,y)$ 定义的。其中，x 和 y 指明空间坐标轴的位置，函数 $f(x,y)$ 的值是在 x 和 y 指定位置处图像的亮度值（Intensity）或者灰度值（Graylevel），并且 x，y 和 $f(x,y)$ 都取有限的离散值，通常是整数。由空间坐标值 x 和 y 共同指定的图像元素，亦是数字图像最小的单位，称为像素（Pixel），它的取值，即亮度值或灰度值。

图 8-1（a）是数字图像处理领域著名的实例图像 Lenna 图。此图像为 256 像素 × 256 像素大小的灰度图，灰度值取值范围为 0 ~ 255，0 表示黑色，255 表示白色，此图像的最黑像素灰度值是 21，最亮像素灰度值是 251。如图 8-1（a）矩形框标注出从图像坐标轴向右、向下第 58 个像素开始的各 10 个像素组成的 10×10 大小的像素块，如图 8-1（b）所示，像素块对应的灰度值如图 8-1（c）所示。

2. 数字图像处理

数字图像处理就是利用计算机对数字图像进行分析、加工和处理，使其满足视觉、心理以及其他要求的技术。例如，将 Lenna 图四周离边界 5 个像素内所有像素的灰度值都设置为 0，图像将出现宽度为 5 个像素的黑色边框，如图 8-2 所示。Photoshop 集成了众多对图像进行计算以实现特殊效果的算法，是常用的数字图像处理软件。

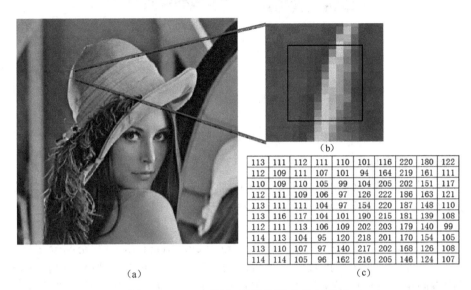

（b）

113	111	112	111	110	101	116	220	180	122
112	109	111	107	101	94	164	219	161	111
110	109	110	105	99	104	205	202	151	117
112	111	109	106	97	126	222	186	163	121
113	111	111	104	97	154	220	187	148	110
113	116	117	104	101	190	215	181	139	108
112	111	113	106	109	202	203	179	140	99
114	113	104	95	120	218	201	170	154	105
113	110	107	97	140	217	202	168	126	108
114	114	105	96	162	216	205	146	124	107

（a）　　　　　　　　　　（c）

图 8-1　Lenna 图和其部分图像的灰度值

3. 图像在计算机中的表示

数字图像在计算机中一般有 2 种存储或表示方法：矢量图（Vector）和位图(Bitmap)，位图又被称为光栅图（Raster），这 2 种图像表示方式并没有优劣之分，因其绘图原理、图像性质的不同，适合应用于不同方面。

位图在计算机中以像素点阵的方式存储，每一像素实际上是指定了一个颜色的小方块，系列像素组成了图像的每一图案，最终组成整个图像。位图放大到一定倍数时，可见组成图像的每一像素。Adobe Photoshop 等图像处理、编辑软件，通过擦除像素或更改像素的颜色实现对图像的编辑。

图 8-2　数字图像处理示例

矢量图与位图不同，它用数学公式勾画线段、圆形、曲线等多种图形，进而组成图像中的几何对象。Adobe Illustrator 等矢量图像编辑软件通过控制组成图像的线段和曲线参数，实现对图像的编辑。相比位图，矢量图有如下优势：首先因为位图需要为每一像素存储其颜色信息，而矢量图仅仅存储构图的数学公式，所以矢量图一般占用相对较小的存储空间；其次，位图放大后尤其是在图像边缘处明显可见锯齿状的像素点，图像失真，而矢量图通过设置放大后的参数重新对公式进行计算，图形放大，图像不失真（见图 8-3），所以，矢量图的可放大性优于位图。但是，由于矢量图难以描绘复杂图像，与此同时位图方式易于表示出很大范围的色彩，能很真实地反映现实的事物，所以数码相片、网页图像等常采用位图方式；对于较小的图像，要求其具有放大不失真的性质，例如，制作徽标（Logo）或地图时，适宜采用矢量图方式。

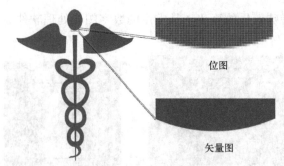

位图

矢量图

图 8-3　矢量图和位图

4. 图像的性能指标

图像常常用分辨率（Resolution）衡量其对细节的表现能力，图像处理中，涉及分辨率的概念有 3 种形式：图像分辨率、显示分辨率和打印分辨率。

（1）图像分辨率

广义而言，图像分辨率包括灰度分辨率（Gray Level Resolution）和空间分辨率（Spatial Resolution）。前者衡量图像灰度级中可分辨的最小变化，一般用灰度级或比特数表示；后者衡量图像空间中可分辨的最小细节，一般用单位长度上采样的像素数目或单位长度上的线对数目表示。一般情况下讨论的图像分辨率指空间分辨率。

空间分辨率以像素/英寸（Pixel Per Inch，PPI）或像素/厘米（Pixel Per Centimeter，PPC）为计量单位，指单位英寸或者厘米尺寸的图像中所包含的像素数目，常用于衡量位图图像、胶片图像等对细节的表达能力。相同尺寸的两幅图像，高分辨率的图像比低分辨率的图像所包含的像素多。在数字图像中，图像的尺寸、分辨率和文件大小之间的关系可用公式表示为文件大小＝图像尺寸×分辨率。例如：1 平方英寸大小的图像，如果分辨率为 72 PPI，则图像中包含 5 184 个像素；如果分辨率为 300 PPI，则图像中包含高达 90 000 个像素，因为均是 1 平方英寸图像大小，虽然尺寸一样，但是由于分辨率的不同，当保存为 BMP 文件格式时，无论文件大小或者图像大小，后者均约是前者的 17 倍。高分辨率的图像在单位区域内使用更多的像素表示，所以可以比低分辨率的图像重现更详细和更精细的颜色转变。如果图像用于网页浏览等计算机屏幕显示，一般建议其分辨率大于 72 PPI；如果图像用于印刷输出，一般建议其分辨率大于 300 PPI。

医学图像的空间分辨率与普通图像的含义和表达方法不完全一样。以磁共振图像（Magnetic Resonance Image，MRI）的一层为例，空间分辨率由指定的图像视场（Field of View，FOV）中的像素数目决定，像素越多，图像分辨率越高，对样本细节的分辨越有价值。图像像素的大小和分辨率也有直接关系，像素越小，图像分辨率越高。它们之间的公式为 FOV=Pixel×Matrix，其中 Matrix 表示图像矩阵大小。例如：设置 FOV 的大小为 256 mm ×256 mm，如果像素大小为 2 mm×2 mm，生成 128×128 矩阵大小的 MR 图像；如果像素大小为 1 mm×1 mm，则生成 256×256 矩阵大小的 MR 图像。在三维磁共振图像中，也常直接用 1 个体素（Voxel）的大小表示图像空间分辨率，它不仅与图像矩阵的大小相关，还与层厚（Slice Thickness）相关。

（2）显示分辨率

显示分辨率又称屏幕分辨率，是指图像显示时显示器能提供的像素数目，用以衡量显示屏幕的精细程度，是图像显示非常重要的性能指标。和位图图像一样，屏幕上的点、线和面都是由像素点组成的，像素点越多，呈现的画面也就越精细。例如，19 英寸 16：9 比例液晶显示器的最佳分辨率是 1 366×768 像素。显示器最终可设置的显示分辨率还与计算机显卡性能和驱动程序相关，一般情况下只要驱动程序安装正确，显卡可以支持显示器所能显示的最大分辨率。

（3）打印分辨率

打印分辨率是指图像输出时，打印机每英寸产生的油墨点数。这是衡量打印机输出效果决定性的性能指标，以点/英寸（Dots Per Inch，DPI）为计量单位。例如，大多数激光打印机的输出分辨率为 300～600 DPI，600 DPI 打印机的打印精细程度高于 300 DPI 打印机。

8.1.2 数字图像的颜色模式

图像的颜色模式是指数字图像表示颜色的算法。对于数字图像，所有的图像内容都是数字，颜色模式描述如何将数字对应为现实生活中的色彩。常用的颜色模式通常将颜色划分为若干分量，然后合成出需要的目标颜色。不同的颜色模式，可能将相同的数字集合转换成不同颜色的图像，它们对图像的描述、所能显示的颜色数量及通道数量和文件大小均是不同的。例如，最常见的 RGB 颜色模式，将颜色划分成红色、绿色和蓝色 3 个分量，通过增减各分量的颜色比重，合成所需的颜色。常见的其他颜色模式还包括 CMYK、Lab、和 HSB 等。

1. RGB 颜色模式

RGB 颜色模式是最常见的颜色模式，取决于光源产生颜色，它对每一像素指定红色，绿色和蓝色（Red Green Blue，RGB）3 个通道颜色的亮度值，通过颜色的叠加，产生所有颜色。例如，黄色为红色和绿色的混合。如果每一颜色通道用 8 个二进制位表示其颜色亮度，范围为 0～255，3 个通道一共需要 24 个二进制位，最多表示出 1.67 千万种颜色，是常用的 24 位颜色深度，此外，还有 48 位和 96 位 2 种颜色深度，可以使每个像素表示出更多种类颜色。颜色通道值取 0 表示没有此种颜色，255 表示此颜色亮度最大。如果 3 个通道的颜色均是最大值，也就是 R=255，G=255，B=255 或者直接用一个用#号开头的 6 位十六进制数 "#ffffff" 直接表示对应的 RGB 值，此时混合出纯白色；相反，如果 R=0，G=0，B=0，此时混合出黑色。如图 8-4 所示，吸管工具所在图像位置 3 通道颜色分别是 R=241，G=160，B=252，为浅粉色，下排图像分别对应红色、绿色和蓝色通道各自的图像。单独观察一种颜色通道的图像，呈现出灰度图，图像中的白色区域表示此处呈现出更多的这种颜色；相反，黑色区域表示这种颜色很少。

RGB 颜色模式基于光的加法原理，如霓虹灯，它所发出的光本身带有颜色，能直接刺激人的视觉神经而让人感觉到色彩，三基色的叠加形成绝大多数颜色，加色混合后明度会越来越亮，所以 RGB 颜色模式可以视为一种光混合颜色模式。

色彩空间是另一种形式的颜色模型，它是可见光谱中的颜色范围，具有特定的色域。常用的 RGB 色彩空间有 2 种：sRGB（standard Red Green Blue）和 Adobe RGB。前者是微软公司、惠普公司于 1996 年共同开发的标准 RGB 色彩空间，常用于照相机、显示器和网络图像等，它使得即使在不同设备下，显示的同种颜色可以尽可能地一致；后者定义了更宽泛的颜色范围，相比于 sRGB，它可以更好地匹配商业印刷行业常用的 CMYK 颜色模式。

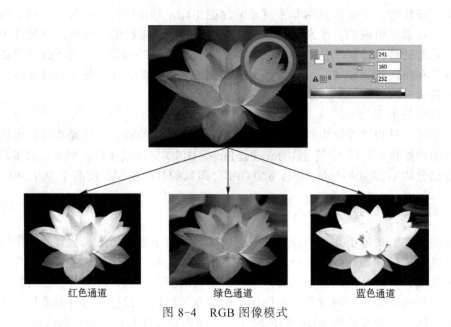

红色通道　　　　　　　　绿色通道　　　　　　　　蓝色通道

图 8-4　RGB 图像模式

2．CMYK 颜色模式

CMYK 颜色模式基于纸张上打印的油墨的光吸收特性，是商业印刷中常用的颜色模式，三基色分别为青蓝（Cyan）、洋红（Magenta red）、黄（Yellow），三色相混，会得出黑色，但这种黑色并不是纯黑，所以印刷时要另加黑色（Black），为避免与蓝色混淆，黑色用字母 K 表示，取值范围均是 0%～100%。C、M、Y、K 在混合成色时，随着 4 种成分的增多，反射到人眼的光会越来越少，光线的亮度会越来越低，也就是减色混合后明度会越来越暗，所有 CMYK 模式产生颜色的方法又称色光减色法，不同于 RGB 的光混合，它是一种颜色混合模式。减色(CMY)和加色(RGB)是互补色，也就是一一对应的关系，每对减色产生一种加色，反之亦然。

CMYK 颜色模式主要在印刷时使用，所以一般情况下均采用 RGB 颜色模式，在印刷前可以进行转换。

3．Lab 颜色模式

Lab 颜色模式以一个亮度分量发光率（Luminance，L），以及代表绿色到红色的光谱变化分量 a 与代表由蓝色到黄色的光谱变化分量 b 来表示颜色，L 的取值范围为 0～100，分量 a，b 的取值范围均是 -128～127。它是由国际照明委员会（International Commission on Illumination）基于人对颜色的感觉制定的一种色彩模式，描述正常视力的人能够看到的所有颜色，它的色彩空间比 RGB 颜色模式和 CMYK 颜色模式的都要大，这样就意味着 RGB 以及 CMYK 所能描述的色彩信息在 Lab 空间中都能得以映射，但反之不成立，可能会丢失颜色信息。因为 Lab 颜色模式的颜色空间很广，所以该模式是 Photoshop 在不同颜色模式之间转换时使用的中间颜色模式。

4．HSB 颜色模式

HSB 颜色模式以人类对颜色的心里感觉为基础，描述了颜色的 3 种基本特性：色相（Hue，H），饱和度（Saturation，S）和亮度（Brightness，B）。亮度又可以用色明度（Value，

V）代替，所以又称 HSV 颜色模式。色相表示颜色，取值范围为 0～360 度，它在标准色轮上由位置度量，在通常的使用中，色相由颜色名称标识，如红色、橙色或绿色；饱和度表示颜色的强度或纯度，使用色相中灰色分量所占的比例来度量，取值范围为 0%～100%，100%表示颜色饱和度最强；亮度是颜色的相对明暗程度，通常使用从 0%（黑色）～100%（白色）的百分比来度量。HSB 颜色模式能够直观地符合人的视觉感受，例如，它与艺术家配色的方法一致，可以在一种纯色中同时加入不同比例的白色、黑色即可获得不同的色调。

单击 Photoshop 前景色，弹出"拾色器"对话框，如图 8-5 所示，可以很方便地利用这 4 种颜色模式选择适合的色彩。当选定一种色彩时，将会对应不同的 HSB、Lab、RGB 和 CMYK 值。在颜色预览区域的右侧，根据选择色彩的不同，有时候会出现溢色警告▲和非 Web 安全色警告⬡，提示当前选择的色彩不能被准确打印出来或者在网页中无法准确显示出来，出现该警告以后，也会同时在它下面出现一个小方块，小方块中显示的颜色是能够打印或者网页显示出的与当前选定色彩最相近的颜色，可以单击它下面的小方块进行安全颜色的选定。

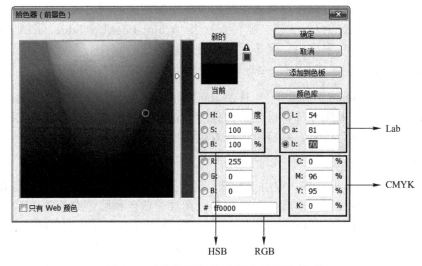

图 8-5 "拾色器"对话框中的颜色模式

8.1.3 Photoshop 的图像颜色模式

Photoshop 不仅在"拾色器"对话框中提供了不同颜色模式的支持，还可以通过选择菜单"图像"中子菜单"模式"下相应命令选择和转换图像的不同颜色模式。值得注意的是，在为图像转换成另一种颜色模式时，将永久更改图像中的颜色值，一些图像数据可能会丢失并且无法恢复。

Photoshop 提供的 RGB 颜色、CMYK 颜色和 Lab 颜色正是基于上述的数字图像颜色模式。一般情况下，采用 RGB 颜色进行图像的编辑和设计，图像文件较小，此外，Photoshop 中的很多特效滤镜，也只能在此颜色模式下采用。图像印刷输出前，可以将 RGB 颜色转变成 CMYK 颜色，但是直接转换可能会丢失部分颜色信息，所以，Photoshop 在转换时，实际上是将色域更加宽广的 Lab 颜色作为两者转换的桥梁，以提高转换前后图像颜色的一致性。除了这 3 种颜色模式外，Photoshop 还支持位图模式、灰度模式、索引颜色模式、双色调模式和多通道模式。

1. 位图模式

位图模式（Bitmap）图像中的每个像素用黑、白 2 个颜色表示。Bitmap 的英文直译是"位映射"，意为用 1 个二进制位表示图像颜色。将有色彩的图像转换为位图模式时，颜色信息会被大量丢弃，并且可以选择不同规则进行转换，实现不同效果。

2. 灰度模式

与位图模式用 1 个二进制位表示图像颜色不同，灰度模式（Grayscale）常用 8 个二进制位表示 256 种颜色以示从纯黑色到纯白色的灰度级别变化，黑色的灰度值为 0，白色的灰度值为 255。为表示更多图像信息，灰度模式也可以为 16 位或 32 位。例如，医学中常用到的 X 射线、CT 图像、磁共振图像等均是灰度图像，一般采用 8 位的灰度级别。

3. 索引颜色模式

索引颜色模式（Indexed Color）包含一个颜色表，用 8 个二进制位表示 256 种颜色，虽然颜色非常有限，但是可以在尽量满足图像可视质量需要的同时大大减少文件尺寸。转换为索引颜色模式时，Photoshop 建立颜色查找表（Color LookUp Table，CLUT)搜索相应颜色，如果查询颜色不在表格内，则采用最相近颜色代替。

4. 双色调模式

双色调模式（Duotone）采用 1～4 种油墨对应混合单色调、双色调、三色调和四色调的色阶组成图像，实现老照片等特殊效果的处理。在彩色图转换成双色调模式时，应首先转换成灰度图，扔掉颜色信息；然后再进行双色调模式的重新着色。

5. 多通道模式

多通道模式（Multi-channel）常用于特殊打印，其每一通道都有 256 级灰度值。CMYK 颜色模式的图像转换为多通道模式，创建青色、洋红、黄色和黑色专色通道，而 RGB 颜色模式的图像可以创建青色、洋红和黄色专色通道，如从 RGB、CMYK 或 Lab 颜色模式图像中删除一个通道，图像将自动转换为多通道模式。

8.1.4 常用图像格式

每个数字图像均是以约定的形式，即文件格式存放在存储器中，每种格式对应的存储图像的方式、每通道支持的颜色深度、压缩图像的技术和对 Photoshop 功能的支持程度不尽相同，当进行不同格式的转换时，常常会丢失部分信息，并且转换不可逆，所以有必要了解常见图像的格式。常用图像格式包括 JPEG、BMP、TIFF、GIF、PNG、DICOM、PSD、EPS 等。

1. JPEG 格式

JPEG 的全称是"联合图片专家组（Joint Photographic Experts Group）"，文件扩展名为".jpg"或者".jpeg"，是由一个软件开发联合会组织制定的用于连续色调静止图像的有损压缩格式，它可以将图像压缩在很小的储存空间内，但图像中重复或不重要的资料会被丢失，因此容易造成图像数据的损伤。在 Photoshop 中文件以 JPEG 格式储存时，提供 13 级压缩级别，以 0～12 级表示。其中 0 级压缩比最高，图像品质最差，即使采用细节几乎无损的 12 级质量保存时，与普通的位图文件格式 BMP 相比，压缩比也可达 5:1。JPEG 图像格式支持 CMYK、RGB 和灰度图颜色模式，但不支持透明色。因其文件尺寸小、图像质量

高，所以它被广泛应用于互联网、数码设备等领域，是最常使用的图像格式。

JPEG 2000 为 JPEG 的升级版，文件扩展名为 ".jpf"，其压缩率比 JPEG 高约 30%，同时支持有损和无损压缩。JPEG 2000 格式支持实现渐进传输，即先传输图像的轮廓，然后逐步传输数据，不断提高图像质量，让图像由朦胧到清晰显示。此外，JPEG 2000 还支持"感兴趣区域"特性，可以任意指定图像中感兴趣区域的压缩质量，还可以选择指定的部分先解压缩。

2．BMP 格式

BMP（Bitmap）图像格式为 Windows 操作系统支持的标准图像格式，文件扩展名为 ".BMP"，支持 RGB、索引、灰度和位图颜色模式，又可分为 Windows 和 OS/2 这 2 种格式。它采用位映射存储格式，除了每通道颜色深度可选 1 位、4 位、8 位、24 位和 32 位以外，几乎不采用压缩技术，所以一般文件占用的空间较大，也是一种常见的图像格式。

3．TIFF 格式

TIFF 的全称是"标签图像文件格式（Tagged-Image File Format）"，它是由 Aldus 和 Microsoft 公司为桌上出版系统研制开发的一种较为通用的图像文件格式，文件扩展名为 ".TIFF" 或者 ".TIF"，支持 RGB、CMYK、Lab、索引、带 Alpha 通道的灰度和不带 Alpha 通道的位图颜色模式，支持每通道 8 位、16 位或者 32 位的颜色深度，它还支持 Photoshop 层、透明色等功能。但是由于格式的复杂性，同样内容的 TIFF 图像格式文件大小差不多是 JPEG 图像的 10 倍。

4．GIF 格式

GIF 的全称是"图像互换格式（Graphics Interchange Format）"，它是 CompuServe 公司开发的基于连续色调的无损压缩格式，文件扩展名为 ".GIF"，支持索引颜色模式，支持每通道 1 位或者 8 位颜色深度，最多支持 256 种颜色，支持透明背景图像但不支持 Alpha 通道。它最突出的特点是文件中可以存储多幅彩色图像，连续播放图像，构成最简单的逐帧动画，并且文件占用空间较少，非常适合网络传输。

5．PNG 格式

PNG 的全称是"便携式网络图像格式（Portable Network Graphics）"，它是为了取代有版权的 GIF 格式而开发的无损压缩图像格式，文件扩展名为 ".PNG"，支持 RGB、索引、灰度和无 Alpha 通道的位图颜色模式，在灰度和 RGB 模式中可以保持透明信息。相比 GIF 图像，它可以支持每通道 24 位的颜色深度，相同内容下，其文件大小缩小约 30%，但是有些浏览器尚不支持这种图像格式。

6．DICOM 格式

DICOM 的全称是"医学数字图像与通信（Digital Imaging and Communications in Medicine）"，它是医学图像常用的传输和存储格式，它同时包含 2 部分内容：图像数据和保存患者及图像获取信息的文件头数据，常用文件扩展名为 ".DC3"、".DCM" 或 ".DIC"。在 Photoshop Extended 版本中提供了对 DICOM 文件的显示和编辑工具。

7．PSD 格式

PSD（Photoshop Document）格式是 Photoshop 默认的文件格式，扩展名为 ".PSD" 或

".PSB"，后者为大文件的存储格式，它支持所有 Photoshop 软件的功能。因为没有采用压缩技术，PSD 格式的文件有时会占用很多存储空间，但由于可以保留所有原始信息，对于 Photoshop 尚未制作完成的图像，应该采用 PSD 格式保存。

8．EPS 格式

封装的 PostScript（Encapsulated PostScript，EPS）格式与上述位图格式不同，是一种广泛使用的矢量图形文件格式，扩展名为".EPS"，它支持 RGB、CMYK、Lab、索引、双色调、灰度和位图颜色模式，不支持 Alpha 通道。当 Photoshop 打开 EPS 格式的矢量图时，会首先栅格化矢量图形为像素，然后进行编辑操作。其余常见的矢量图形格式还有 WMF、AI、SWF 等。

8.2　Photoshop 基本操作

Photoshop CS6 是最为流行的图像设计与制作软件，由于功能强大、操作界面友好，而被广泛应用于平面设计、广告制作、医学图像处理等诸多领域。本节主要介绍 Photoshop CS6 软件的工作界面、工具的使用和软件的基本操作。

8.2.1　Photoshop 的工作界面

Photoshop 的工作界面主要由菜单栏、工具选项栏、工具箱、图像窗口、调板和状态栏等构成，如图 8-6 所示。

图 8-6　Photoshop CS6 工作界面

1．菜单栏

菜单栏位于窗口的最上方，有 10 个主菜单，分别为"文件"、"编辑"、"图像"、"图层"、"文字"、"选择"、"滤镜"、"视图"、"窗口"和"帮助"菜单，每个主菜单都包含一系列与主菜单名称相关的命令，通过这些命令可以实现 Photoshop 大多数的功能。

2．工具箱

位于窗口左侧的 Photoshop 工具箱中提供了诸多工具用于绘制、编辑和处理图像。工具箱将一些功能相近的工具编成一组，用灰色的横线划分，包括选择与切割类工具、绘图编辑类工具、矢量与文字类工具和辅助类工具 4 组。大部分工具右下角有黑色小三角标记，右击或者长时间单击这些有标记的工具按钮可以选择更多同类工具，如图 8-7 所示。

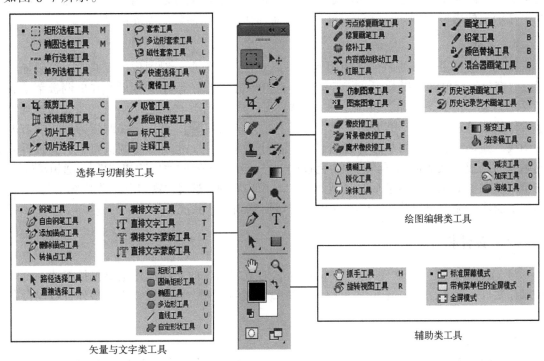

图 8-7　Photoshop CS6 工具箱

3．工具选项栏

工具选项栏在菜单栏的下方，它会随着所选工具的不同而变化。当选择某个工具时，工具选项栏会出现此工具相应的选项参数，这些参数有些是某一类工具共同的，例如，"不透明度"和"模式"参数属于绘画工具的共同参数，而有些参数则是某个工具独有的，例如，铅笔工具的"自动抹掉"选项参数。鼠标拖动工具选项栏最左侧 ，可移动工具选项栏。根据需要设置工具属性参数，可以实现以不同的方式使用同一种工具。例如，选中"矩形选框工具"后的工具选项栏如图 8-8 所示，在此工具选项栏中，可以进一步设置"矩形选框工具"的使用方法。

图 8-8　工具选项栏

选择 "窗口"→"选项"命令可以控制工具选项栏的显示或隐藏，另外也可双击工具箱的工具图标显示出隐藏的工具选项栏。

4. 图像窗口

图像窗口占据了 Photoshop 软件大部分的区域，用来显示图像并对图像进行编辑和修改操作。图像窗口的标题栏显示图像的名称、缩放比例、当前图层及色彩模式等信息，如图像名称前出现*号表示当前图像的编辑尚未保存。

5. 状态栏

状态栏位于图像窗口的底部，显示正在编辑图像的状态信息，例如，当前图像的缩放比例、文件的大小等信息。单击状态栏上的黑色三角按钮 ▶ 可以从列表中设置需要在状态栏中显示出的内容，例如，文件的尺寸、当前选择工具和存盘进度等信息。

6. 调板

调板浮动在主窗口的右侧，使用调板可以观察图像信息、对图像进行修改。可以随时通过"窗口"菜单来选择关闭或打开调板，也可单击调板右上角的按钮 ▼≡ 弹出调板菜单或者关闭调板。例如，选择"窗口"→"画笔"命令可以打开"画笔"调板，在此选择画笔笔尖形状和笔迹粗细。不需要时，单击调板右上角的按钮 ◀◀，可以折叠调板为图标或者展开调板。拖动标签名还可以任意组合调板到一个调板组中，也可以将调板组中的调板拆分成单独的调板。默认情况下，"颜色/色板/样式"、"调整/蒙版/动作"和"图层/通道/路径"三组调板在 Photoshop 启动后自动成组显示在窗口右侧。选择"窗口"→"工作区"→"复位基本功能"命令可以将 Photoshop 程序窗口恢复到默认状况。

8.2.2 文件操作

与 Office 系列应用软件一样，Photoshop 对数字图像的文件操作主要包括新建、打开和保存文件，此外，Photoshop 还可以置入矢量图或者位图，导入视频或者是外置数码设备中的图像。

1. 新建文件

与 Office 系列应用软件不同，Photoshop 在启动后不会自动创建新文件，选择"文件"→"新建"命令会弹出如图 8-9 所示的对话框，指定参数后可以创建新的图像文件。

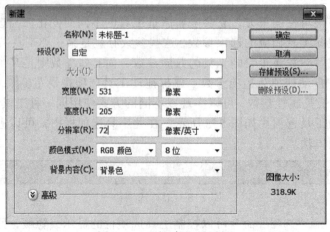

图 8-9　"新建"对话框

大学计算机应用基础

268

① 名称：默认为"未标题-1"，指定图像的文件名。

② 预设：选择一种参数固定的预设选项，例如，选择"照片"项，可以进一步选择通用统一的照片尺寸，宽度、高度项将自动载入选定照片的默认尺寸。通常选择"自定"选项，根据需要指定宽度、高度等图像参数。如果系统剪贴板中存有图像，"新建"对话框"预设"下拉列表中会显示"剪贴板"命令，而图像尺寸、分辨率等参数会根据此图像的大小自动设置。

③ 宽度和高度：设置图像的尺寸，默认单位为像素，也可以选择厘米或英寸为单位。

④ 分辨率：输入图像的分辨率。一般情况下，如果图像用于 Web 传输和显示，建议选用 72 PPI 的分辨率；如果图像用于打印，建议选用大于 300 PPI 的分辨率，分辨率越高，图像文件越大。

⑤ 颜色模式：选择 Photoshop 支持的图像颜色模式，例如 RGB、CMYK 等颜色模式，彩色图像一般选用 8 位颜色深度，也可以选择更高的 16 位或 32 位颜色深度。

⑥ 背景内容：用来设定图像文件的背景方式，有白色、背景色、透明 3 种选择。

⑦ 高级：可以对图像文件进行颜色配置和像素长宽比的设定。

⑧ "存储预设"按钮：将当前设定参数保存为一个预设选项，选择一种预设选项，程序将会自动载入当前设定的参数，不用再逐一设置。

2．打开文件

Photoshop 提供了多种打开文件的方法，最常用的是直接选择"文件"→"打开"命令，可以打开指定位置 Photoshop 支持的图像文件。而"文件"菜单中提供的"打开为"命令，同样可以打开指定图像文件，但它与"打开"命令的不同在于前者是通过文件扩展名判断文件类型，然后再打开图像文件，如果文件扩展名错误或者没有，则"打开"命令无法打开图像，而"打开为"会根据文件内容自动识别文件类型打开文件，所以即使文件扩展名错误或者没有，仍然可以正常打开。

Photoshop 特别提供了"打开为智能对象"命令，实现对图像的特殊操作。智能对象是包含位图或矢量图的图像数据的特殊图层，它将保留图像的原始内容及其所有特性，从而避免对图像执行破坏性编辑时丢失图像信息。例如，如果仅是打开图像，在缩小图像为原始图像的 50 倍后，图像的像素大量丢失；重新放大图像为原始大小，图像严重失真。如果作为智能对象打开图像，同样的操作，因为智能图像保存了原始图像信息的清晰度，所以图像不失真。

在"文件"→"最近打开文件"子菜单中会显示最近 10 个打开过的文件，选择对应文件名可以快速打开图像文件。选择"编辑"→"首选项"→"文件处理"命令，可以设置近期文件列表包含的文件数目。

3．保存文件

Photoshop 的"文件"菜单中提供了"存储"和"存储为"2 种保存文件的命令。第一次保存图像文件会弹出"存储为"对话框，用以指定文件存储的路径、名称和类型，以后的修改将会直接保存在此文件中。第一次保存文件后，如要修改文件存储的路径、名称和类型，则需要使用"存储为"命令，在"存储为"对话框中进行设置，将当前编辑后的文件保存在重新指定的文件中。

选择"文件"→"导出"命令还可以将创建和编辑的图像导出到 Illustrator、Web 上或视频设备中，可以实现图像中的路径作为矢量图继续进行编辑，在网页上利用 Viewpoint Media Player 观看高分辨率的图片或者将图像转换成为动态文件或视频文件。

4．置入文件

如果想将某一文件中的图像作为智能对象导入到当前正在编辑的图像中，可以选择"文件"→"置入"命令。

5．导入文件

选择"文件"→"导入"命令可以将视频帧、注释、外接扫描仪等数码设备中的图像文件导入到当前文件中。例如，导入 GIF 图像，图像中的每一帧成为当前编辑文件中的对应层，按照规定时间逐一显示这些层，形成动画。Photoshop 提供了"时间轴"调板实现对动画的编辑。

8.2.3　基本图像操作

Photoshop 中，基本的图像操作包括控制图像显示方式、调整图像的大小和位置以及更改图像颜色模式。

1．控制图像显示方式

可以通过调整屏幕的显示模式、放大和缩小图像和利用图像导航器控制图像的显示方式，配置适合当前工作的图像显示环境。值得注意的是，放大或者缩小图像仅是改变了图像的显示方式，并没有实际上更改图像或者画布的尺寸。

（1）屏幕的显示模式

选择"视图"→"屏幕模式"下的命令调整图像工作区域的显示模式，Photoshop 提供了 3 种不同的显示模式："标准屏幕模式"、"带有菜单栏的全屏模式"和"全屏模式"。

（2）图像的放大和缩小

在编辑图像的过程中，为了观察图像的细节和效果，需要对图像进行放大或缩小操作。Photoshop 提供了 2 种方法对图像进行成比例地放大或缩小：可以使用工具箱的"缩放工具"；也可以通过选择"视图"→"放大"或者"缩小"命令来改变图像显示比例。

（3）图像导航器

选择"窗口"→"导航器"命令，弹出"导航器"调板，可以控制图像的显示内容和比例：拖动"导航器"调板中图像上的矩形框，可以直接调整当前图像窗口的显示内容；拖动"导航器"调板下方的滑块，可以设置图像的放大或缩小比例。

2．调整图像的大小和位置

在编辑图像时，常常需要调整图像的尺寸和分辨率，对图像进行进一步的放大、缩小、旋转和平移等操作，在 Photoshop 中可以通过菜单和工具栏轻松实现这些目标，值得注意的是，这些调整会更改图像内容，并不是改变它的显示方式。

（1）修改画布大小

画布大小等同于新建文件中的宽度和高度，也就是图像窗口的工作区域。修改画布大小就是修改工作区域的大小，工作区域中的图像不会随之放大或缩小。选择"图像"→"画布大小"命令或者按【Alt+Ctrl+C】快捷键，弹出"画布大小"对话框，如图 8-10 所示。

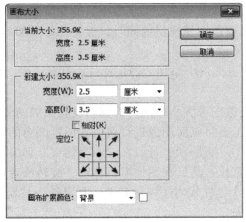

图 8-10 "画布大小"对话框

① 当前大小：显示当前图像的文件大小和画布的宽度与高度，单位与"新建大小"栏中选择的一致。

② 宽度和高度：设置调整后画布的尺寸，默认单位为厘米，也可以选择像素、英寸、百分比等为单位，如果选中"相对"复选框，则表明当前设置的画布尺寸是相对于原始画布而言的。例如，选中"相对"复选项后分别设置宽度和高度为"-50%"，表示缩小画布大小为原始大小的一半，如果原始图像占据整张画布，则部分图像内容将会丢失。

③ 定位：单击不同的方块，确定当前画布在调整后的画布中的位置，默认位于中间位置。

④ 画布扩展颜色：设置了扩展的画布区域中的颜色。

（2）修改图像大小

与修改画布大小不同，修改图像大小操作不仅会改变画布大小，同时还会放大或缩小画布中的图像。选择"图像"→"图像大小"命令或者按【Alt+Ctrl+I】快捷键可以弹出"图像大小"对话框，如图 8-11 所示。对于当前图像，"像素大小"栏按照像素或者百分比单位描述图像大小，"文档大小"栏按照厘米、英寸、毫米等单位进行描述。如果选中"约束比例"复选框，只需指定"像素大小"栏的宽度值（或高度值），相应的高度值（或宽度值）将根据图像原始高宽比例自动计算得到，"文档大小"栏中按照不同单位描述的宽度、高度值也同时自动显示出来。

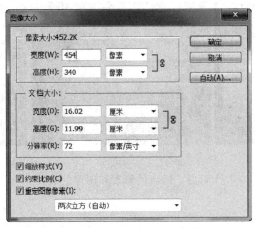

图 8-11 "图像大小"对话框

① 宽度和高度：设置图像及画布放大或缩小后的宽度和高度。

② 约束比例：允许在修改图像比例的同时，保持原始图像的高度和宽度的比例不变，保证图像高和宽进行等比缩放。

③ 缩放样式：设置缩放图层中添加的图层样式，只有选中"约束比例"复选框才能使用此复选框。

④ 分辨率：在设置更改图像大小的同时，重新设置图像的分辨率。

使用工具箱中的剪裁工具可以对图像进行裁剪，调整画布的大小。单击剪裁工具按钮 后，其工具选项栏如图 8-12 所示，可以在"不受约束"列表项右侧文本框中直接输入数值设置图像的自定义长宽比，然后在图像窗口移动、旋转或者进一步调整裁剪框大小，确定裁剪范围后按【Enter】键完成对图像的裁剪。如果选中"删除剪裁的像素"复选框，则被裁剪的图像像素将丢失。

| 口 ▾ | 不受约束 ◆ | | x | | ↻ | ⊞ 拉直 | 视图： | 三等分 ◆ | ⚙ | ☑ 删除裁剪的像素 | ↻ |

图 8-12 "剪裁工具"工具选项栏

如果提前定义了选区，可以直接选择"图像"→"裁剪"命令调整图像大小。

（3）图像的变换

编辑图像时，可以进行图像的变换操作，包括图像在画布中的移动、缩放和旋转操作，通过选择"图像"→"图像旋转"下的命令完成。变换操作包括图像"按照 90°（顺时针）"、"按照 90°（逆时针）"、"按照 180°"和"任意角度"的旋转，还可以实现"水平翻转画布"和"垂直翻转画布"，选择相应命令后，图像将直接进行调整但图像的形状不会改变。

【例 8-1】 画布的修改和图像的旋转。

【解】 原图如图 8-13（a）所示，对图像进行旋转和裁剪操作。操作步骤如下：

① 选择"图像"→"图像旋转"→"任意角度"命令。

② 在"任意角度"对话框中设置旋转角度为"5"度（顺时针）单选按钮，图像效果如图 8-13（b）所示，由于当前的背景色为蓝色，所以旋转后的图像露出的画布为蓝色。

③ 选择"图像"→"画布大小"命令，在"画布大小"对话框中设置宽度为"30 厘米"，高度为"25 厘米"，定位为中心位置，操作完毕结果如图 8-13（c）所示，图像被旋转，画布大小进行了裁剪。

（a）　　　　　　　　　　　（b）　　　　　　　　　　　（c）

图 8-13 画布的修改和图像的旋转

3. 更改图像颜色模式

Photoshop 支持 RGB、CMYK、Lab、位图、灰度、双色调、索引颜色、多通道这 8 种颜色模式,选择"图像"→"模式"下的命令可以更改图像的颜色模式。颜色模式的转换,不仅可以适应不同需求,往往也能实现特殊的图像效果。例如,对于医学图像,如果需要对灰度图像进行着色,实现伪彩色效果,可以将图像颜色模式转换成索引颜色。2 种颜色模式之间并非均能直接进行转换,有时需要第 3 种颜色模式作为中间模式起到桥梁的作用。例如,在 RGB 颜色模式下,图像必须先转换成灰度模式,然后才能转换成位图模式或双色调模式。颜色模式的转换,有时会丢失图像原始信息,例如将彩色图像转换成灰度图像时,彩色信息将会丢失。

不同的颜色模式支持不同的通道数目和每个通道颜色深度值,颜色深度值高的图像,具有更多的可用颜色和更准确的颜色表示,但是处理 16 位/通道或者 32 位/通道颜色深度的图像,需要特殊的文件格式和图像编辑、显示软件,所以一般情况下采用通用的颜色深度 8 位/通道。

8.2.4 图像颜色的调整

由于人眼特殊的构造,可以辨别几千种颜色色调和亮度,但只能辨别几十种灰度级,人类对彩色的感知更敏锐。相比灰度图像,同样景物的彩色图像可以提供更多图像信息,一幅质量较差的彩色图像往往也比一幅完美的灰度图像更为大众接受。对彩色图像进行创作和编辑,常常需要直接更改图像的颜色或者首先选择需要的颜色,然后进行画作。

1. 图像颜色的调整

图像的色调与色彩的调节通过选择"图像"→"调整"下各种命令实现。"调整"子菜单下部分命令的含义如下:

① 亮度/对比度:亮度是人眼感知光的明暗程度,对比度为每个通道中黑与白的比值。一般而言,对比度越高,图像越清晰醒目,色彩也越鲜明艳丽。

② 色阶:色阶是图像中复合所有颜色通道对应的直方图,水平轴表示绝对亮度范围,范围是 0 ~ 255,垂直轴表示对应水平轴亮度的图像像素数目。从左到右的 3 个箭头分别表示阴影、中间调和高光对应的像素数目,即图像最黑、中间灰度和最白像素对应的像素总数。调整色阶可以直接调节图像的亮度和对比度。

③ 曲线:用调节曲线的方法调整阴影、多个中间调和高光,可以实现调整某个色调范围内的图像而不影响其他部分的色调,这种方法比调整色阶更加灵活。

④ 曝光度:曝光是胶卷或者数码感光部件接受从镜头进光来形成影像。如果照片中的景物过亮,而且亮的部分没有层次或细节,这就是曝光过度(过曝);反之,照片较黑暗,无法实际反映景物的细节,就是曝光不足(欠曝)。调整曝光度可以对过曝或者欠曝的图像进行修正。

⑤ 色相/饱和度:色相是颜色的种类;饱和度是图像色彩的浓淡程度,它与颜色的纯度相关,纯色完全饱和,随着白光的加入逐渐减少,变为灰度图,此时改变色相是没有作用的。明度用以调整图像的明暗程度,最低为黑色,最高为白色。对黑色和白色改变色相或饱和度都没有效果。调整色相/饱和度可以直接改变图像的整体颜色风格,形成老相片等效果。

⑥ 色彩平衡:色彩平衡对话框将图像分为阴影、中间调和高光 3 个色调,每个色调可以进行独立的色彩调整。可以增加或减少处理暗色、中间色及高亮度区域中的特定颜色,

以改变图像对象的整体色调。

⑦ 反相：反相是将图像的颜色色相设置反转。例如，黑变白、蓝变黄、红变绿，这样可将正片变为负片，负片转为正片。

⑧ 色调分离：色调分离可以减少色阶，将图像原有更丰富的颜色映射为最接近的少数几种颜色，使得图像可用颜色减少。设置的"色阶"数值越大，颜色过渡越细腻；反之，数值越小，图像的色块效果越明显，这样可以制作出具有版画或卡通画效果的图像。

⑨ 变化：通过选择满足要求的图像效果缩略图进一步调整图像的色彩平衡、对比度和饱和度，这种方法更为简单和直观，适合非专业人士。

⑩ 替换颜色：使用"吸管工具" ✒ 在图像中单击所要改变的颜色区域，将自动选择图像中此颜色的所有像素，也可以使用"添加到取样工具" ✒ 和"从取样中减去工具" ✒ 来和改变颜色容差来扩大和缩小有效范围，然后通过调整色相、饱和度和明度更改所选范围的图像效果。

此外，还有"自然饱和度"、"黑白"、"照片滤镜"、"通道混合器"、"阈值"、"渐变映射"、"可选颜色"、"阴影/高光"、"去色"、"匹配颜色"和"色调均化"等命令，可对图像色彩与色调进行调整。在图像颜色调整时，对话框中常常会出现吸管工具，使用"设置黑场"吸管 ✒ 在图像中单击，可以使单击点的像素对应灰度值变为黑色；使用"设置灰场"吸管 ✒ 在图像中单击，可以使单击点的像素对应灰度值变为中性灰色（R、G、B 值均为 128）；使用"设置白场"吸管 ✒ 在图像中单击，可以使单击点的像素对应灰度值变为白色。

【例 8-2】 图像颜色的调整。

【解】操作步骤如下：

① 原图如图 8-14（a）所示，图像曝光过度，需要进行颜色的调整。

② 依次选择"图像"→"自动色调"和"自动颜色"命令，调整原图的色调及颜色。

③ 选择"图像"→"调整"→"色阶"命令，弹出"色阶"对话框，设置如图 8-14（b）所示的框选位置："调整阴影输入色阶"为"60"，"调整中间调输入色阶"为"0.8"。

④ 选择"图像"→"调整"→"替换颜色"命令，单击"颜色"色块，在"拾色器"对话框中设置 RGB 颜色"#d97afb"，"颜色容差"设置为"200"，"色相"设置为"+40"，可以看到，花的淡紫色颜色被替换为粉红色，如图 8-14（c）所示。

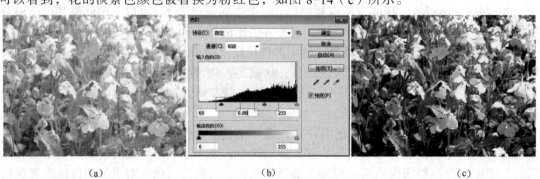

　　　　　（a）　　　　　　　　　　　　　（b）　　　　　　　　　　　　　（c）

图 8-14　图像颜色的调整

2．颜色的选择

Photoshop 中采用的颜色分成前景色和背景色，一般而言，前景色用作绘画、填充等操作的颜色，背景色是画布的颜色，在进行图像创作前必须指定绘图所需的前景色和背景色，可以通过以下 4 种方法进行设置：

（1）利用工具箱选择颜色

在工具箱下方的颜色选择区，单击"设置前景色"或"设置背景色"图标，分别打开"拾色器（前景色）"和"拾色器（背景色）"对话框，可以单击色板选取一种颜色，右侧将显示出当前选取颜色的数值，也可以手动输入各个颜色的值来精确选择颜色。单击工具箱中颜色选择区的按钮 ⇄，可以交换前景色和背景色。

（2）利用吸管工具和颜色取样获取颜色

选择工具箱中的"吸管工具" ⌀，单击图像中某一像素点，此像素点的颜色即可选择为前景色。在"吸管工具"的工具选项栏中可以进一步设置"取样大小"和"样本"所在的图层和鼠标指针是否"显示取样环"，如图 8-15 所示。

图 8-15 吸管工具选项栏

（3）用"颜色"调板选择颜色

选择"窗口"→"颜色"命令，弹出"颜色"调板，在调板中可以单击"设置前景色"或"设置背景色"，在弹出的对话框中设置颜色，或者分别利用 R、G、B 滑块调整颜色，也可以在调板下方的颜色条内单击获取颜色，如图 8-16（a）所示。

（4）用"色板"调板选择颜色

选择"窗口"→"色板"命令，弹出"色板"调板，将鼠标指针移动到调板中的颜色块上，指针会变成吸管状，单击就可将单击处的颜色定义为前景色，按住【Ctrl】键单击定义背景色，如图 8-16（b）所示。如在颜色调板中选择"设置背景色"，则快捷键的定义相反。

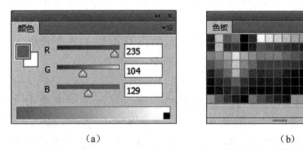

（a）   （b）

图 8-16 "颜色"调板和"色板"调板

8.2.5 图像选区的制作

Photoshop 中，选区的制作，往往是"抠图"的关键环节，对于图像处理至关重要；处理后的图像是否真实自然，很大程度上取决于选区的制作是否精准。如果没有制作任何选区，图像调整等操作，默认将对整个图像进行，但如果需要对图像的某些部分进行，需要首先制作规则或者不规则的选区，随后的操作则可以针对选区中的部分图像进行。Photoshop 提供了多种选区工具：选框工具、套索工具、魔术工具等，同时又提供了建立和编辑选区的命令，实现对选区的制作。

1. 制作规则的选区

在工具箱中选择工具"矩形选框工具"下，还包括"椭圆选框工具"、"单行选框工具"

和"单列选框工具"，均属于规则选区制作工具。选择"矩形选框工具"或者"椭圆选框工具"后，在图像中拖动，或者选择"单行选框工具"或者"单列选框工具"后，在图像中单击，均会出现一个虚线框，虚线范围内就是选区。拖动鼠标时按住【Shift】键，则拖动出的选区为一个正方形或圆；按住【Alt】键，起点会从选区的中心开始。如果需要精确制作选区，可以选择"窗口"→"信息"命令，弹出"信息"调板，参考调板中提供的鼠标位置信息，来定位起点与终点的坐标位置。

选择"选择"→"全部"命令，将创建包括整个画布的选区；选择"取消选择"命令，或者是按【Ctrl+D】组合键将取消当前选区；选择"反向"命令来选择当前选区以外的所有区域。

2．新选区与原选区的关系

如果图像原来已经制作原选区，在此基础上还希望建立新的选区，新建选区与原选区的关系有 4 种选区运算方式：新选区、添加到选区、从选区中减去和与选区交叉，可以通过"选框工具"选项栏中的 4 个按钮 来实现选择。

（1）新选区

取消原先的选区，以新建选区代替原选区，为默认选项。

（2）添加到选区

在建立原选区的基础上，选择任何选区工具，在工具选项栏中单击"添加到选区"按钮，然后拖动鼠标添加新选区，此时鼠标指针旁边出现一个"＋"号，原选区和新选区将同时有效。亦可拖动鼠标时按住【Shift】键直接添加选区。

（3）从选区中减去

在建立原选区的基础上，选择任何选区工具，在工具选项栏中单击"从选区中减去"按钮，然后拖动鼠标在原选区中添加新选区，此时鼠标指针旁边出现一个"－"号，新选区与原选区重叠的部分将会被减去，如果选区间没有重叠，则新选区无效。亦可拖动鼠标时按住【Alt】键直接从当前选区中减去一个选区。

（4）与选区交叉

在建立原选区的基础上，选择任何选区工具，在工具选项栏中单击"与选区交叉"按钮，然后拖动鼠标在原选区中添加新选区，此时鼠标指针旁边出现一个"×"号，新选区与原选区重叠的部分将作为当前选区，如果选区间没有重叠，则不会选择任何像素。亦可拖动鼠标时按住【Shift+Alt】组合键，选择与当前选区交叉的区域。

3．制作不规则的选区

需要的选区不总是规则的，不规则选区的制作，需要利用套索工具、多边形套索工具、磁性套索工具、魔棒工具、快速选择工具或者色彩范围命令实现。

（1）套索工具

直接拖动鼠标不放，产生的闭合轨迹形成不规则选区。套索工具 的工具选项栏有"选区运算方式"、"羽化"和"消除锯齿"3 项设置，如图 8-17 所示。羽化处理，可以通过扩展选区轮廓周围的像素区域达到柔和边缘色的效果，当羽化参数值设置为 0 时，选区的设定即为虚线框所辖范围；如果羽化参数值大于 0，实际的选区将会被扩展，值越大，扩展的范围越广，并且选区边界越柔和。值得注意的是，在创建选区前设置羽化参数值，才会对随后创建的选区有效，调整羽化参数值并不会更改当前选区的羽化效果。

图 8-17 "套索工具"的工具选项栏

（2）多边形套索工具

与套索工具不同，多边形套索工具  多边形套索工具 在制作选区时是多次单击以确定选区定点，而不是拖动鼠标，并且制作出的选区在定点与定点之间用直线相连。连续单击和移动鼠标，当最后移动到起点附近时，鼠标指针下出现小圆圈，此时单击，闭合多边形选区。在没有闭合选区前，按【Alt+Delete】快捷键可以取消最近制作的边。该工具在使用之前也可设置消除锯齿选项和羽化参数值，其工具选项栏与套索工具一样。

（3）磁性套索工具

相比套索工具和多边形套索工具，磁性套索工具 磁性套索工具功能更为强大和智能，它沿着鼠标单击和移动的轨迹，根据相邻区域颜色的差异自动创建出选区，并且制作出的选区曲线比较平滑。它常被用于截取选择边缘与背景反差大的图像区。

"磁性套索工具"的工具选项栏中，不仅可以设置消除锯齿选项和羽化参数值，还可设置宽度、对比度等参数，如图 8-18 所示。

图 8-18 "磁性套索工具"的工具选项栏

（4）魔棒工具

与前 3 种不规则选区工具不同，魔棒工具 魔棒工具完全根据图像的颜色选择选区。选择"魔棒工具"后，单击图像中任意像素，就可以将与此像素的颜色在容差值范围内的所有像素一次选中。除选区运算方式，"魔棒工具"工具选项栏的特定参数对于选区的精确制作尤为关键，其中"容差"是指图像上像素点之间的颜色范围（数值范围在 0～255 之间），容差越大，选择颜色的范围越大，例如：使用"魔棒工具"时，如果"容差"设置为"0"则仅选中一种颜色的像素；设置为"255"则选中所有颜色的像素，实际操作中可以多加尝试，以选择合适的容差参数。选中"连续"复选框，只选中与单击处相连的部分，不选择"连续"复选框，则选中所有这个颜色的像素。此外还可以选择是否"对所有图层取样"，如图 8-19 所示。

图 8-19 "魔棒工具"的工具选项栏

（5）快速选择工具

相比魔棒工具，快速选择工具 快速选择工具更加直观和准确，单击时，它会自动查找与当前图像像素一致的图像边缘，查找到的图像边缘被直接创建成为选区。在"快速选择工具"的工具选项栏中选区运算方式只有"新选区" 、"添加到选区" 和"从选区中减去" 3 种方式，可以设置画笔的直径等，还可以选择是否"对所有图层取样"和是否"自动增强"，如图 8-20 所示。

图 8-20 "快速选择工具"的工具选项栏

（6）色彩范围命令

与上述工具不同，色彩范围命令利用颜色的分布特点，通过选择"选择"→"色彩范围"命令来创建选区。

4．选区的调整

在 Photoshop 中建立选区后，可以通过选择"选择"→"修改"→"边界"、"平滑"、"扩展"、"收缩"和"羽化"命令，打开相应的命令对话框，设置对话框中的参数来调整现有选区。在"边界选区"对话框中可以输入需要调整的边界像素值，将当前选区向外扩展，而现有选区和扩展后的选区之间的区域为当前选区。在"平滑选区"对话框中设置"取样半径"参数值，平滑现有选区的轮廓。在"扩展选区"对话框中设置"扩展量"参数值，对现有选区向外进行扩展；与之相反，"收缩选区"对话框是将现有选区向内进行收缩。"羽化选区"对话框中设置"羽化半径"参数值，实现了在选区创建之后再对选区的边界进行柔化的处理。

此外，建立选区后还可以通过"选择"菜单中的相应命令，在现有选区的基础上对选区进行扩大选取、选取相似和调整边缘的处理。

【例 8-3】 利用选区调整图像颜色。

【解】 原图如图 8-21（a）所示，对图像中的部分花朵制作选区、调整颜色。操作步骤如下：

① 选择工具箱中"快速选择工具"，将工具选项栏中的选区运算方式设置为"添加到选区"，设置画笔大小为"15"，单击图像左侧居中的郁金香花朵制作选区。

② 选择"图像"→"调整"→"渐变映射"命令，在弹出的对话框中单击"灰度映射所用的渐变"栏中色谱，弹出"渐变编辑器"对话框。单击"预设"栏右侧齿轮标记，在快捷菜单中选择"蜡笔"，如图 8-21（b）所示，选择预设蜡笔渐变的第一种样式"蓝色，黄色，粉红"，选定的郁金香将会变成蜡笔画，按【Ctrl+D】快捷键删除选区。

③ 选择工具箱中"魔棒工具"，将工具选项栏中的选区运算方式设置为"添加到选区"，设置容差为"40"，选择"消除锯齿"和"连续"复选框，反复单击右下角花朵，直至整个花朵被选中。选择"选择"→"扩大选取"命令，使制作的选区更为准确。

④ 选择"图像"→"调整"→"色调分离"命令，在弹出的对话框中输入色阶为"4"，选定花朵由有限的颜色进行重新着色，结果如图 8-21（c）所示。

(a)　　　　　　　　　　(b)　　　　　　　　　　(c)

图 8-21　选区的制作

5．变换选区

选区的变换是利用变换选区操作进行的。选择"选择"→"变换选区"命令，在原选区的四周加上一个矩形变形框，鼠标拖动 8 个控制点可以放大和缩小选区，右击，选择弹出的快捷菜单中的命令还可以对选区进行旋转、斜切、扭曲、透视等多种变换。

6．保存选区

选择"选择"→"存储选区"命令，弹出"存储选区"对话框，可以保存当前的选区。

7．载入选区

选择"选择"→"载入选区"命令，弹出"载入选区"对话框，可以选择相应的操作载入已存选区。

选区制作完成后，选择"编辑"→"复制"命令，将仅复制选区框选内容，选择"编辑"→"自由变换"或者"变换"下的命令也将是仅变换选区框选部分的图像。选区制作后，大多数图像处理和编辑命令也就限制了作用的范围。

8.2.6　图像的创作和处理

在 Photoshop 中，可以直接使用各种绘图工具在图像窗口进行操作，或者对已有的图像素材进行各种处理，实现需要的效果。

1．绘画和着色工具的使用

利用 Photoshop 提供的画笔、铅笔等工具可以轻松地在图像中绘制不同风格的图形。图章、油漆桶和渐变工具可以对图形图像进行着色，实现自由创作。

（1）使用画笔工具和铅笔工具绘画

选择工具箱中"绘图编辑类"中的"画笔工具" ✓️可以像毛笔一样创建边缘比较柔和的线条，还可以选择多种不同的画笔笔触样式，其工具选项栏较为复杂，包括多个下拉面板和参数的设置，如图 8-22 所示。

"画笔工具"的工具选项栏中的参数含义如下：

① 工具预设：选择预设的工具，例如选择"2B 铅笔"选项，将载入各项预设参数，实现画笔类似"2B 铅笔"的效果。

② 画笔预设：设置控制画笔直径的"大小"和控制画笔柔边效果的"硬度"参数值，选择多种预设的画笔类型。

③ 画笔画板：快速打开"画笔"和"画笔预设"调板，设置画笔属性。

④ 绘画模式：选择绘制的图形和现有像素混合的方法。

⑤ 流量：设置画笔的绘制浓度。例如，设置流量为 20%，在同一位置作画，每次使用画笔时，将逐次增加 20%的不透明度，直至达到不透明度设定的参数值。

⑥ 不透明度：设置应用颜色的透明度。100%为不透明，1%为基本完全透明。

⑦ 喷枪模式 ✍：使用时将模拟喷枪进行绘画，实现雾状图案的效果。

⑧ 绘图板压力控制不透明度/大小：当计算机使用绘图板输入设备时，设置绘图板画笔的不透明度和压力。

如果预设的画笔中没有所需的特殊形状，可以自行定义，方法如下：首先用"矩形选框工具"选择要定义成画笔的图像区域，然后选择"编辑"→"定义画笔预设"命令，就可将选区内所辖图像定义为一个新画笔。

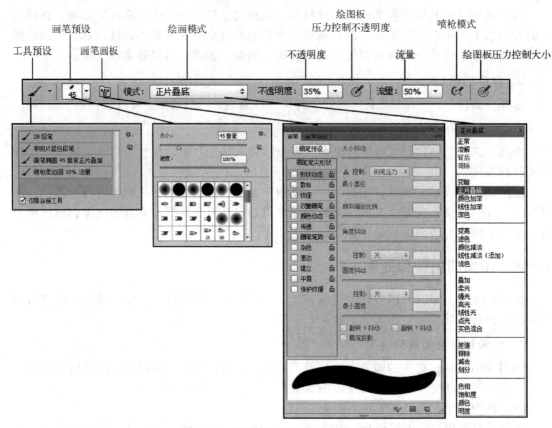

图 8-22 "画笔工具"的工具选项栏

选择"铅笔工具" 可以像铅笔一样，绘制出硬边的直线或者曲线，其工具选项栏的设置及使用，除"自动抹除"复选框可以实现将铅笔工具当橡皮使用的功能外，其他功能与画笔工具基本一致。

此外，使用"颜色替换工具"可以对画笔所作图像进行部分或者全部的重新着色。使用"混合器画笔工具"，通过调节笔触的颜色、潮湿度、混合颜色等，可以绘制出逼真的手绘效果。混合器画笔工具的使用类似水彩或油画的绘制，可以进行颜料颜色、浓度、混合的调节。

（2）使用图章、油漆桶、渐变工具着色

图章工具可以选定图案对图像进行着色，风格与选用的画笔笔触样式相关；油漆桶一般用于纯色或者图案着色；而渐变工具可用于多种颜色以渐变方式着色，与画笔类型无关。

"仿制图章工具"通过将图像的全部或部分复制到当前或另一图像中实现着色，也就是仿制图章工具把图像作为颜色，着色到需要的位置。使用时首先在工具箱中选择仿制图章工具，在工具选项栏上单击"画笔"右侧的黑色三角按钮，选择合适的画笔大小、硬度和笔触样式；接着将鼠标移至图像中，按住【Alt】键的同时单击某一点定义取样点；然后将鼠标移到目标图像窗口上，在目标位置单击或者拖动鼠标实现复制取样点的图像着色。

与仿制图章工具不同，"图案图章工具" 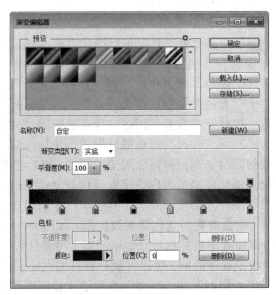是复制预设的图案而不是复制图像实现着色，图案可以从 Photoshop 提供的系统图案库中选择或者自定义。只需在工具选项栏中"图案"下拉列表中选择要使用的图案，不需要定义取样点，然后在目标位置拖动鼠标进行着色，风格受到选用画笔笔触样式类型影响。

仿制图章工具和图案图章工具的工具选项栏与"画笔工具"基本一致。

"油漆桶工具"可以在指定的选区或者整幅图像中填充选定的颜色或者图案。使用时，首先在工具选项栏中定义用前景色还是图案进行着色；设置着色的"填充"模式和"不透明度"参数，设置容差参数值，还可分别选择是否要求着色时颜色边缘"消除锯齿"、边缘"连续"和是否应用于"所有图层"复选框；然后直接在图像窗口中单击进行着色。每次着色的范围由容差参数值决定，如果参数值大，则单击处的像素颜色值与周围像素颜色值之间的差异容忍度越大，也就是着色的范围越大；反之，参数值小，着色范围也就小。

"渐变工具"可在选区或者整幅图像中填充多种色彩的渐变效果。使用时，首先在工具选项栏中选择渐变过渡色样式和渐变方式，过渡色样式可以单击下拉列表选择预设的色谱或者单击色谱弹出"渐变编辑器"自行定义。5 种渐变方式分别是"线性渐变"、"径向渐变"、"角度渐变"、"对称渐变"和"菱形渐变"，默认的是"线性渐变"方式。其次，设置着色的填充"模式"和"不透明度"参数，也可分别选择或者取消选择"反向"、"仿色"和"透明区域"复选框。最后，直接在选区中或者整幅图像上拖动鼠标画出线段，Photoshop 将以此线段为基准填充各种效果的渐变颜色。

使用"渐变工具"时，采用"渐变编辑器"定义渐变颜色是重点，其对话框如图 8-23 所示。

图 8-23 "渐变编辑器"对话框

"渐变编辑器"对话框中各选项含义如下：

① 预设：显示当前渐变组中的渐变色谱，可以直接选择，也可以单击右上角的齿轮图标选择更多预设渐变色谱。

② 名称：显示当前选取的渐变色谱名称，可以自行定义新的渐变名称。

③ 渐变类型：包括实底和杂色 2 种类型，选择不同类型时各项参数值也会随之改变。

④ 平滑度：设置颜色过渡时的平滑均匀度，数值越大过渡越平稳。

⑤ 色标：包括色谱上方的"不透明度"色标和色谱下方的"颜色"色标，分别对渐变色的颜色与不透明度进行控制。选择"颜色"色标时，可以对当前色标对应的颜色和颜色在色谱中的位置进行设定；选择"不透明度"色标时，可以对当前色标对应的不透明度和位置进行设定。单击色谱的上方和下方可以分别增加"不透明度"色标和"颜色"色标可以任意添加色标，单击"删除"按钮可以删除对应的色标。

2．擦除工具的使用

图像创作和编辑中，常常需要擦除某些具有颜色的像素，其实质是用一种颜色去替代原有颜色，常用的擦除方式是用透明色、白色或者背景色替代需要擦除的像素点的颜色。Photoshop 提供了橡皮擦工具、背景橡皮擦工具和魔术橡皮擦工具实现擦除效果。

（1）橡皮擦工具

"橡皮擦工具"  通过拖动鼠标来擦除颜色。使用时，首先要确定所使用的画笔类型，然后在图像窗口中直接拖动鼠标进行擦除。在背景图层上擦除时，擦过的区域会用背景色替代；在其他图层上擦除时，擦过的区域会用透明色替代。

"橡皮擦工具"工具选项栏中"模式"有 3 个选项："画笔"、"铅笔"和"块"。选择"画笔"或"铅笔"选项与所选画笔类型相关，前者边缘柔和而后者的边缘尖锐，并且可以进一步设置"不透明度"和"流量"等选项的参数值，如果选中"抹到历史记录"复选框，可将所擦过的区域恢复到指定的历史记录状态。选择"块"选项，橡皮擦就变成一个正方形形状，此时不能指定画笔类型和不透明度等。

（2）背景橡皮擦工具

"背景橡皮擦工具"与"橡皮擦工具"虽然操作方法一样，但是它擦除的内容和背景相关，被擦除的部分被设置为透明色。"背景橡皮擦工具"工具选项栏中"取样"有 3 种选项："连续"、"一次"和"背景色板"。选择"连续"或"一次"选项，在单击时，先取鼠标指针中心十字处的像素颜色作为背景色，以鼠标指针为中心、画笔大小为半径所接触到的与背景色一致或是在容差范围内的像素颜色均会被擦除，但不一致的像素颜色仍然保留。选择"连续"或"一次"选项的区别在于鼠标移动的功能定义不同，前者可以在按住鼠标左键不放的同时拖动鼠标擦除大范围图像，而后者需要多次单击。选择"背景色板"选项，只有当鼠标指针画笔范围内的像素颜色与 Photoshop 的系统背景色一致或者在容差范围内时，像素颜色才会被擦除。工具选项栏中如果选择"保护前景色"复选框，则无论哪种取样选项，均会避免前景色像素被擦除。如图 8-24 所示，当前取得背景色为中间色块的蓝色，所以即使处于鼠标指针画笔范围内（圆圈里），红色的像素点仍然没有被擦除，右击，会弹出画布设置对话框，可以对鼠标指针的大小、硬度、间距等进行设置。

工具选项栏中还可设定"限制"和"容差"参数值来控制图像中要抹除的范围和抹掉相似颜色的区域。

（3）魔术橡皮擦工具

"魔术橡皮擦工具"用于擦除图像中与单击处像素颜色相近的区域，操作方法与前 2 种工具一致，具体为单击某一像素，如果选中"连续"复选框，则自动擦除图中所有与取样像素颜色相近且位置相通的图像像素，使其透明；如果没有选中"连续"复选框，则图层中所有与取样像素颜色相近即使位置不相通的像素均被擦除。如果是在背景层中使用"魔术橡皮擦工具"，背景层会自动转换为普通图层。"魔术橡皮擦工具"的工具选项栏中也有"容差"选项，其参数值决定了对颜色相近的容忍程度。

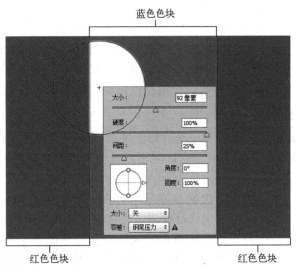

图 8-24　背景擦除橡皮工具

3．图像修改工具的使用

在 Photoshop 中提供了多种修改工具，包括减淡、加深、海绵、模糊、锐化和涂抹工具，可以对图像的局部色调、颜色、柔化等进行调整。它们的使用方法均是在工具箱中选择对应工具按钮后，调整工具选项栏的参数，直接在图像窗口的目标区域单击或者拖动鼠标，类似手指涂抹一样进行操作。

（1）减淡工具

"减淡工具" 又称加亮工具，用于增加图像部分的亮度，减淡图像的颜色，起到凸出强调的作用。"减淡工具"工具选项栏中"范围"选项可以选择是对"阴影"、"中间调"还是"高光"区域进行操作；"曝光度"参数值越大，提亮的效果也就越明显；如果选中"保护色调"复选框则会防止颜色发生色相的偏移；与画笔工具一样，"减淡工具"也可以在"画笔预设选择器"中选择画笔尺寸、硬度和画布笔触类型，画笔尺寸越大，一次调整的范围就越大。

（2）加深工具

"加深工具" 与减淡工具的作用相反，将使色调变暗。它的工具选项栏与减淡工具一样，但是二者的作用效果恰好相反。

（3）海绵工具

"海绵工具" 用来调整图像色彩的饱和度，它的工具选项栏中"模式"选项包括"饱和"和"降低饱和度"2 个选项，前者用于增加饱和度，后者刚好相反，可以使图像较为昏暗；可以选中"自然饱和度"复选框，使得调整的颜色饱和度不会超过图像中已经饱和的颜色。

（4）模糊工具

"模糊工具" 通过减小图像像素值之间的差异使图像变得模糊，起到柔化边界的作用。

它的工具选项栏中"强度"选项的参数值越大，模糊的力度越大。

（5）锐化工具

"锐化工具" △ 与模糊工具的作用相反，通过加大图像像素值之间的差异使图像色彩变得锐利，边界更加清晰。

（6）涂抹工具

"涂抹工具" 📎 模拟用手指涂抹颜料的效果，它可以使图像不同颜色之间的边界模糊，过渡柔化，常用于消除图像中细小的斑点和划痕。如果选中工具选项栏中的"手指绘画"复选框，则涂抹的颜色以前景色开始；否则是以鼠标指针起始处的颜色开始。

4．修复工具的使用

图像的污点和瑕疵往往需要清除，经过修复的部分应与周围图像融为一体，不留痕迹。Photoshop 提供了多种图像修复工具，可以对不同种类的图像缺陷进行快速修复。

（1）污点修复画笔工具

"污点修复画笔工具" 📎 可以快速去掉照片中的污点和瑕疵，对人脸雀斑等细小杂点的修复尤为有效。它的工具选项栏中"设置源取样类型"有 3 个单选按钮可供选择："近似匹配"、"创建纹理"和"内容识别"。"近似匹配"将对鼠标拖动区域画笔大小所涉及的像素信息进行修复；"创建纹理"将对鼠标拖动区域画笔大小所涉及的像素创建纹理，用纹理进行修复；"内容识别"将通过自动识别功能修复当前图像。"污点修复画笔工具"方法与图像修改工具一样，只需在图像目标区域单击或者拖动鼠标即可。

（2）修复画笔工具

"修复画笔工具" 📎 同样用于校正瑕疵，并使修复后的图像与周围的图像环境保持一致。与污点修复画笔工具不同的是，修复画笔工具需要设定样本点，而污点修复画笔工具不要求设定样本点，自动从所修改区域周围进行取样。修复画笔工具的操作方法与仿制图章工具一样，需要首先按住【Alt】键，单击定义图像的取样位置，然后在待修复位置单击或拖动鼠标，如果是单击鼠标，将从定义的原位置取样；如果是拖动鼠标，取样位置会在原取样位置周围等方向、等距离发生位移。在工具选项栏中单击"切换仿制源面板"按钮 📷，弹出"仿制源"面板，可以定义和切换多个取样点也就是"仿制源" 📷；也可以设置"设置修复区域的源"单选按钮为"取样"或"图案"，前者用定义的"仿制源"修复图像，而后者用选择的图案修复图像。

（3）修补工具

"修补工具" ⬦ 是对修复画笔工具的补充，不同点在于修复画笔工具使用画笔来进行图像的修复，修补工具则是通过选区来进行。操作方法：首先在图像中拖动鼠标制作选区，在工具选项栏中选择"源"或者"目标"。选择前者将把选区作为修补目标，拖动选区后将在新位置取样修补源位置；选择后者将把选区作为修补采样处，拖动选区后的新位置将从原选区采样，进行修补。

（4）红眼工具

"红眼工具" 👁 用于除去闪光灯拍摄时人物眼睛中的红色，也就是"红眼"现象。它的工具选项栏中包括"瞳孔大小"和"变暗量"2 个选项。前者参数越大，影响的区域也就越大；后者参数越大，调整后的瞳孔也就越黑。操作方法：设置好参数后，直接单击瞳孔，如有需要，可以多次单击，逐步调整。

（5）内容感知移动工具

"内容感知移动工具" 是比较智能的工具，它用于移动或复制选择的对象，操作后，图像原来的位置将自动运算补上背景，而目标位置的边缘会自动进行柔化处理，使得图像能协调地和背景融合在一起。它的工具选项栏中重新混合模式项提供 2 个单选按钮："移动"和"扩展"，顾名思义，也就是选择将图像移动还是复制到目标位置；"适应"项有"非常严格"、"严格"、"中"、"松散"和"非常松散" 5 个级别，规定 Photoshop 对原位置和目标位置修正的程度，"非常严格"仅提供最小的自由度去修改原图。它的操作与套索工具相似，设定好参数后单击拖动鼠标，框选对象形成选区，然后直接拖动选区，即可移动或者复制对象。

【例 8-4】 绘图及图像修片。

【解】 原图如图 8-25（a）所示。操作步骤如下：

① 选择工具箱中"画笔工具"，设置前景色为 RGB 颜色"#d9bcb4"，设置画笔预设为"柔边圆"笔触类型，设置画笔大小为"30"，弹出"画笔"调板，选择"散布"和"平滑"复选框，在图 8-25（a）位置 1 指示的所有粉红色花瓣中随机单击，为花瓣添加粉色斑点，结果如图 8-25（b）所示。

② 选择工具箱"模糊工具"，在工具选项栏中设置画笔大小为"100"，硬度为"100%"，笔触类型为"硬边圆"，强度设置为"100%"，拖动鼠标涂抹最大粉色花瓣上的半截枯树枝，如图 8-25（a）位置 2 所示，使之模糊。

③ 选择"修复画笔工具"修复如图 8-25（a）位置 4 所示的电线，设置画笔大小为"60"，按住【Alt】键，单击图像上方电线的周围天空，进行图像的取样，在电线上多次单击或者必要时单击且拖动鼠标擦除电线。多次单击，将从一个点进行采样；单击且拖动鼠标，将从采样点和与采样点相同的位移图像中采样。清除狭窄处的电线，可以放大图像、大幅减少画笔大小，提高图像处理的精度。

④ 选择"内容感知移动工具"，向左扩展如图 8-25（a）位置 3 所指的花瓣。选择工具后，在工具选项栏中设置混合模式为"扩展"项，适应为"非常严厉"，在花瓣周围拖动鼠标，类似套索工具制作封闭选区，向左移动选区，花瓣复制完成，如图 8-25（b）所示。

图 8-25　绘画、修改和修复工具的使用

5．纠错工具的使用

前面介绍了在 Photoshop 中使用各种工具进行系列操作的方法，实践中常常需要撤销一步或多步操作或者对比操作前后的图像效果，可以使用历史笔类工具与"历史记录"调

板撤销或者重复进行的操作。

（1）"历史记录"调板

"历史记录"调板可以清楚地记录图像已经执行的操作步骤，它可以有选择地回退到图像的某个历史状态。能够记录的历史记录默认为 20 条，也可以选择"编辑"→"首选项"→"性能"命令，在弹出的"首选项"对话框中进行设置。"历史记录"调板的操作方法：选择"窗口"→"历史记录"命令调出调板，在调板中会出现最近进行过的系列操作名称，单击某一步骤即可。在执行过程中可以单击调板右下角 按钮建立快照，利用快照可以建立一个备份图像，可以随时回到快照状态。

（2）历史记录画笔工具

"历史记录画笔工具" 可以将图像恢复到历史记录中的某一状态，或者部分地恢复到这个状态。操作方法：选择"历史记录画笔工具"，首先在"历史记录"调板中，单击某一状态或快照栏左侧的"标志框"，出现历史记录画笔图标，表示将以此状态为恢复标准；然后选择合适的画笔，在图像区需要恢复的地方拖移鼠标，在鼠标经过的区域可将图像部分或全部恢复到指定的状态。

（3）历史记录艺术画笔工具

"历史记录艺术画笔工具" 与历史记录画笔工具功能和使用方法基本相同，区别在于画笔的设置，它可以指定多种艺术风格的画笔。

6．选区图像的变换

选区图像变换是将所选图像在平面上进行缩放、旋转、斜切、扭曲、透视、旋转特定角度和自由变换操作，在变换之前需要制作待进行操作的选区，在变换完成后，需要按【Enter】键或者单击工具选项栏中的"提交变换"按钮 确认变换。

（1）缩放

选择"编辑"→"变换"→"缩放"命令，图像选区四周会出现 8 个控制点，用鼠标拖动控制点可以调整图像大小，拖动的同时按住【Shift】键可以保证缩放后的长宽比例不变；按住【Alt】键可以围绕图像中心点缩放。

（2）旋转

选择"编辑"→"变换"→"旋转"命令，用鼠标拖动控制点可以对图像进行任意角度的旋转，按住【Shift】键可以限制旋转角度为 15 度的倍数，在旋转过程中也可以将中心点移动到其他位置，可以按其他点为中心进行旋转。

（3）斜切

选择"编辑"→"变换"→"斜切"命令，用鼠标拖动控制点可以调整图像的倾斜度，在拖动过程中按住【Alt】键可以使图像的相对边同时倾斜，并保持图像中心点不变。

（4）扭曲

选择"编辑"→"变换"→"扭曲"命令，用鼠标拖动控制点可以对图像进行任意扭曲变形，在拖动过程中按住【Shift】键可以限制只在水平方向或垂直方向拖动控制点；按住【Alt】键可以使图像的对边和对角控制点做相同的移动，从而保持图像中心点位置不变。

（5）透视

选择"编辑"→"变换"→"透视"命令，用鼠标拖动控制点可以对图像进行透视变换。

（6）旋转特定角度

选择"编辑"→"变换"→"旋转 180 度"、"旋转 90 度（顺时针）"或"旋转 90 度（逆时针）"命令，可以将选中图像区域旋转指定的角度。

（7）自由变换

选择"编辑"→"自由变换"命令，或者使用【Ctrl+T】组合键，图像选区出现控制点，用鼠标拖动控制点，图像将相应变形，也可以配合不同的快捷键进行缩放、旋转、斜切、扭曲、透视等操作。

8.3　图层的概念及操作

作为 Photoshop 最为强大的技术之一，图层不但为各种图像操作带来极大便利，也为通过简单设置就能得到各种复杂特效提供最便捷的途径。

8.3.1　图层的概念

图层简称层，是 Photoshop 的核心功能之一，一个 Photoshop 文件中可以包括一个或者多个层，每个层都可以看作一张尺寸和分辨率一样的画布，最下面往往是背景层的画布，其余的画布初始都是透明的；用户可以任意选定在哪个画布上作画，也可以撤出某些画布。这些画布按照顺序依次叠放，处于下方的画布总是被处于上方的画布不透明的图像部分所遮蔽，如果所有画布同时显示，等同于从上向下俯视这些层叠透明画能看到的效果。图 8-26（a）所示是由 3 张图片叠放而成的，从上到下依次是"青草"、"文字"和"背景"，上层图像中不透明的部分会遮挡下层图像内容，例如，背景中大部分图像没有显示出来，而上层图像中透明的部分显示下层图像，青草图层中，草和草之间的缝隙透出椭圆形的文字图像或者是背景颜色。

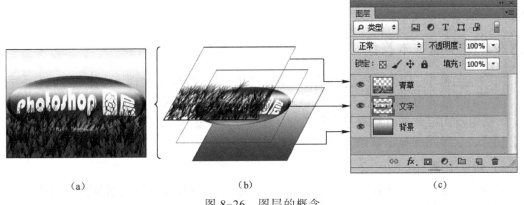

（a）　　　　　　　　　（b）　　　　　　　　　（c）

图 8-26　图层的概念

图层技术为图像的创作提供极大便利，如果觉得部分图像需要单独处理，例如，调整位置、颜色等，调整的过程中不希望影响其他内容，可将这部分图像放置在单独的一层，除非链接图层，否则对此图层进行操作将不会影响其他图层。将不同图像对象放置在不同的层，更改层的叠放次序可以方便更换图像对象间的遮挡关系。图层的样式设置使得只需要简单步骤即可获得复杂的特殊效果，如投影、发光等。可以将图像颜色的调整转换成对图像增加一个调整层，这样做的好处在于调整颜色的同时原始图像像素值并未真正改变，从而保留了原始信息。同样，将图像转换为智能对象层也将最大程度地保存原始图像信息。此外，每一层可以视为时间轴上的一帧，这样就将帧的编辑转换为层的编辑，从而实现了对动画进行编辑。

虽然图层技术为图像的编辑和处理提供了极大便利，但能支持多图层的文件格式仅限于 Photoshop 软件本身支持的".PSD"、".PDD"和".PSB"，以及较为新颖的通用图像".TIFF"格式，在存储为其他常用文件格式，如 JPEG 时，所有图层将自动合并为一个。

图层的状态可以设置为当前图层、锁定图层、背景图层和普通图层。

1．当前图层

当前图层是正处于编辑状态的图层，在"图层"调板中以蓝色表示，单击图层即可将其设置为当前图层，对图像的编辑通常都是对当前图层进行的，不会影响其他图层。部分工具的工具选项栏中存在"对所有图层取样"复选项，如选中，则操作会针对所有图层进行。

2．锁定图层

如果不希望某些图层被误操作，可以锁定图层，图层名称的右边会出现锁图标。当图层完全锁定时，锁图标是实心的；当图层部分锁定时，锁图标是空心的。

3．背景图层

背景图层位于图层列表的最下方，一般填充整幅图像的背景颜色。背景图层不能设置为透明颜色，不能设置图层效果也不能调整叠放次序，只能处于最低层，默认情况下背景图层是锁定的。

4．普通图层

如果想避免背景图层受到限制，可以将其转换成普通图层。Photoshop 创建的图层，除去背景图层，一般都属于普通图层，单击某个普通图层可以将其激活为当前图层，也可以对它进行锁定，以免误操作。

8.3.2　图层的基本操作

对图层的操作，主要是通过"图层"菜单或者"图层"调板实现。选择"窗口"→"图层"命令，可以调出"图层"调板，如图 8-27 所示。在"图层"调板中可以方便地控制图层、图层组及图层效果的显示与隐藏状态，进行新建、复制、删除图层，改变图层透明度、混合模式，设置图层显示颜色等操作。

1．新建图层

选择"图层"→"新建"→"图层"命令，弹出"新建图层"对话框，在对话框中键入图层名称，选择颜色和模式选项，设置不透明度后，创建普通图层。或单击"图层"调板底部的"创建新图层"按钮就可以建立一个以图层和当前序号命名的普通图层。建立的新图层总是位于当前图层上方，并自动成为当前图层。

2．复制、删除图层

复制、删除图层前需要选择目标图层，选择图层包括 3 种方法：单击选择单个图层；按住【Ctrl】键单击图层名可以选择多个不连续图层；或者按住【Shift】键分别单击开始图层和结束图层可以实现选择多个连续图层。

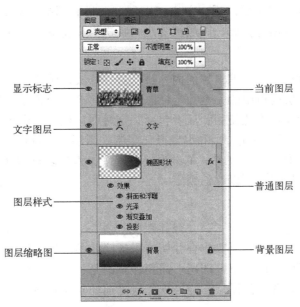

图 8-27 "图层"调板

选择目标图层后，选择"图层"→"复制图层"命令，在弹出"复制图层"对话框中选择复制的图层所属目标图像文件，可以实现图层的复制。也可以在"图层"调板中拖动要复制的图层到"创建新图层"按钮⬜上，创建此图层的副本。如果用鼠标拖动图层到另一个图像文件中，在此文件中将会出现图层的副本。

选中要删除的目标图层，选择"图层"→"删除"→"图层"命令实现图层的删除；或者直接单击"图层"调板中的"删除图层"按钮🗑。

3．调整图层叠放次序

默认情况下，后创建的图层处于上方，遮盖下方图层。如要调整图层叠放次序，可在调板中按住鼠标左键不放，拖动目标图层上下移动，拖动后因为更改了图层的叠放次序，可能更改图像的合成效果。除非先将背景图层转换为普通图层，否则目标图层无法移动到背景图层图像的下方。

4．图层和背景图层之间的转换

在"图层"调板中双击背景图层，弹出"新建图层"对话框，在对话框中设置图层名称等参数后可以将背景图层转换成普通图层；也可以选中某个普通图层，选择"图层"→"新建"→"背景图层"命令进行相反操作。普通图层转换成背景图层后，会自动移至底层，并自动用背景色填充层中的透明区域。

5．图层的显示标志

单击"图层"调板中图层最左面的显示图标👁可以显示或者隐藏此图层，需要注意的是，大多数工具对于隐藏的图层不能使用，如需应用，应该首先更改其隐藏状态。

6．链接图层

有些操作，例如移动、变形等，希望对多个图层同时进行，如果对图层逐个进行处理操作其步骤非常烦琐，链接图层可以先将这些图层绑定起来，接下来的操作可以对这些链接图层一次进行。选定多个图层后，单击"图层"调板底部链接图层按钮 ，在图层的显示标志后面将会出现锁链标志，图层被绑定，再次操作将取消图层链接。

7．锁定图层

锁定图层可以避免图层中编辑好的内容遭受意外修改。锁定图层包括全部锁定和部分锁定。前者是单击图层调板中的完全锁定标志，它将会完全锁定图层，此时针对此图层的所有绘画和编辑操作均不能使用；后者包括锁定透明区域、锁定图像或者是锁定位置。单击锁定透明区域按钮将使绘画和编辑操作限制在图层的不透明区域；单击锁定图像按钮将防止在图层中使用绘画工具；单击锁定位置按钮将防止移动、变换图层中的任何图像。再次单击相应按钮，可以取消锁定。

8．合并图层

选中多个图层，选择"图层"→"合并图层"命令，这些图层将被合并成一个图层，选择"合并可见图层"命令，会直接合并所有未被隐藏的可见图层，也可以选择"向下合并"命令，仅合并当前图层和下一图层。需要注意的是，如果不能执行撤销操作，此命令将不可取消，也就是合并后的图层不能再恢复成之前的独立状态。

8.3.3 文字图层

文字是多媒体中重要的一环，Photoshop 具有强大的文字处理能力，它常常将文字创建为单独的文字图层，在栅格化文字后可以采用各种图像编辑和处理工具，像图像一样处理文字，这样可以实现丰富多彩的文字效果。

1．文字的创建

Photoshop 工具箱中提供了 4 种文字工具，"横排文字工具" 、"直排文字工具" 、"横排文字蒙版工具" 和"直排文字蒙版工具" ，前 2 个工具可以直接输入横排或竖排 2 种排列格式的文字，键入的文字将自动形成一个新的文字图层；后 2 个工具创建的是横排或竖排的键入文字形状的选区，并非创建了文字，通过对选区着色后才会出现文字，并且不会形成文字图层，而是在当前图层进行操作。

创建文字的操作方法：选择文字工具，然后在图像窗口中单击，或者在图像窗口拖动鼠标创建文本框，输入文字。是否创建文本框的区别在于文本框提供了控制点可以旋转文字，而单击输入文字不具此功能。

2．文字的编辑

文字工具选项栏中提供了字体、样式、大小等参数的设置，可以设置文字的字符和段落格式，具体设置方法与 Word 一致。也可以选择"窗口"→"字符"命令，打开"字符"和"段落"调板对文字进行设置。

在工具选项栏单击变形文字按钮，弹出"变形文字"对话框，选择文字变形的样式，可以轻松将文字排列成特殊的艺术效果，如有需要，还可以进一步设置"弯曲"、"水平扭曲"和"垂直扭曲"参数。此外，在"编辑"菜单中，可以选择"变换"或"自由变换"命令使文字图层变形。

3．转换文本图层为普通图层

通过"横排文字工具" **T**、"直排文字工具" **IT**创建的文字形成文字图层，双击调板中的文字图层，仍然可以对文字内容进行编辑操作，但是画笔、填充等图像处理和编辑功能无法使用。选择"图层"→"栅格化"→"文字"命令，或者在"图层"调板中的文字图层上右击，在弹出的快捷菜单中选择"栅格化文字"命令，可以将文字图层转换成普通图层，但是一旦栅格化文字，文字转变成图像像素，也就不能再编辑文字内容了。

8.3.4 图层蒙版

图层技术中的图层蒙版为其关键的组成部分，它为不同图像的无痕合成提供方便，是最常用的图像合成技术。图层蒙版附属于某一普通图层，看似一张跟图层尺寸一样的黑白图像或者黑白渐变图像，它为此图层增加了特殊的屏蔽效果：通过改变图层蒙版不同区域的黑白程度，控制依附的普通图层图像对应区域的显示和隐藏，黑色区域所对应的区域被隐藏，显示下层图层的图像；白色区域则被显示，不会透视下层图层的图像；灰色区域则为半隐半显。

1．图层蒙版的创建和删除

选择某个普通图层，选择"图层"→"添加图层蒙版"命令，或者单击"图层"调板底部的"添加图层蒙版"按钮 **◉** 建立图层蒙版，单击图层调板中图层蒙版缩略图，选择油漆桶或者渐变工具，设置参数，直接在图中制作选区、填充颜色，实现当前图层和下一图层之间的合成效果。

右击图层调板中图层蒙版缩略图，在弹出的快捷菜单中选择"删除蒙版"命令可以删除蒙版。

2．图层蒙版的调整、显示与屏蔽

右击图层调板中图层蒙版缩略图，在弹出的快捷菜单中选择"调整蒙版"命令，弹出"调整蒙版"对话框，在调整边缘栏中可以设置"平滑"参数，控制蒙版中黑白图像间不规则边缘的平滑程度，值越大，边缘的锯齿现象越小；"羽化"参数控制边缘之间起到柔和边缘的过渡效果，值越大，过渡的宽度越大，如果为 0，则没有过渡效果；"对比度"参数控制通过蒙版显示的当前图层的部分和下一层图层的图像之间的对比度；"移动边缘"参数控制收缩或者扩展蒙版中边缘的位置。

按住【Alt】键单击图层蒙版缩略图，在图像窗口显示蒙版的黑白图，在此状态下可以更直观地编辑蒙版，再次操作可以恢复图像显示状态。

按住【Shift】键单击图层蒙版缩略图，可以屏蔽图层，此时在"图层"调板中图层蒙版缩略图显示为一个红叉，再次操作可以重新显示蒙版效果。

【例 8-5】 图层蒙版的制作。

【解】 原图如图 8-28（a）上下两张图像所示，在此基础上制作图层蒙版。操作步骤如下：

① 打开糖果图片，将它作为背景层。

② 打开樱桃图片，依次按【Ctrl+A】组合键全选图像，按【Ctrl+C】组合键复制图像，单击糖果图片标题栏，按【Ctrl+V】组合键粘贴图像，在"图层"调板中双击此层名称，重命名为 cherry。

③ 选择工具箱中磁性套索工具，选择工具选项栏中选区计算方法为"添加选区"，单击后拖动鼠标沿樱桃外围一周，闭合选区，同样操作，直至两颗樱桃均被选中。

④ 单击"图层"调板中"cherry"图层，单击调板底部"添加图层蒙版"按钮 ▣，调板中出现蒙版图层，如图 8-28（b）所示。双击蒙版图层，在弹出的蒙版属性调板中单击"反向"按钮，结果如图 8-28（c）所示，蒙版中黑色的部分为透过，透出下层对应位置图像，白色为不透明，显示本图层图像。

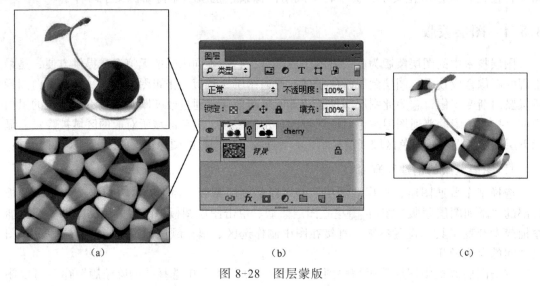

(a)　　　　　　　　　　(b)　　　　　　　　　　(c)

图 8-28　图层蒙版

8.3.5　图层的高级应用

Photoshop 的图层，不仅带来了处理图像的便利，更可以轻松给图像增加各种特色效果，它通过设置图层混合模式、图层样式、调整图层和填充图层实现。

1. 图层混合模式

混合模式技术在多种工具中都有应用，例如，上下图层之间的显示方式中，图层调板提供了 27 种混合模式。图层混合模式，也可以理解为上下图层之间合成的具体计算过程。它的输入是 2 个图层的原始像素值，根据所选混合模式也就是指定程序算法进行计算，得到合成图像中每个像素的值，并且显示出来，所以每一个选项对应了一种程序算法。一般将下层图像的颜色称为"基色"，上层图像的颜色称为"混合色"，计算得到的合成图像颜色称为"结果色"。下面的介绍中，如未特别说明，默认都是指每通道 8 位颜色深度，RGB 颜色模式，最黑阴影颜色值为 0，最亮高光颜色值为 255。

（1）正常

上下图层间的关系，由上层图层的"不透明度"参数值而定：如果上层图层不透明度为 100%，则完全覆盖下层图层；如果上层图层不透明度为 0%，上层图层完全透明，直接显示下层图层内容，值越大，上层图层越不透明。

（2）溶解

算法根据上层图层不透明度参数值的不同，随机选择显示当前图层颜色还是下层图层颜色，形成类似颗粒的溶解效果。如果上层图层不透明度为 100%，则仅在上层图层图像边缘位置出现溶解效果；如果上层图层不透明度为 0%，上层图层完全透明，观察不到溶解效果，不透明度值越小，显示下层图像颜色的概率越大，溶解效果越明显。

（3）变暗

算法逐像素对比上下图层对应位置每个通道中的颜色信息，并选择每个通道最暗的颜色作为结果色。例如，对应 RGB 颜色模式的图像，某个位置的像素在上层图层中的颜色为 R=250，G=252，B=5，下层图层对应像素颜色为 R=72，G=39，B=242，结果色取每个通道中的最暗颜色 R=72，G=39，B=5。

（4）正片叠底

正片叠底是颜色乘法算法，它逐像素逐通道将下层图层的基色与上层图层的混合色颜色的数值相乘，然后再除以 255，得到了"结果色"的颜色值。正片叠底的算法决定了任何颜色与黑色复合产生黑色，任何颜色与白色复合保持不变。例如，对应 RGB 颜色模式的图像，某个位置的像素在上层图层中的颜色为 R=1，G=1，B=160，下层图层对应像素颜色为 R=72，G=39，B=242，结果色为对应通道颜色值相乘后除以 255 取四舍五入近似值，结果 R=0，G=0，B=152。

（5）颜色加深

算法查看每个通道中的颜色信息，并通过增加二者之间的对比度使下层图层的基色变暗以反映出上层图层的混合色，当基色与白色混合时不产生变化。

（6）线性加深

算法查看每个通道中的颜色信息，并通过减小亮度使下层图层的基色变暗以反映上层图层的混合色，它的加深效果比变暗更加强烈，深色几乎被转成黑色，浅色也全部被加深。当基色与白色混合时不产生变化。

（7）深色

算法比较上层图层混合色和下层图层基色各自所有通道值的总和并取较小的颜色。它不会生成第 3 种颜色，因为它只会在基色和混合色中进行选择。

（8）变亮

算法查看每个通道中的颜色信息，取上层图层的混合色和下层图层的基色，当前通道颜色值较大的一个作为此通道的值，这样图像整体效果就会偏亮。例如，对应 RGB 颜色模式的图像，某个位置的像素在上层图层中的颜色为 R=250，G=252，B=5，下层图层对应像素颜色为 R=72，G=39，B=242，结果色取对应通道颜色值最大值，即 R=250，G=252，B=242。

（9）滤色

算法查看每个通道的颜色信息，并将上层图层混合色的互补色（将满色 255 减去此通道颜色值）与下层图层基色进行正片叠底算法，结果色总是较亮的颜色，形成图像被漂白的效果。用黑色过滤时，颜色保持不变；用白色过滤时，将产生白色。

（10）颜色减淡

与颜色加深相反，算法查看每个通道的颜色信息，并通过减小二者之间的对比度使下层图层的基色变亮以反映出上层图层的混合色，与黑色混合则不发生变化。

（11）线性减淡（添加）

与线性加深相反，算法查看每个通道的颜色信息，并通过增加亮度使下层图层的基色变亮以反映上层图层的混合色，与黑色混合则不发生变化。

（12）浅色

与深色相反，算法比较上层图层的混合色和下层图层的基色的所有通道值的总和并取值较大的颜色。"浅色"也不会生成第 3 种颜色，因为它只会选择混合色和基色的某一个颜色。

（13）叠加

算法根据下层图层的基色颜色值选择正片叠底算法或者过滤算法，如果颜色值大于 128 为前者；否则为后者。结果颜色保留了基色中的阴影和高光。

（14）柔光

取决于上层图层的混合色的颜色值，算法实现使颜色变暗或变亮的效果。如果上层图层的混合色（光源）颜色值大于 128，则图像变亮，就像被减淡了一样；反之，如果上层图层混合色（光源）颜色值小于 128，则图像变暗，就像被加深了一样。此效果与发散的聚光灯照在图像上相似。使用纯黑色或纯白色上色，可以产生明显变暗或变亮的区域，但不能生成纯黑色或纯白色。

（15）强光

取决于上层图层的混合色的颜色值，算法实现对颜色进行正片叠底或过滤。如果上层图层的混合色（光源）颜色值大于 128，则图像变亮，就像过滤后的效果，这对于向图像添加高光非常有用；如果上层图层的混合色（光源）颜色值小于 128，则图像变暗，就像正片叠底后的效果，这对于向图像添加阴影非常有用。此效果与耀眼的聚光灯照在图像上相似。用纯黑色或纯白色上色会产生纯黑色或纯白色。

（16）亮光

取决于上层图层的混合色的颜色值，算法实现通过增加或减小对比度来加深或减淡颜色。如果上层图层的混合色（光源）颜色值大于 128，则通过减小对比度使图像变亮；如果上层图层的混合色（光源）颜色值小于 128，则通过增加对比度使图像变暗。

（17）线性光

取决于上层图层的混合色的颜色值，算法实现通过减小或增加亮度来加深或减淡颜色。如果上层图层的混合色（光源）颜色值大于 128，则通过增加亮度使图像变亮；如果上层图层的混合色（光源）颜色值小于 128，则通过减小亮度使图像变暗。

（18）点光

取决于上层图层的混合色的颜色值，算法实现替换颜色效果。如果上层图层的混合色（光源）颜色值大于 128，则替换比上层图层的混合色暗的像素，而不改变比上层图层的混合色亮的像素；如果上层图层的混合色（光源）颜色值小于 128，则替换比上层图层的混合色亮的像素，而比上层图层的混合色暗的像素保持不变。这对于向图像添加特殊效果非常有用。

（19）实色混合

算法将上层图层混合颜色的红色、绿色和蓝色通道值添加到下层图层基色的各通道颜色值。对于 RGB 颜色模式，如果通道的结果总和大于或等于 255，则值为 255；如果小于 255，则值为 0。因此，所有混合像素的红色、绿色和蓝色通道值要么是 0，要么是 255。此模式会将所有像素更改为主要的加色（红色、绿色或蓝色）、白色或黑色。对于 CMYK 颜色模式，实色混合会将所有像素更改为主要的减色（青色、黄色或洋红色）、白色或黑色，最大颜色值为 100，最小颜色值为 0。

（20）差值

算法查看每个通道的颜色信息，并从下层图层的基色中减去上层图层的混合色，如果结果为负则取其相反数。与白色混合将反转下层图层的基色值；与黑色混合则不产生变化。

（21）排除

算法与"差值"模式相似但对比度更低。如上层图层的颜色为白色，混合将反转下层图层的基色值；如上层图层的颜色为黑色，混合则不发生变化。

（22）减去

算法查看每个通道的颜色信息，并从下层图层的基色中减去上层图层的混合色。在 8位和 16 位图像中，任何生成的负片值都会设置为零。

（23）划分

算法查看每个通道的颜色信息，并从下层图层的基色中划分上层图层的混合色。如果混合色与基色相同，则结果色为白色；如果混合色为白色，则结果色为基色；如混合色为黑色，则结果色为白色。

（24）色相

算法用下层图层基色的明亮度和饱和度以及上层图层混合色的色相创建结果色。

（25）饱和度

算法用下层图层基色的明亮度和色相以及上层图层混合色的饱和度创建结果色。

（26）颜色

算法用下层图层基色的明亮度以及上层图层混合色的色相和饱和度创建结果色。这样可以保留图像中的灰阶，并且对于给单色图像上色和给彩色图像着色都会非常有用。

（27）明度

与"颜色"相反，算法用下层图层基色的色相和饱和度以及上层图层混合色的明亮度创建结果色。

2．图层样式

图层样式是 Photoshop 制作复杂图像效果的重要工具，仅需要进行简单设置，即可得到丰富多彩的图像效果，它应用于除背景图层以外的任意图层，并与图层内容链接，当移动或编辑图层内容时，修改后的内容拥有相同的效果。选择"窗口"→"图层"命令，弹出"图层"调板，在调板中直接双击图层或者单击调板底部的添加图层样式按钮**fx.**，打开"图层样式"对话框，可以添加、设置以下 7 个方面的图层效果：

① 投影：为图层内容添加影子的投影效果，可以设置影子的颜色、不透明度、距离、角度等参数。

② 内阴影：为紧靠在图层内容的内边缘添加阴影，使图层具有凹陷外观，从而产生立体感。

③ 外发光和内发光：分别从图层内容的外边缘或内边缘添加光照发光的效果。

④ 斜面和浮雕：通过对图层内容的边缘添加高光与阴影的各种组合，实现斜面或浮雕的效果。

⑤ 光泽：根据图层内容的形状应用阴影，它通过控制阴影的混合模式、颜色、角度、距离、大小等参数，为图层内容添加光滑光泽的内部阴影。

⑥ 颜色、渐变和图案叠加：选择使用颜色、渐变或某种图案填充图层的内容。

⑦ 描边：与"编辑"菜单中的"描边"命令一样，选择使用颜色、渐变或图案对图层内容描画轮廓，它尤其对如文字等硬边形状有效。

如果每次使用图层样式时，均要逐一对这 7 方面样式内容、近百个参数进行设置，操作非常烦琐。Photoshop 提供了"样式"面板，用于保存设置好的图层样式或者直接应用预设的图层样式。选择"窗口"→"样式"命令，弹出"样式"调板，系统提供了 20 种预设的图层样式，单击调板中的"样式"按钮，系统自动对当前图层载入此样式的所有预设参数，图层也就拥有了这种预设效果。如果希望当前设置的图层样式能够反复快速套用，可以保存此样式，只需在"图层样式"对话框中单击"新建样式"按钮，在弹出的"新建样式"对话框中键入样式的名称即可。新建的样式会出现在"样式"调板，载入它的方法与载入预设样式一样。在"样式"调板中右击新建的样式，在弹出的快捷菜单中可以重命名或者删除此样式。

3．调整图层和填充图层

与"图像"菜单下"调整"子菜单下命令不同，调整图层可将颜色和色调调整应用于图像，而不会永久更改图像的像素值。例如，创建"色阶"或"曲线"调整图层就可以实现对当前图层的色阶和曲线进行控制，得到控制后的效果，但并没有真正修改原图像的像素值。此种方法对颜色和色调等方面的调整命令是存储在调整图层中的，并应用于该图层下面的所有图层，不需要时可以随时删除调整图层从而恢复原始图像。单击"图层"调板底部的"创建新的填充或调整图层"按钮 ⬤ ，在弹出的菜单中选择调整图层种类，或者在"调整"调板中直接单击所需调整图层的缩略图，即可在当前图层之上创建调整图层。

填充图层可以为当前图层创建填充有"纯色"、"渐变色"或"图案"的图层，通过更改此填充图层的混合模式、不透明度，以及为图层添加蒙版进行控制等操作，获得丰富的图像效果。单击"图层"调板底部的"创建新的填充或调整图层"按钮 ⬤ ，在弹出的菜单中选择 3 种填充方式中的 1 种，即可在当前图层之上创建填充图层。

【例 8-6】 图层的制作和调整。

【解】原图如图 8-29（a）所示，在此基础上制作图层和文字。操作步骤如下：

① 按【Ctrl+A】组合键全选图像，按【Ctrl+X】组合键剪切图像，单击"图层"调板底部"新建图层"按钮 ▣ 创建新图层，按【Ctrl+V】组合键粘贴图像，双击图层名称，重命名为"郁金香"。

② 再次按【Ctrl+A】组合键全选图像，按【Ctrl+T】组合键自由变换图像，在工具栏选项中分别设置垂直缩放和水平缩放比例为"70%"，按【Enter】键确认变换，按【Ctrl+D】组合键取消选区。在工具箱中选择移动图像工具 ⊹ ，将图像在画布中稍微向上移动。

③ 单击"图层"调板底部"新建图层"按钮 ▣ 创建新图层，双击图层名称，重命名为"底纹"，在调板中拖动"郁金香"到此图层上方。"图层"调板中单击选择"底纹"层，选择油漆桶工具，为整个图层填充白色。

④ 双击"图层"调板中"底纹"层缩略图，弹出"图层样式"对话框，分别设置"颜色叠加"栏为 RGB 颜色"#d1acac"，不透明度为"55%"，设置"图案叠加"栏，单击"图案"，单击右上角的齿轮按钮，在弹出的菜单中选择"填充纹理"类别图案，

选择"云彩"图案。

⑤ 双击"图层"调板中"郁金香"层缩略图，弹出"图层样式"对话框，设置"斜面和浮雕"栏样式为"内斜面"，方法为"平滑"，深度为"1000%"，方向为"上"，大小为"29"，软化为"1"。

⑥ 选择工具箱中"横排文字工具" T ，单击图像下方空白处，输入文字"郁金香 Tulip"，中英文间用回车符换行。分别设置中文文字字体为"微软雅黑"，英文文字字体为"Blackadder ITC"，大小均为"80 点"。右击"图层"调板中"文字"层，在弹出的快捷菜单中选择"混合选项"命令，弹出"图层样式"对话框，设置"斜面和浮雕"栏样式为"浮雕效果"，方法为"平滑"，深度为"174%"，方向为"上"，大小为"10"，软化为"0"；设置"渐变叠加"栏渐变色谱为"蜡笔"中的"蓝色、黄色、粉红"；设置投影栏目不透明度为"81%"，角度为"180"，距离为"19"，扩展为"11%"，大小为"9%"。全部设置完成后的"图层"调板如图 8-29（b）所示，最终效果图如图 8-29（c）所示。

（a）

（b）

（c）

图 8-29　图层和文字

8.4　路径、通道和滤镜

作为专业级的图像编辑和处理软件，Photoshop 还提供了许多图像软件没有的进阶功能，它不仅可以使用路径工具绘制线条或曲线，对绘制后的线条进行填充或描边，从而实现矢量图形的编辑；利用滤镜来创建千变万化的图像效果；还可以利用通道对图像颜色进行更加细致的调节。

8.4.1　路径

Photoshop 中，用钢笔工具或者形状工具可以绘制直线和曲线矢量图，称为路径。如图 8-30 所示，路径由锚点、曲线段、方向点和方向线组成。锚点标记路径段的端点，分为 2 种：平滑点和角点，前者连接平滑曲线，后者连接尖锐曲线。绘制路径，实质只需添加或者删除锚点，每个锚点或没有或拥有 1 条或 2 条的方向线，调整锚点的方向点，可以达到控制锚点之间曲线段的目的。图 8-30 中曲线实质是用钢笔工具添加 4 个锚点，调整锚点对应的方向点和方向线形成的曲线。

　　添加的路径可以使用矢量蒙版来屏蔽指定图层区域，或者转换为选区选取复杂图像，还可创作复杂形状的矢量图。有别于铅笔等绘画工具绘制的由像素点组成的线条，钢笔工具和形状工具在创建工作路径模式下创建的路径线条，只要没有执行描边或填充操作，图层中就不会出现实际的像素点。

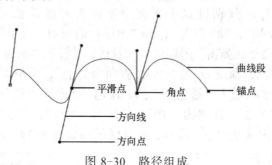

图 8-30　路径组成

1. 路径绘制和调整工具

　　在 Photoshop 工具箱中用于绘制和调整路径的工具包括如下 12 个，它们各自拥有不同的功能。相互配合使用，才能制作出完整的路径。

　　① "钢笔工具" ：单击为路径添加锚点，拖动可以调整锚点的方向线，曲线的斜率和方向随之变化，方向线越长，拖动曲线的力度越大，曲线曲率越大。

　　② "自由钢笔工具" ：拖动鼠标，沿着鼠标指针拖行的轨迹生成路径线。

　　③ "添加锚点工具" ：在路径上单击为路径添加锚点。

　　④ "删除锚点工具" ：在路径上单击为路径删除锚点。

　　⑤ "转换点工具" ：单击锚点可将平滑点转变为角点，拖动锚点出现方向线，可以拖动其中的一个方向点，单向调整曲线，也可以直接拖动锚点调整平滑点的曲线。

　　⑥ "路径选择工具" ：用于选择一条或几条路径并对其进行移动、组合、复制等操作。

　　⑦ "直接选择工具" ：用于调整用来移动路径中的曲线段和锚点，也可以调整方向线和方向点。

　　除可用 "钢笔" 或者 "自由钢笔" 自行绘制图形外，Photoshop 还提供了 5 个图形工具，用以绘制标准图形或者是载入系统预设的图形。使用 "圆角矩形工具" 绘制矩形、正方形或者圆角的矩形；使用 "椭圆工具" 绘制椭圆或者是圆形；使用 "多边形工具" 绘制任意边数的多边形或者是星形；使用 "直线工具" 绘制任意粗细的直线或者是箭头；使用 "自定形状工具" 更可以载入多种预设的复杂形状，进行绘制。每种图形绘制工具均有相应的工具选项栏，可以进行多个图形之间运算关系的设定，也可以进行形状、粗细等参数的设置，还可以对齐和排列多个形状，绘制 "自定形状工具" 中预设的图形，更是了解复杂路径绘制方法的绝好途径。

2. 路径绘制的方法

　　路径的绘制实际上是烦琐和难以掌握的，只有熟悉每个工具和其对应的工具选项栏的作用，才能由简到难实现复杂图形的创作和控制。

（1）绘制直线型路径

选择"钢笔工具"，将鼠标指针移动至直线路径的起始点，单击定义第 1 个锚点，在直线路径结束的位置再次单击，定义了第 2 个锚点的位置，锚点之间将直接创建一条直线型路径。如果在单击确定第 2 个锚点的同时按住【Shift】键，则可根据角度最小原则就近绘制出水平、垂直或者 45° 角的直线路径。按住【Ctrl】键单击或者再次选择工具箱中的钢笔工具，将完成此条路径的制作。

（2）绘制曲线型路径

选择"钢笔工具"，在起点单击定义第 1 个锚点，同时拖动鼠标出现方向线，然后单击定义第 2 个锚点的同时拖动鼠标，改变方向线的方向和长度，直到出现合适的曲线路径，接着可以再定义第 3 个、第 4 个锚点等。按住【Ctrl】键单击或者再次选择工具箱中的钢笔工具结束绘制。

（3）闭合路径

如果路径是闭合的，在绘制完最后一个锚点后将鼠标移动到第一个锚点上，鼠标指针右下角出现一个小圆圈时 ，此时单击，自动闭合路径。

（4）编辑路径

选择"路径选择工具" ，单击路径显示路径上所有的锚点，锚点显示为黑色实心方框，用鼠标拖动路径可以移动路径。

选择"直接选择工具" ，单击路径显示路径上所有的锚点，锚点显示为空心方框，选中锚点，通过拖动锚点、方向线的端点来调整路径形状。

选中某一路径后，选择"编辑"→"自由变换路径"，命令，可以对路径进行整体的变形操作，操作方法与选区的自由变换相似。

3．路径操作

绘制好路径后，可以对路径进行一系列操作，包括删除路径、路径和选区的相互转换、填充路径和路径描边，这些操作都可以通过"路径"调板和路径工具完成。值得注意的是，绘制好的路径，在"路径"调板中存在于"工作路径"层，并未正式成为路径层，拖动"工作路径"层到调板底部的"创建新路径"按钮将保存为路径层。

（1）删除路径

如果要删除制作的路径，可以在"路径"调板中右击所在路径层，在弹出的快捷菜单中选择"删除路径"命令，或者单击"路径"调板下面的"删除"按钮 ，重复执行命令，路径将会按创建的先后次序逆序依次被删除。如果要删除路径层中的某一具体路径，也可以用路径选择工具选中待删除的路径，然后按【Delete】键。

（2）路径和选区的相互转换

路径和选区可以进行相互转换，如要将路径转换为选区，首先选中路径，单击"路径"调板底部的 按钮；如果要将选区转换为路径，首先制作选区，单击"路径"调板底部的 按钮。

（3）路径填充

在"路径"调板中选中需要填充颜色或图案的路径，右击，在弹出的快捷菜单中选择"填充路径"命令，弹出"填充路径"对话框设置各参数实现填充效果。如果只是用前景色填充路径，单击"路径"调板底部"用前景色填充路径" ⬤ 按钮即可。

（4）路径描边

路径描边是沿着路径的轮廓绘画，在"路径"调板中选中路径，右击，在弹出的快捷菜单中选择"描边路径"命令，弹出"描边路径"对话框，选择用来描边的工具如画笔、铅笔等实现描边效果。或者单击"路径"调板底部"用画笔描边路径" ◯ 按钮，使用默认工具进行路径的描边。

4．路径文字

使用路径不仅可以绘制复杂图形，还可以将文字自动吸附在绘制的路径上，实现特殊的文字效果。具体操作步骤：首先绘制路径，然后在工具箱中选择任意一种文字工具，移动鼠标指针到路径上，当指针出现 ⱶ 样变形时单击，路径上出现文本编辑标志，直接录入文字即可。

路径上的文字如果需要调整，可以选择工具箱中"直接选择工具" ▶，将鼠标移至路径文字上，指针移至文本开始处，变形为 ⱶ 时可以调整文字的起点位置；指针移至文本结束处，变形为 ◀ 时可以调整文字的终点位置。调整路径上的锚点、方向线上的方向点改变路径，其上文字也将随之改变。

【例 8-7】 添加路径文字。

【解】 操作步骤如下：

① 新建图像文件，设置"预设"项为"默认的 Photoshop 大小"。

② 选择工具箱中"自定形状工具" ☁，在工具选项栏中单击"几何选项"按钮 ⚙，分别选择"不受约束"单选按钮和"从中心"复选框，在"形状"列表框中单击按钮 ⚙，在弹出的快捷菜单中选择"全部"命令，在形状中选择心形 ♥。

③ 单击图像窗口中心位置，弹出"创建自定形状"对话框，"宽度"和"高度"文本框分别输入"200 像素"，选中"从中心"复选框，图像窗口中自动创建出心形路径。

④ 选择"横排文字工具" Ｔ，在工具选项栏中设置字体为"楷体"，字体大小为"30点"，文字为 RGB 颜色"#0000ff"，移动鼠标到心形路径左侧曲线段上，当指针出现 ⱶ 样变形时单击，录入文字"关爱您的健康，保卫您的心脏"。单击工具选项栏中的"确认"按钮，提交所有当前编辑。

⑤ 选择"直接选择工具" ▶，将鼠标移至路径文字上，指针移至文本开始处，变形为 ⱶ 时可以调整文字的起点位置；指针移至文本结束处，变形为 ◀ 时可以调整文字的终点位置，调整文字位置如图 8-31（a）所示。

⑥ 单击选择"路径"调板中"工作路径"，单击调板底部"将路径作为选区载入"按钮 ⬤，制作心形选区，此时"路径"调板如图 8-31（b）所示。

⑦ 单击"图层"调板底部"创建新图层"按钮 ▢，新建图层 1，选择工具箱中"油漆桶工具" ⬧，设置前景色为 RGB 颜色"#ff0000"，单击填充心形选区为红色，选择"样式"调板中"蓝色玻璃（按钮）"样式。

⑧ 双击"图层"调板中的图层 1，设置"图层样式"对话框中"颜色叠加"样式中为 RGB 颜色"#FF0000"。

⑨ 双击"图层"调板中的文字层，选择"样式"调板中"日落天空（文字）"样式，最终图像效果如图 8-31（a）所示，此时"图层"调板如图 8-31（c）所示。

（a）	（b）	（c）

图 8-31　路径文字制作

8.4.2　通道

如前文中图像的颜色模式所述，通道用来保存图像的颜色信息，它为制版印刷时制作分色片提供方便，不同的图像颜色模式、格式决定了通道的数量和模式。在 Photoshop 中，使用通道可以方便地制作选区、调整图像的色彩和制作特殊的图像效果。

1．通道的分类

Photoshop 中的通道，并不仅限于图像模式的颜色通道，它还包括复合通道、Alpha 通道和专色通道，选择"窗口"→"通道"命令，弹出"通道"面板，可以看到当前图像的通道。

（1）颜色通道

颜色通道可以认为是把图像分解成一个或多个色彩成分，图像的模式决定了颜色通道的数量，RGB 颜色模式有 3 个颜色通道，CMYK 颜色模式有 4 个颜色通道，灰度图只有 1 个颜色通道，它们包含了所有将被打印或显示的颜色。每个通道的灰度信息可以理解为这个通道的颜色在图中使用的多少，亮色表示色彩很多；相反，暗色表示色彩较少。

（2）复合通道

复合通道位于"通道"调板颜色通道的上方，实际上它不包含任何信息，只是同时预览并编辑所有颜色通道的一个快捷方式。位图、灰度和索引颜色模式的图像只有 1 个通道，所以它们没有复合通道。

（3）Alpha 通道

Alpha 在计算机图形学中表示特别的通道，同时，它又特指透明信息，所以它代表的通道是"非彩色"通道，专门用来创建和保存自定义选区。Alpha 通道将选区作为灰度图像来保存，白色部分表示完全选中的区域，黑色部分表示没有选中的区域，灰色部分表示不同程度被选中。

（4）专色通道

在印刷时，为了取得特殊图像效果，有时会增添某种特殊颜色的油墨，例如，增加荧光油墨等。专色通道就是为此而专设的一种特殊颜色通道，它可以使用除了青色、洋红、黄色、黑色以外的颜色来绘制图像。值得注意的是，在处理时，专色通道与原色通道恰好相反，用黑色代表取色，用白色代表不取色。

2．通道的操作

对通道的操作，绝大部分是通过"通道"调板实现的。

（1）通道转换为选区

可以将选区保存为通道，也可以将 Alpha 通道作为选区载入图像。单击"通道"调板底部"将通道作为选区载入"按钮 ，可以将当前通道转化为选区。对某一通道的选区进行颜色调整、应用滤镜等操作往往可以得到独特的图像效果。

（2）新建、复制、删除通道

为了防止原有通道被损坏，一般需要新建或者复制通道，对新通道进行操作，新建立的通道一般是 Alpha 通道。单击"通道"调板底部的"创建新通道" 按钮，拖动通道到此按钮，可以直接创建此通道的副本，也可以把没有使用价值的通道拖动到"删除当前通道"按钮 ，删除此通道。

【**例 8-8**】 通道的操作。

【**解**】 原图如图 8-32（a）所示，为国家大剧院的夜景图。操作步骤如下：

① 调出"通道"调板，如图 8-32（b）所示，图中建筑物外壳以蓝色居多，所以在蓝色通道的这个位置呈现白色，红色通道的白色主要出现在建筑物内庭，五环多为绿色，所以在绿色通道更为明显。

② 单击"通道"调板底部"创建新通道"按钮 ，调板出现名为 Alpha1 的新通道。单击红色通道，按【Ctrl+A】组合键全选图像，按【Ctrl+C】组合键复制红色通道灰度图，单击 Alpha1 通道，按【Ctrl+V】组合键粘贴此灰度图，存放于 Alpha1 通道。

③ 单击蓝色通道，按【Ctrl+A】组合键全选图像，按【Ctrl+C】组合键复制蓝色通道灰度图，单击红色通道，按【Ctrl+V】组合键粘贴此灰度图，替换红色通道原有内容。

④ 相同操作，将 Alpha1 通道中的灰度图，复制到蓝色通道，实现蓝色通道灰度图和红色通道的互换。

⑤ 选择 Alpha1 通道，单击"删除当前通道"按钮 ，删除此通道。如图 8-32（c）所示，最明显的改变在于建筑物外壳的蓝色变成了红色，中间绿色的五环基本未受影响，整张图像的颜色虽然进行了较大调整，但是仍然非常自然。

（a）

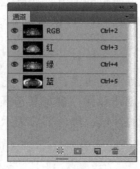
（b）

（c）

图 8-32 通道的概念和操作

8.4.3 滤镜

滤镜是图像处理的重要工具，它就犹如相机的各种真实滤镜器材，戴上它们后拍摄的图像，将会具有独特的韵味。通过"滤镜"菜单中的各种命令，可以使图像产生模糊、锐化、光照、扭曲等特殊的效果。Photoshop 不仅提供用户多种内置的图像处理滤镜，还支持许多第三方提供的外挂滤镜。

1．滤镜的使用方法

滤镜的使用方法基本一致，操作方法：选择"滤镜"菜单下相应的子菜单，在弹出的下一级子菜单中选择相应的滤镜命令，需要时设置各种参数。如有选区，滤镜将针对选区进行处理，否则对整个图像进行处理，如果当前选中的是某一可见图层或者通道，则对图层或通道起作用。滤镜的处理效果是以像素为单位的，因此路径的处理与分辨率有关，相同的参数处理不同分辨率的图像，得到的效果是不同的。

部分滤镜的使用对图像的色彩模式有相应的要求。如果图像为位图、索引、48 位 RGB、16 位灰度等色彩模式，将不允许使用滤镜；为 CMYK、Lab 色彩模式，将不允许使用艺术效果、画笔描边、素描、纹理及视频等滤镜，如果需要使用这些受限制的滤镜，可以先将图像转换成 8 位 RGB 的色彩模式。

最近使用的滤镜将出现在"滤镜"菜单的顶部，通过命令对图像快速应用使用过的滤镜。

2．滤镜的种类

Photoshop 在滤镜库中提供有 6 类滤镜，能够创建出风格不同的图像效果。

① "风格化"滤镜组：通过置换像素和通过查找并增加图像的对比度，在选区中生成绘画或印象派的效果。

② "画笔描边"滤镜组：与"艺术效果"滤镜组一样，"画笔描边"滤镜模拟使用不同的画笔和油墨描绘边缘，创造出图像效果。能实现的画笔描边效果包括"成角的线条"、"墨水轮廓"、"喷溅"、"喷色描边"、"强化的边缘"、"深色线条"、"烟灰墨"和"阴影线"。

③ "扭曲"滤镜组：使图像产生三维、波浪、旋涡等不同的几何变形效果，包括"玻璃"、"海洋波纹"和"扩散高光" 3 种。

④ "素描"滤镜组：使图像产生不同风格的手绘素描效果，大部分滤镜重绘图像时会采用当前的系统前景色和背景色。包括"半调图案"、"便条纸"、"粉笔和炭笔"、"铬黄渐变"、"绘图笔"、"基底凸现"、"石膏效果"、"水彩画纸"、"撕边"、"炭笔"、"炭精笔"、"图章"、"网状"和"影印" 14 种效果。

⑤ "纹理"滤镜组：模拟具有深度感或物质感的外观，或者添加一种器质外观的效果。包括"龟裂缝"、"颗粒"、"马赛克拼贴"、"拼缀图"、"染色玻璃"和"纹理化" 6 种效果。

⑥ "艺术效果"滤镜组：提供了模仿自然或传统介质制作绘画效果或艺术效果。能模仿的绘画类别包括壁画、彩色铅笔、粗糙蜡笔、底纹效果、干画笔、海报边缘、海绵、绘画涂抹、胶片颗粒、木刻、霓虹灯光、水彩、塑料包装、调色刀和涂抹棒。

"滤镜库"对话框提供了滤镜效果的预览，可以应用多个滤镜，可以打开或关闭滤镜效果，可以复位滤镜的选项以及更改应用滤镜的顺序，但是它并没有提供所有的滤镜。更多的滤镜需要在"滤镜"菜单中通过各类子菜单提供。其中包括"模糊"滤镜组起到柔化图像，模糊边缘，使图像产生各种模糊的效果；"锐化"滤镜组，通过增加相邻像素之间的对比度来聚焦模糊的图像；"像素化"滤镜组，使图像产生各种纹理材质效果；"渲染"滤镜组，通过为图像添加像素点或去除杂色像素点来添加复杂的自然效果；"杂色"滤镜组，通过为图像添加像素点或去除杂色像素点来改善图像的质量；还包括更多"扭曲"、"风格化"滤镜组中的更多滤镜及其他滤镜。

【例 8-9】 滤镜的操作。

【解】 原图如图 8-33（a）所示，是由 2 层组成的图像，下面一层是松树林风景画，上面一层是画框。分别对风景画层进行"照亮边缘"、"玻璃"和"镜头光晕"3 种滤镜效果处理，结果分别如图 8-33（b）、（c）、（d）所示，非常方便就获得了图像的各种特殊效果，值得注意的是，因为没有制作选区，所以滤镜的处理是对整张风景画进行的。

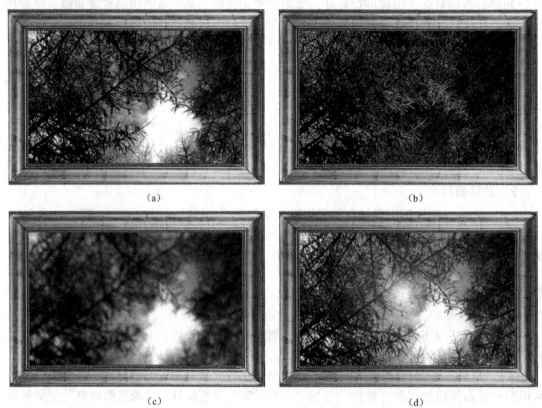

图 8-33 滤镜效果

小 结

本章主要介绍了数字图像的基本概念，在 Photoshop 中创建和处理数字图像的基本操作。在"Photoshop 和数字图像的基本概念"这一节中，介绍了数字图像的基本概念、颜色模式的概念和 Photoshop 提供的图像颜色模式，进而介绍了常用的图像格式及各自的特点；在"Photoshop 基本操作"这一节中介绍了 Photoshop 的工作界面，文件的新建、保存和置入等，图像大小及角度的调整，图像颜色的调整，图像选区的制作和图像的创作、处理的基本方法和操作；在"图层的概念和操作"这一节中介绍了图层的相关概念和种类，图层的创建、删除和设置，文字图层和图层蒙版的制作；在"路径、通道和滤镜"这一节中分别介绍了路径、通道和滤镜技术的相关概念和各自的操作和设置方法。本章还对重点的内容给出了相应的实例操作，以加深对这些内容的理解和掌握。

思 考 题

1. 简述矢量图和位图的区别与联系。
2. 简述 Photoshop 中制作选区可以选用哪些工具？
3. 简述常用的图像格式类型及各自的优缺点。
4. 简述图像色阶的具体含义。
5. 简述 Photoshop 中图层的概念。
6. 路径和选区如何进行相互转换？

参 考 文 献

[1] 教育部考试中心. 全国计算机等级考试一级教程：计算机基础及 MS Office 应用[M].北京：高等教育出版社，2014.

[2] 教育部考试中心. 全国计算机等级考试二级教程公共基础知识[M]. 北京：高等教育出版社，2014.

[3] 何振林，罗奕. 大学计算机基础：基于 Windows 7 和 Office 2010 环境[M]. 3 版. 北京：中国水利水电出版社，2014.

[4] 童隆正. 现代计算机技术新概念教程[M]. 北京：中国铁道出版社，2010.

[5] 侯冬梅. 计算机应用基础 [M]. 2 版. 北京：中国铁道出版社，2014.

[6] 彭慧卿，李玮. 大学计算机基础[M]. 北京：清华大学出版社，2013.

[7] 彭爱华，刘晖，王盛麟.Windows 7 使用详解[M]. 北京：人民邮电出版社，2010.

[8] 神龙工作室.Windows 7 中文版从入门到精通[M]. 北京：人民邮电出版社，2010.

[9] 王琛. 精解 Windows 7[M]. 北京：人民邮电出版社，2009.

[10] 博智书苑. 新手学 Windows 7 完全学习宝典[M]. 上海：上海科学普及出版社，2012.

[11] 杰创文化.Windows 7 操作系统使用详解[M]. 北京：科学出版社，2013.

[12] 教育部考试中心. 全国计算机等级考试二级教程：MS Office 高级应用[M]. 2015 年版. 北京：高等教育出版社，2015.

[13] 龙马工作室.Office 2010 办公应用从新手到高手[M]. 北京：人民邮电出版社，2011.

[14] 杨诚，扬阳. 零点起飞学 Excel 数据处理与分析[M]. 北京：清华大学出版社，2014.

[15] 谢正强. 全国计算机等级考试一级教程：计算机基础及 Photoshop 应用[M]. 2015 年版. 北京：高等教育出版社，2014.

[16] 刘亚利，陈炳健，刘爱华. 修图魔法师：Photoshop 相片处理 100 变[M]. 北京：科学出版社，2009.